U0263227

国家出版基金项目
NATIONAL PUBLICATION FOUNDATION

涡轮机械与推进系统出版项目

"两机"专项：航空发动机技术出版工程

航空燃气轮机总体结构设计

刘永泉　洪杰　金海　等　编著

科 学 出 版 社

北 京

内 容 简 介

  航空燃气轮机是各种航空器尤其是大型航空器的主要动力装置,总体结构设计是航空燃气轮机设计的核心内容,对整机的先进性、可靠性、经济性、维护性、可持续发展等有至关重要的作用。本书主要介绍航空燃气轮机总体结构设计的主要内容、设计流程和基本设计方法,并融入工程研制的背景和相关科研经验,与现有教材和专著合理衔接,力求达到学科基本理论与工程实践相结合的目的,希望为读者提供系统、细致的总体结构设计参考。

  本书主要面向我国航空燃气轮机研制单位总体结构设计人员和即将成为结构设计人员的高等院校毕业生,可以作为设计的入门级工具书,也可以为高等院校相关专业师生提供参考。

图书在版编目(CIP)数据

航空燃气轮机总体结构设计／刘永泉等编著. —北京：科学出版社,2022.12

("两机"专项：航空发动机技术出版工程)

国家出版基金项目　涡轮机械与推进系统出版项目

ISBN 978-7-03-074230-8

Ⅰ. ①航… Ⅱ. ①刘… Ⅲ. ①航空发动机—燃气轮机—总体设计 Ⅳ. ①V235.1

中国版本图书馆 CIP 数据核字(2022)第 235639 号

责任编辑：徐杨峰／责任校对：谭宏宇
责任印制：黄晓鸣／封面设计：殷 靓

科学出版社 出版

北京东黄城根北街 16 号
邮政编码：100717
http://www.sciencep.com

南京展望文化发展有限公司排版
广东虎彩云印刷有限公司印刷
科学出版社发行　各地新华书店经销

*

2022 年 12 月第 一 版　开本：B5(720×1000)
2024 年 6 月第六次印刷　印张：21 1/2
字数：420 000

定价：170.00 元
(如有印装质量问题,我社负责调换)

涡轮机械与推进系统出版项目
顾问委员会

"两机"专项：航空发动机技术出版工程

专家委员会

"两机"专项：航空发动机技术出版工程
编写委员会

主任委员
尹泽勇

副主任委员
李应红　刘廷毅

委　员
（以姓名笔画为序）

丁水汀　王太明　王占学　王健平　尤延铖
尹泽勇　帅　永　宁　勇　朱俊强　向传国
刘　建　刘廷毅　杜朝辉　李应红　李建榕
杨　晖　杨鲁峰　吴文生　吴施志　吴联合
吴锦武　何国强　宋迎东　张　健　张玉金
张利明　陈保东　陈雪峰　叔　伟　周　明
郑　耀　夏峥嵘　徐超群　郭　昕　凌文辉
陶　智　崔海涛　曾海军　戴圣龙

秘书组
组　长　朱大明
成　员　晏武英　沙绍智

"两机"专项：航空发动机技术出版工程
设计系列
编写委员会

航空燃气轮机总体结构设计
编写委员会

主 编
刘永泉

副主编
洪 杰 金 海

委 员
（以姓名笔画为序）

马艳红 王晓蕾 付鹏哲 刘仕运 刘永泉
刘旭阳 李 超 张 清 金 海 周伟朋
郑伟连 赵 翀 胡伟佳 洪 杰 贾瑞琦
黄耀宇 梁海涛 薛志博

涡轮机械与推进系统出版项目
序

涡轮机械与推进系统涉及航空发动机、航天推进系统、燃气轮机等高端装备。其中每一种装备技术的突破都令国人激动、振奋,但是技术上的鸿沟使得国人一直为之魂牵梦绕。对于所有从事该领域的工作者,如何跨越技术鸿沟,这是历史赋予的使命和挑战。

动力系统作为航空、航天、舰船和能源工业的"心脏",是一个国家科技、工业和国防实力的重要标志。我国也从最初的跟随仿制,向着独立设计制造发展。其中有些技术已与国外先进水平相当,但由于受到基础研究和条件等种种限制,在某些领域与世界先进水平仍有一定的差距。为此,国家决策实施"航空发动机及燃气轮机"重大专项。在此背景下,出版一套反映国际先进水平、体现国内最新研究成果的丛书,既切合国家发展战略,又有益于我国涡轮机械与推进系统基础研究和学术水平的提升。"涡轮机械与推进系统出版项目"主要涉及航空发动机、航天推进系统、燃气轮机以及相应的基础研究。图书种类分为专著、译著、教材和工具书等,内容包括领域内专家目前所应用的理论方法和取得的技术成果,也包括来自一线设计人员的实践成果。

"涡轮机械与推进系统出版项目"分为四个方向:航空发动机技术、航天推进技术、燃气轮机技术和基础研究。出版项目分别由科学出版社和浙江大学出版社出版。

出版项目凝结了国内外该领域科研与教学人员的智慧和成果,具有较强的系统性、实用性、前沿性,既可作为实际工作的指导用书,也可作为相关专业人员的参考用书。希望出版项目能够促进该领域的人才培养和技术发展,特别是为航空发动机及燃气轮机的研究提供借鉴。

张彦仲

2019 年 3 月

"两机"专项：航空发动机技术出版工程

序

航空发动机誉称工业皇冠之明珠，实乃科技强国之重器。

几十年来，我国航空发动机技术、产品及产业经历了从无到有、从小到大的艰难发展历程，取得了显著成绩。在世界新一轮科技革命和产业变革同我国转变发展方式的历史交汇期，国家决策实施"航空发动机和燃气轮机"重大科技专项（即"两机"专项），产学研用各界无不为之振奋。

迄今，"两机"专项实施已逾三年。科学出版社申请国家出版基金，安排"'两机'专项：航空发动机技术出版工程"，确为明智之举。

本出版工程旨在总结"两机"专项以及之前工作中工程、科研、教学的优秀成果，侧重于满足航空发动机工程技术人员的需求，尤其是从学生到工程师过渡阶段的需求，借此为扩大我国航空发动机卓越工程师队伍略尽绵力。本出版工程包括设计、试验、基础与综合、材料、制造、运营共六个系列，前三个系列已从2018年起开始前期工作，后三个系列拟于2020年启动，希望与"两机"专项工作同步。

对于本出版工程，各级领导十分关注，专家委员会不时指导，编委会成员尽心尽力，出版社诸君敬业把关，各位作者更是日无暇晷、研教著述。同道中人共同努力，方使本出版工程得以顺利开展，有望如期完成。

希望本出版工程对我国航空发动机自主创新发展有所裨益。受能力及时间所限，当有疏误，恭请斧正。

2019 年 5 月

前　言

　　航空燃气涡轮发动机(航空发动机)的总体结构设计是研制过程中一个重要环节,其技术发展总是以新结构为载体,是联系气动性能、燃烧传热、强度振动、材料工艺、装配维修等先进技术的桥梁和纽带,用以保证气动性能和结构可靠性的均衡,并有力地推进新材料、新工艺的发展。

　　航空发动机是一种复杂的、具有很高综合技术难度的高新技术产品,相应的设计技术是长期工程实践所积累的经验和设计风格的具体表现。先进的航空发动机要求气动性能和结构可靠性均衡发展,需要综合考虑强度、刚度、振动等对结构的各种要求,以达到结构设计综合平衡。

　　本书以先进涡扇发动机典型整机结构布局和系统设计为对象,讲述航空发动机在全研制过程中总体结构设计的工作内容、流程和设计理论方法,通过对具有代表性的航空发动机总体结构设计技术的深入分析,系统地总结设计技术的内在规律,以高涵道比、高推重比涡扇发动机为示例,对现代航空发动机总体结构设计技术特点,以及对气动性能、结构可靠性的影响加以分析,体现了航空发动机结构设计技术的发展方向。

　　《航空燃气轮机总体结构设计》是一本关于现代航空燃气涡轮发动机结构设计技术的著作,对航空燃气涡轮发动机中各种总体结构的布局设计及力学特性进行系统分析。注重结构设计的基本要求、基本原则、基本方法,以清晰了解结构设计的流程和原则。通过对各部件和系统的设计方案在结构承载能力、抗变形能力和环境适应能力等方面进行多专业综合平衡设计,最终确定满足功能、性能要求以及结构可靠性、安全性设计要求的结构系统。注重结构设计与损伤失效控制的结合,掌握结构在不同工作载荷环境下的损伤失效力学过程,以提高发动机的结构完整性。

　　在编写过程中,北京航空航天大学航空发动机结构系统与动力学研究团队陈雪骑、王永锋、付杰等同志参加了部分章节的编写工作,正是他们和编委们对航空发动机结构设计工作的热爱、多年来默默的积累以及在百忙之中的奉献,终使本书得以完成,在此表示感谢。

　　本书的适用对象是航空宇航推进理论与工程学科的高年级本科生、研究生和具有一定专业知识的科技工作者。

2022 年 3 月 8 日

目　录

第5章　整机单元体设计及重量控制

第6章　结构效率评估与安全性设计

第7章　外部结构

第8章　结构材料与制造工艺

第 9 章 技术发展与展望

第1章
总体结构设计

1.1 引　言

　　航空燃气涡轮发动机(简称航空燃气轮机)分为 4 种基本类型,即涡轮喷气发动机、涡轮螺旋桨发动机、涡轮轴发动机和涡轮风扇发动机。20 世纪 80 年代后期又发展了一种介于涡轮螺旋桨发动机与涡轮风扇发动机之间的螺旋桨风扇发动机(简称桨扇发动机)。这些发动机均包含压气机、燃烧室以及驱动压气机的涡轮这三大部件,统称为航空燃气涡轮发动机,在本书中也统称为航空发动机。

　　在航空燃气轮机工作时,进入发动机的空气经压气机压缩增压后,流入燃烧室并与喷入的航空煤油混合后燃烧,燃料中的化学能转化为热能,形成高温、高压燃气,再进入涡轮中膨胀做功,驱动涡轮高速旋转并输出驱动压气机及发动机附件所需的功率。经过涡轮的燃气,仍具有一定压力和温度。所有燃气轮机的动力来源及产生的推力或输出功率都是由于这股高温、高压的燃气,由于利用这股燃气能量的不同方式,衍生出多种不同类型的发动机。

　　压气机、燃烧室和涡轮所组成的核心机[图 1.1(a)]用来提供高压、高温燃气,因此在涡轮轴和涡轮螺旋桨发动机中又称为燃气发生器。高性能航空燃气轮机所需的总增压比较高,在高增压比的压气机中,为了获得大的稳定工作范围,常采用双转子核心机,将压气机分为前后串联的两部分,分别由两组转速不同的涡轮驱动,压气机中位于前端的部分,空气压力较低,称为低压压气机;后端的部分称为高压压气机。相应的涡轮也分为低压涡轮和高压涡轮。这种结构形式称为双转子结构,是一种常见的航空燃气轮机结构形式。

　　如图 1.1(b)所示,在核心机后安装一个尾喷管,由核心机出来的燃气在尾喷管中膨胀,直接高速排出并产生推力,这种发动机称为涡轮喷气发动机,简称涡喷发动机。

　　如图 1.1(c)所示,由核心机出来的燃气流入另一涡轮中继续膨胀做功,然后再由尾喷管排出。这个用于提供轴功率输出的涡轮,一般称为"动力涡轮"。大多

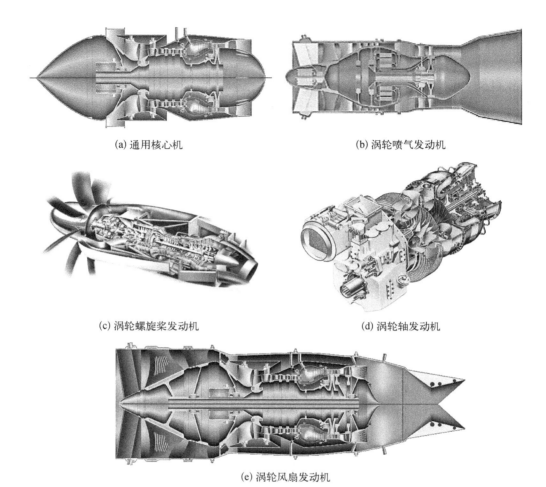

(a) 通用核心机　　　　　　　　　　　　　(b) 涡轮喷气发动机

(c) 涡轮螺旋桨发动机　　　　　　　　　　(d) 涡轮轴发动机

(e) 涡轮风扇发动机

图 1.1　各种航空燃气轮机与核心机的关系

数发动机中,动力涡轮与核心机的涡轮没有机械连接,它们各自工作于不同的转速,但也有少数发动机的动力涡轮与核心机的涡轮连接在一起,如 WJ5、WJ6 发动机。如果动力涡轮驱动减速器并带动螺旋桨旋转,就称为涡轮螺旋桨发动机,简称涡桨发动机。如果动力涡轮直接驱动或通过减速比较小的减速器驱动直升机的主旋翼,就是涡轮轴发动机,简称涡轴发动机,如图 1.1(d)所示。需要指出,在涡桨和涡轴发动机中,动力涡轮用于驱动螺旋桨或主旋翼,并不驱动压气机做功,也称为"自由涡轮"。如果动力涡轮用来驱动核心机前端的风扇转子,这就是涡轮风扇发动机,简称涡扇发动机,如图 1.1(e)所示,涡扇发动机中单独驱动风扇转子的动力涡轮一般称为低压涡轮。

　　由此可见,从工作原理上看,同一个核心机可以配上不同的低压部件,成为不同类型的发动机。因此,如果能发展出一台具有先进水平的核心机,即可顺势研发出多种高性能的发动机;同时还可将这种性能先进的核心机按照相似原理放大或缩小,成为不同流量的核心机,衍生发展出不同推力/功率量级的发动机。因此,发展高性能的核心机,是现代高性能航空发动机系列发展、满足不同飞机设计要求的一种经济、可行的有效措施。

为飞机提供动力的是以航空发动机为核心的一套动力装置结构及控制系统,图 1.2 为安装在机翼下方的涡扇发动机动力装置,包括发动机短舱及进排气系统(进气道、尾喷口)、安装结构系统(安装吊架、发动机安装节)和发动机等。

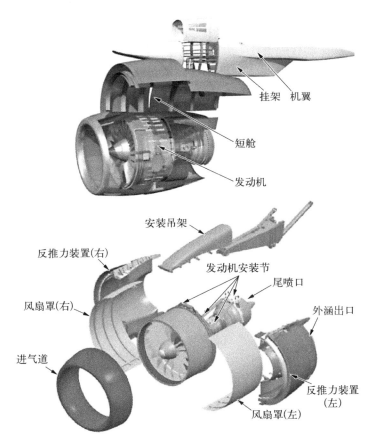

图 1.2 涡扇发动机动力装置组成及安装

图 1.3 为典型航空发动机组成示意图,由进气机匣、压气机、燃烧室、涡轮、尾喷管 5 大部件组成。空气通过压气机进行压缩增压后,进入燃烧室进行燃烧,流出的高温、高压燃气在涡轮中膨胀转化为轴功率后驱动压气机,由尾喷管高速排出燃气,产生发动机的推力。

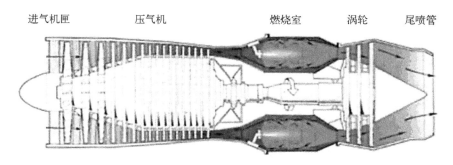

进气机匣　　　　压气机　　　　　　　　燃烧室　　　涡轮　　　尾喷管

图 1.3　典型航空发动机简图

对于进气、排气系统,无论何种类型的飞机都需要对发动机与飞机结构进行一体化设计,以保证发动机的进气、排气状态,其中,与发动机进气机匣相配合的进气道、与尾喷管相配合的引射喷口等装置位于飞机上,一般由飞机设计人员设计。

图 1.4 为进气道位于飞机机身两侧的飞机/发动机结构布局设计方案。由于飞机在超声速和亚声速下飞行时,空气在进气道中的流动具有本质上的差异,因此,在进气道结构设计中需要有相应的调节机构,以保证发动机进气流量和进气流场的稳定。

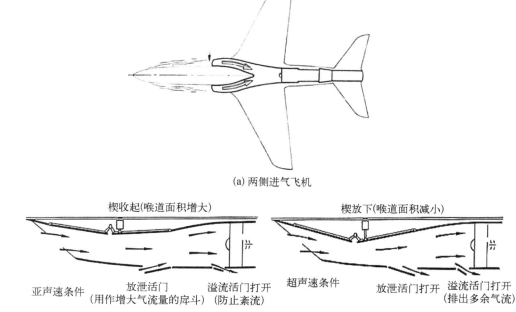

(a) 两侧进气飞机

楔收起(喉道面积增大)　　　　　　　　楔放下(喉道面积减小)

亚声速条件　　　放泄活门　　　溢流活门打开　　　超声速条件　　　放泄活门打开　　　溢流活门打开
　　　　　　(用作增大气流量的戽斗)　(防止紊流)　　　　　　　　　　　　　　　　　　(排出多余气流)

(b) 亚声速　　　　　　　　　　　　　　　　(c) 超声速

图 1.4　飞机进气道在不同状态下的工作状态

　　图 1.5 为现代高机动性战斗机两种典型进气道布局方案：一是进气道位于机身下部，腹部进气；二是在机身两侧进气，并且进气口大多为非圆形。因此，在飞机的进气道设计中，需要与发动机的进气机匣具有合适的过渡配合，以保证在全飞行包线内，进气流场的稳定。

(a) 机身下部进气　　　　　　　　　　　　　　　　　(b) 机身两侧进气

图 1.5　进气道布局不同的战斗机

　　图 1.6 为发动机在飞机上不同位置的安装，对于运输机和客机等大型飞机，发动机一般采用安装在机翼下方的吊装方式，也有一些飞机将发动机安装在飞机垂直尾翼附近，因此采用侧面安装方式。由于安装方式对发动机整机变形及振动影响较大，因此安装结构系统需要具有可调整安装节位置的能力。

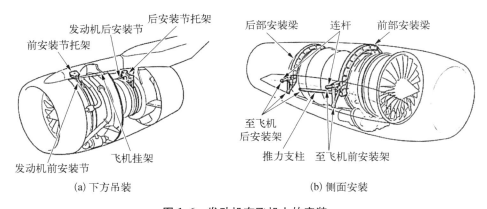

(a) 下方吊装　　　　　　　　　　　　　　　　　　(b) 侧面安装

图 1.6　发动机在飞机上的安装

　　对于战斗机用发动机，为了短时间内提高发动机的推力，可在涡轮与尾喷管之间安装加力燃烧室。在需要增加推力时，向核心机后的燃气中补充喷入燃油，使其进一步燃烧以提高燃气从尾喷管排出的速度，达到增加推力的目的，此时的推力称为加力状态的推力，简称加力推力（全加力状态推力也称为最大推力）。加力状态下，由于排出的燃气温度与速度均大大提高，因而耗油率比不开加力时成倍增加。在装有加力燃烧室的发动机中，尾喷管的出口面积应做成可调节的，以保证在开通加力状态下排出体积更大的燃气,气流稳定向后流动。图 1.7 为带加力燃烧室的双转子涡喷发动机简图。

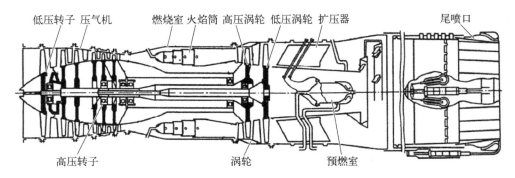

图 1.7　带加力燃烧室的双转子涡喷发动机简图

　　上面根据航空燃气轮机的工作过程和主要组成部件的功能,简单介绍了航空发动机的结构布局和组成。在航空发动机总体结构设计中,从结构力学特性和装配等角度对发动机进行结构分类,可分为转子结构系统和静子结构系统两个部分。转子结构系统是气动性能、结构完整性与可靠性的核心,在转子结构设计中,需要依据转子动力学及相关设计理论,进行整机结构布局设计。而静子结构系统在工作过程中需承受机械、气动、温度及惯性等多种载荷,并将无法抵消的载荷通过承力系统传递给发动机的安装节。在总体结构设计中,需要依据变形控制理论,统筹结构质量、抗变形能力、承载能力,提高发动机的可靠性。

1.2　设计基本原则

　　航空发动机是一种涉及多学科、多系统、多专业且设计制造难度高的复杂热力机械,其研制具有高投入、高风险的特点。总体结构设计是航空发动机结构设计的源头,是各部件/系统结构设计的重要依据。总体结构设计需要根据总体气动性能要求和已有的设计经验,综合考虑整机的技术指标、各部件/系统的设计指标和技术难度,进行结构多方案论证和综合平衡设计;需要在实现气动性能的前提下,以最小的结构尺寸重量承受工作载荷并具有合理的强度/刚度分布和循环寿命,具有良好的可靠性、维护性、经济性及系列化发展潜力。

　　航空发动机总体结构设计是一项系统性、综合性的顶层平衡决策,应遵循技术继承与创新发展相结合的设计原则。在设计过程中一般需要从以下不同角度进行综合权衡。

（1）尽量采用成熟技术。在可以实现设计要求的情况下，优先采用可靠性高的成熟构型，这是节约研制成本、缩短研制周期、降低研制风险的重要途径。

（2）当成熟的结构构型无法实现设计要求时，应根据设计要求进行改进和创新设计。以结构创新实现功能、性能与结构可靠性平衡设计，以技术成熟约束结构创新，控制技术风险和研制周期，一般选用的新结构、新工艺、新材料应最少完成模拟使用环境的试验验证。

（3）贯彻单元体设计原则。在发动机总体结构设计中应采用单元体设计，独立单元体可以由一个或多个部件/组件组合而成。单元体应具有完整的功能，能形成一个小性能体系，受其他单元体性能不稳定的影响最小，并保证其具有互换性；应具有独立的结构设计基准和装配基准，结构单元体装拆时应保证其他单元体完整，并且同一单元体内各零件的寿命基本相近，便于维修和更换，提高其经济性。

（4）合理预留设计裕度。总体结构方案的优选应综合考虑技术风险、研制周期以及生产制造、使用维护、综合保障、修理等全寿命周期的使用表现和运营成本，预留合理的设计裕度。应力求结构简单，零件数量少，强度储备合理，重量轻。

此外，在总体结构设计中，需要重视国内外以往设计、使用、维护、维修等方面的经验，避免不必要的损失和资金投入，以指导新机研制，应对发动机的可靠性、安全性、环境适应性、可维护性、测试性和可保障性给予足够的重视，制定确定的保证措施。

1.3　设计基本流程

结合已有的工程实践经验，根据产品全寿命周期的定义，按从概念生成到衍生发展的时间顺序，航空发动机总体结构设计流程分为概念设计和架构设计两个阶段。概念设计流程主要是开展发动机研制方案论证，开展需求分析，提出一个或多个满足战技指标要求且可能实施的方案。架构设计流程则主要是完成产品和系统组成架构。之后，针对各级需求开展试验验证，完成产品鉴定，开展批量生产服务保障、技术状态升级和产品的衍生发展。

在总体结构设计流程中，总体结构专业有三项关键的图样设计工作，即总体方案图、总体协调图和总体结构工程图（简称总图）。以这三份图样为标志性设计输出，可以将总体结构设计过程分为方案设计、技术设计（也称为初步设计）、详细设计（也称为工程设计）。设计前根据设计输入进行需求分析、确定设计目标，设计后进行整机集成验证，总体结构设计基本流程如图 1.8

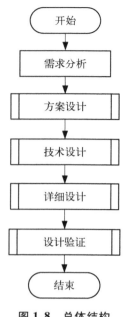

图 1.8　总体结构设计流程

所示。

1.3.1　需求分析

总体结构专业应根据飞机要求、用户需求、市场预测、总体性能要求开展需求分析,编写需求分析报告,应考虑航空发动机相关利益攸关者,其中的技术指标要兼顾技术挑战、发展潜力和生产成本等影响因素,需求应包括产品级、整机级、部件系统级各维度的要求,其中重点应包括以下几个方面。

（1）飞机提出的外廓尺寸限制:发动机总长、进口直径、最大高度、最大直径等。

（2）发动机重量限制:交付重量、干重量等。

（3）发动机寿命要求:翻修间隔时间、循环寿命等。

（4）气动性能参数要求:气动流道型面、转子转速、流道主要截面温度/压力等。

（5）外部载荷和工作环境:机动过载,沙尘、海洋等特殊工作环境要求。

（6）发动机安装、接口、维护点要求:发动机安装节数量、位置;发动机喷口形式;发动机孔探仪孔数量、位置;飞机与发动机供、回油接口位置,引、排气接口位置;主要机载附件位置和尺寸等。

（7）特殊功能需求:隐身、推力矢量等。

（8）油品及低污染要求:燃油类型和排放要求、滑油类型等。

（9）部件/系统技术水平现状、行业生产制造能力现状等。

（10）项目周期、材料成本及生产成本。

（11）可能发展的衍生型发动机。

需要说明的是,由于飞机/发动机设计的复杂性,并非全部的设计需求都能在设计之初完全确定,而是随着设计的逐步细化而逐渐明晰的。但对于各项需求在设计之初应充分考虑,做好预留或备份设计,避免后续设计过程的反复。

1.3.2　设计活动

总体结构的主要设计工作,概括来说,是根据性能确定的设计参数方案,对发动机整体布局、部件形式、整机(含部件和系统)尺寸和重量等要素进行结构构思,在方案设计的基础上,进行技术设计,并完成工程用文件、资料等过程的总成。总体结构设计需要综合多专业设计要求,协调融合、权衡各个设计要求,从全局、总体层面进行整机最优设计。

1. 方案设计

完成需求分析后,开展总体结构方案设计,设计目标是形成发动机总体方案图,以方案图为基础开展必要的评估和设计迭代,并作为部件/系统技术设计的基础。

1) 总体布局设计

开展结构指标评估,根据气动设计结果绘制发动机总体布局图,确定发动机流道尺寸,确定各部件的主要结构形式和材料,为开展支承、传力系统初步设计提供耦合边界,材料的选择应考虑工作载荷、温度、功能、寿命与重量等综合要求。

检验发动机的直径和重量要求,检验飞发协调的外廓限制尺寸要求的满足情况,确定发动机内部结构的特性尺寸和各部件间的重要界面尺寸,为开展部件/系统初步设计提供接口耦合边界。

确定转子的支承结构、支点跨距、主承力机匣的结构形式、传力路线、主安装节和辅助安装节的配置及结构形式。

确定空气系统的流路和流向、主轴承的润滑及密封形式、传动系统及附件功率的提取方案,为开展部件/系统初步设计提供空气系统、滑油系统、传动系统耦合边界。

2) 转子构型及支承设计

转子结构设计分为转子几何构型和支承约束两个部分,其中,支承方案确定是转子结构设计的初始设计,是转子结构设计的基础,当支承方案确定后,支点数目、位置也将确定,对后续转子结构及其动力学设计均会产生重要影响。转子支承结构设计应保证转子具有抗横向变形能力和可靠的承载能力,并最大限度地减小转子支点动载荷的外传,保证发动机转子及其支承结构在各种工作状态下可靠工作,还要使发动机结构质量轻、简单且便于装拆。支承结构应有良好的振动隔离性,必要时可通过阻尼提高结构的振动衰减。

3) 承力框架和传力路线设计

承力和传力设计应有利于发动机载荷的分布和传递,缩短传力路线,减少承力框架,减少压气机和涡轮转静叶片的轴向位移变化;应有利于转子变形、转静件间的间隙控制,具有足够的强度和刚度特性,减小在冲击载荷作用下的轴系变形;应有利于结构间的振动隔离。承力机匣同时还具有调节气流方向,形成部分气流通道,安装通油、通气管路及其他零组件的功能,需要采用多功能集成方案,协调解决各种不同的结构和功能需求。

4) 单元体划分和连接结构设计

开展单元体划分、界面连接设计、可装配性评估等工作:确定发动机单元体数量、内部组成;确定单元体界面接口形式,确定单元体内部部件、系统界面接口形式;初步开展发动机装配可行性评估、飞发安装可行性评估,发动机结构应具有良好的装配可行性。

连接结构设计主要是确定两个部件间的连接结构形式。连接结构应满足传递扭矩和传递轴向负荷的需要;应具有足够的刚性,可以实现两个或多个连接件之间稳定的连接状态;保证其接触疲劳损伤引起的附加不平衡度在规定的允许值内,并应考虑降低其对转子系统振动响应的影响。

5)结构布局与气动性能迭代设计

开展各部件、系统结构布局和气动性能的迭代与改进设计,主要解决涉及结构和性能设计的关键参数的确定问题:① 气流通道与外廓限制尺寸的确定;② 气流通道内各部件流阻系数的选取与具体结构形式的矛盾;③ 部件气动效率与结构工程可实现性的矛盾;④ 气动性能调节功能要求与调节机构结构可靠性和质量控制的矛盾;⑤ 整机推重比与结构材料/工艺水平的矛盾。

6)转子动力学、轴向力、重量评估

发动机转子动力学评估主要包括临界转速分析、应变能分析、支承刚度敏感性分析,根据分析结果对总体结构方案进行合理调整。

发动机轴向力评估主要包括发动机设计点状态下的发动机轴向力估算,根据估算结果对总体结构方案进行合理调整。

发动机重量评估即根据初步确定的部件结构进行发动机重量估算,发动机重量应能满足设计要求。

7)方案审查

完成以上工作后需进行方案审查,主要包括以下几个方面:① 评估各部件的主要性能、结构来源和特点,对于继承已有设计的部件,应评估原有工作条件及性能,分析引入本方案后工作条件的差异、结构变动情况及其对性能的影响;评估自行设计部件的技术成熟度;② 综合评价总体结构方案特点,主要从结构的先进性、可行性、维修性和可靠性等方面进行综合分析,并分析本方案所能达到的性能指标和功能要求;③ 明确方案设计中采用的新技术、新材料和新工艺,制定攻关计划;④ 明确方案设计中存在的技术关键、解决的途径和措施,对结构方案进行风险评估。

将方案设计结果与所提出的需求进行全面比较,若总体结构方案可以满足设计指标要求且研制风险可控,则进入下一设计流程,否则进行方案修改迭代。

2. 技术设计

在总体结构方案设计的基础上,进一步完善和落实各部件/系统的结构形式和它们之间的接口关系,形成总体协调图,主要设计活动应该从整机和各部件之间在使用过程中的协调性和一致性上进行统筹。

1)单元体/部件界面接口尺寸设计

在方案设计单元体划分的基础上,与部件/系统进一步协调单元体界面和分工,协调部件间接口尺寸、外廓尺寸;对部件、系统间的连接结构尺寸开展设计;确定关键尺寸的公差选取原则,并选取公差;设计过程中应考虑装配性、尺寸的冷热态换算等问题。

2)同轴度、间隙设计

根据部件性能、空气系统设计要求及研制经验,确定转子同轴度,静子结构同心度,以及转静子叶尖间隙、封严间隙、轴向间隙等参数。

3)飞发接口设计

协调确定发动机与飞机的详细安装尺寸,包括进气道、安装节、尾喷管接口结构及尺寸;确定发动机外廓尺寸;确定燃油系统、滑油系统、电气系统、空气系统、引气系统、漏油系统等与飞机连接的接口结构及尺寸;协调确定发动机调整点、维护点与飞机维护口盖位置。

4)发动机装配性设计

分析装配路径、装配工艺、装配空间等;协调装配工艺的可实现性,并明确需攻关的新工艺。

3. 详细设计

在方案、技术设计的基础上,进一步细化设计,形成可直接指导生产制造的图样和技术要求,这一过程称为详细设计或工程设计。

1)总体结构工程图及其生产配套文件发布

完成描述整机部件/系统组成、加工尺寸、材料、工艺及其装配关系要求的全套图纸;完成整机装配过程需要执行的测量、调整、检查,以及整机包装、储存、运输等要求。

2)飞发接口确认

确认飞机与发动机之间的安装、气路、油路等机械接口及维护接口在工程图上的落实情况;提出发动机装飞机需要执行的测量、调整、检查等要求。

3)详细分析校验

采用部件/系统详细设计结果,再次进行发动机重量、尺寸链、转子动力学、轴向力等的计算分析工作,确保分析结果符合设计指标和设计准则要求。

4)随机工具、随机设备设计

根据飞发安装、使用、维护要求,开展随机工具、随机设备设计、选型,完成设计图样或选型要求,明确随机工具、随机设备清单及图样、资料。

4. 设计验证

发动机总体结构设计完成后,需要通过相关试验对设计结果进行验证和确认。主要的设计验证试验包括以下几种。

(1)间隙测量及控制试验。测量典型状态点、典型试车程序下的发动机关键间隙,如高压涡轮叶尖间隙、关键封严间隙、高低压转子轴向间隙等,校验间隙设计的符合性。

（2）发动机整机振动特性测量试验。测量典型状态点、典型试车程序下的发动机支点振动特性、机匣振动特性，测量振动传递关系，校验振动传感器测试位置选取的合理性。

（3）发动机重量、重心、转动惯量验证试验。测量整机、部件、系统、典型组件的重量、重心，校验重量设计的符合性。

（4）转子振动阻尼器特性试验。测量典型状态点、典型试车程序或激励下，采用阻尼器前后转子振动特性的变化，校验阻尼器对振动的抑制效果。

（5）轴向力测量试验。测量典型状态点、典型试车程序下发动机高、低压转子支点止推轴承的轴向力，校验转子轴向力设计的合理性。

（6）发动机和飞机结构相容性验证试验。采用数字样机或金属样机，开展装机验证，对发动机与飞机的安装、维护、气路、油路等接口进行验证，为设计优化提供依据。

为了验证发动机的可靠性、安全性、环境适应性等，还需要进行多项考核性质的试验，包括持久试车试验、循环疲劳试验、滑油中断试验、起动扭矩试验、抗腐蚀性试验、外物损伤试验、吞鸟试验、吞水试验、吞冰试验、吞砂试验、包容性试验、超温试验、超扭试验、振动和应力试验、阶梯耐久及共振驻留试验等。

需要说明的是，随着我国航空发动机研发能力和计算机技术的发展，我们需要融合前期的研制积累和基础技术的发展，建立更多高精度的仿真分析手段，以代替部分试验，缩短研制周期和节约成本。

第 2 章
整机结构布局设计

航空燃气涡轮发动机布局设计(简称整机结构布局设计或总体布局设计)是根据总体气动性能要求和已有的结构设计经验,综合分析各部件/系统的设计要求和技术难度,最终对整机进行结构上的综合平衡设计。航空发动机结构布局设计目标是在满足气动性能的前提下,以最小的结构质量承受工作载荷并具有合理的刚度分布,通过对复杂结构、系统进行结构几何构型、材料性能、关键尺寸、约束位置及强度和载荷传递路径等结构特征参数的优化和平衡,使发动机具有良好的结构完整性和可靠性。

2.1 结构布局设计

2.1.1 概念与内涵

结构布局是指从整体上规划和安排每个结构的构型、尺寸、材料、连接以及系统筹划功能和受力状态。对于航空发动机的研制,在初始方案设计阶段,需要对各种设计方案进行综合评估,以保证在功能、性能、可靠性及可实现性等多方面的平衡,因此需要一定的设计理论、方法和已有设计经验的指导。

结构布局是总体结构方案设计的重点,它将直接影响各部件研制的可靠性和技术难度,同时也是影响整机技术状态和研制进度的关键,设计中需要重点考虑结构系统变形协调性、整机动力学特性以及安全性、可靠性、环境适应性的设计要求。在现代先进航空发动机结构布局的初步设计阶段,需充分考虑发动机的使用环境、总体性能、通道及外形等设计输入要求,考虑部件/系统结构布局的关联性及其对发动机整机性能先进性和技术风险的影响。

结构布局设计的力学基础是在使用载荷环境下结构系统的变形及其变化规律的定量描述,以及结构几何构型和尺寸效应与力学特性的关联性。

2.1.2 设计内容

结构布局设计的主要内容包括转子和承力结构系统的几何构型、关键尺寸以及支承/安装结构特征的确定。其设计输出为初步确定的发动机主体结构的基本构型尺寸和质量分布,同时考核整机的抗变形能力、环境适应能力以及结构安全性、可靠性和维修性。

结构布局设计的一般流程如图 2.1 所示。首先在方案设计阶段,基于整机顶层要求和气动热力方案给出的整机流道图,对转子系统和承力系统进行初步规划,明确安装结构位置、部件连接结构(安装边)位置以及转子轴承的选取,给出单元体划分,输出总体结构基本尺寸和轮廓;其次通过综合分析确定转子结构几何构型、支承方案、承力框架及轴承-支承结构类型,并对设计方案进行刚度特性和模态特性评估,基于各因素之间的内在联系综合评定结构是否满足设计要求,形成结构布局设计的初始方案;最后对设计方案进行变形协调和动力学特性的评估与优化设计,对比评估布局设计方案的动力学特性,并考虑安全性、储备技术成熟度以及技术风险、研制周期/经费的限制,给出最后的结构布局设计方案。这三个步骤并不是绝对的前后顺序,会随设计过程进行迭代。

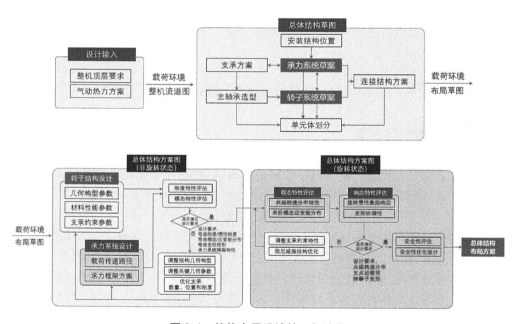

图 2.1　结构布局设计的一般流程

2.1.3　设计要求

航空发动机结构布局设计的主要设计要求是在工作载荷环境下对结构的静态和动态变形进行控制,主要通过以下参数进行评估。

(1)临界转速安全裕度。在转子系统工作过程中由转子不平衡激起的同步正进动共振时的转速,即临界转速。设计准则中要求,高于发动机工作转速范围的转子临界转速至少高于最大工作转速的 20%，低于发动机工作转速范围的转子临界转速至少低于慢车转速的 20%，并且需要考虑由使用条件、性能退化和装配加工散度等因素引起的临界转速变化。而对于工作转速在多阶临界转速以上的转子系统，应尽量压缩临界转速共振区域，使共振转速处于低转速区的最小范围。

（2）转子结构系统应变能分布。应变能分析对象是转子-支承结构系统，包括转子结构弯曲应变能和支承-承力结构的变形能。对于刚性设计的转子系统，转子结构的弯曲应变能一般要求小于相应模态振型总变形能的 20%，超过该值认为是不可接受的，应进行结构调整或采用弹支阻尼结构。

（3）转静件间隙控制。高性能发动机要求具有较小的叶尖间隙和级间封严间隙，以提高发动机效率。如果因过临界、振动、喘振、机动飞行等因素引起间隙丧失，进而引发转静子间摩擦、磨损，将使转静件间隙变大，效率降低，在损伤积累到一定程度时还会引起部件损坏，发生故障。需要注意，转静件间隙控制还包括空气系统和轴承腔的封严结构间隙控制，空气系统封严失效会对转子轴向力、止推轴承寿命及可靠性产生巨大影响；轴承腔封严失效会引起滑油泄漏等故障。

（4）全工作转速范围内转子不平衡控制。转子系统是由多种材料和不同几何构型的构件通过界面连接组成的，在加工装配过程中很难做到完全平衡，不平衡是转子和整机振动的主要激励源。转子不平衡产生的原因包括由生产和装配过程产生的不平衡量、轴公差和每个装配部件的局部误差；由外部打伤、磨损所造成的不平衡；转子初始热弯曲造成的不平衡。由全工作转速范围内的不平衡所产生的动力响应，应保持在发动机的可接受水平和允许损害程度内。

（5）结构效率。结构的主要功效是承载、抗变形及适应环境，在航空发动机结构设计中，需通过统一参数对结构效率进行评价，确定结构的先进性和工程可实现性，并对结构改进设计给出意见，最终满足航空发动机对结构重量、刚度、气动热力效率以及振动特性等多方面的综合优化要求。

（6）结构系统稳健性。航空发动机作为复杂高速旋转机械，由于传载、隔热、加工、安装等需要，在结构设计中存在大量连接结构。在工作状态下，结构系统的连接界面受机械载荷、热载荷、高速旋转和机动飞行所产生的惯性载荷等作用，连接界面产生的接触损伤积累会使连接结构零件间发生相对滑移、磨损和疲劳损伤，结构力学性能（对于转子主要为附加不平衡和弯曲刚度损失）会产生分散性。结构系统稳健设计则用于降低结构力学性能对载荷环境变化的敏感性和分散性。

2.1.4　设计重点

航空发动机结构布局的主要内容是在各种设计要求的约束下，设计确定转子系统和承力系统的几何构型、关键尺寸以及支承/安装结构。其中，转子系统设计是结构布局设计的重点内容。

　　航空发动机转子–支承结构系统,简称转子系统,包括轮盘、鼓筒、轴颈及其连接构件组成的转子结构和相应的轴承支承结构。转子系统结构布局主要包括转子结构设计(几何构型、关键尺寸和材料选择),并结合承力结构系统设计,确定支点位置及支承约束刚度。

　　航空发动机转子系统的各部分因结构几何构型和受力状态不同而具有不同的力学特性。以双转子涡扇发动机为例(图 2.2),高、低压转子所处位置和功能的差异,决定了高压转子的长径比小——体现为具有较强刚度特性的刚性转子设计。低压转子由于要穿过高压转子,其轴向尺寸大,直径较小,质量集中在前后两端,整体刚性较弱——工作在弯曲振型共振转速以上,为柔性转子设计。正是由于高、低压转子结构特征的不同,其力学特性也有很大的差异,在结构设计中需要解决的关键问题也不同。

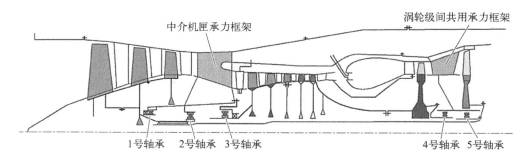

图 2.2　典型双转子涡扇发动机结构布局示意图

　　另外,由于转子系统是由多种不同构型和材料的结构件通过连接结构,如法兰、止口、端齿及套齿等组合而成的,连接界面在复杂、多变的工作载荷作用下可能会产生接触损伤。因此,在转子系统设计中,也要考虑连接结构的位置及界面接触损伤控制,以保证最大限度地降低连接界面损伤及其对转子系统力学特性的影响。

2.2　转子变形控制

　　航空发动机转子结构特征对刚度特性、振动特性和转子动力学特性有着重要的影响。在不同转速和载荷环境下转子结构特征及其力学特性会产生一定的变化,因此,在转子几何构型、支点位置、支承约束刚度等参数确定时,需要掌握结构特征参数变化对力学特性的影响规律。

　　转子结构特征是结构固有特性的具体表现,其本质是由转子结构几何构型、材料性能、连接结构界面配合状态等确定的转子结构质量/刚度分布特征,以及由支点数量、支点位置以及支承约束刚度等确定的支承结构约束特征。转子结构特征参数用于定量描述转子结构特征,其中,几何构型确定结构基本特征,材料性能参数用以描述材料特性,连接结构状态参数表示不同构件间的连接方式,支承结构特征参数确定支承方案,描述转子的约束特性等。

转子力学特性是指转子系统在载荷作用下抵抗静态与动态变形能力的具体表现,包括外力作用下的刚度特性、振动环境下的模态振动特性以及高速旋转状态下的动力响应等。

转子结构系统变形控制是指依据结构特征参数与力学特性的关联性力学模型,通过结构特征参数的寻优,确定转子系统质量刚度轴向分布和支承约束状态,控制转子弹性线和轮盘的变形,调整转子系统的弯曲临界转速分布、各支承动载荷分布,使得转子系统的动力学特性满足设计要求。

对于具有高转速负荷特征的转子系统,在结构设计中需要考虑的变形控制问题主要包括以下几个方面:① 提高转子的横向惯性刚度;② 减小连接结构处的应变能分布;③ 优化转子弯曲的共振转速分布;④ 降低支点的动载荷。

2.2.1　结构力学基础

结构在外力的作用下可以保持平衡而不被撕裂,是由于结构因受力变形产生了弹性抗力,该抗力有使结构恢复初始形状的趋势。结构产生弹性恢复的力学本质源于结构材料的本构关系,即材料的应力-应变关系。

结构的弹性恢复力即结构的抗变形能力来自两个方面:一是材料本身的应力-应变关系,其与结构几何特征无关,是结构材料组成成分微细观尺度的力学特性体现;二是结构几何特征,几何特征使微观应力在宏观上产生特定分布,使得微观各处抗变形能力“和”的效果存在差异,即结构的刚度特性。刚度特性是结构体所具有的宏观力学特性,是结构构型和材料特性的综合体现,形成不同外力作用下的弹性恢复力。除此之外,结构的几何构型还决定着结构质量分布,进一步影响过载或振动时的惯性力分布,使得惯性刚度和模态特性更趋复杂。

固体材料受力之后,材料微观应力与应变之间呈线性关系,满足胡克定律,如式(2.1)所示:

$$E\varepsilon = \sigma \tag{2.1}$$

式中,ε、σ 分别为材料应变和应力;E 则为弹性模量,也称杨氏模量,取决于材料特性。弹性模量反映材料对于拉伸或压缩变形的抵抗能力,对于一般金属材料来说,拉伸和压缩的弹性模量相差不多,可认为两者相同。

考虑结构的几何特征,以等截面弹性杆受拉为例,对截面应力进行积分,得到

$$E\varepsilon \int_A \mathrm{d}A = \int_A \sigma \mathrm{d}A \Rightarrow K \cdot \Delta l = F \tag{2.2}$$

式中, $\varepsilon = \dfrac{\Delta l}{l}$; $K = \dfrac{E \int_A \mathrm{d}A}{l}$ 为结构刚度系数(倔强系数、弹性系数); $F = \int_A \sigma \mathrm{d}A$ 为外力(即杆件所受轴向拉力); A 是杆件横截面积; l 为杆件原长。

实际上,式(2.2)就是具有几何特征的宏观结构受力与变形关系的线性简化。式中的积分过程,是微观到宏观的过渡,是局部抗力到整体结构受力的综合效果体现,但应注意,该过程需要材料满足连续性、均匀性和小变形的假设。满足胡克定律的弹性体是一个重要的物理理论模型。

当结构发生动态变形时,根据达朗贝尔原理,结构惯性力也会参与其中。姑且将等截面弹性杆惯性力集中于受力一端,则动力学平衡方程为

$$K \cdot \Delta l = F - m \frac{\mathrm{d}^2(\Delta l)}{\mathrm{d}t^2} \tag{2.3}$$

动载荷作用下的结构变形是结构质量/刚度分布特性的集中体现。

除此之外,结构与外界的约束关系和运动阻尼也会影响到结构动力学特性,这些因素都是研究结构系统变形控制的要点。

转子变形主要是指在工作过程中转子弹性线随转速的横向变化。此外,对于转子结构中的分支结构、轮盘等的局部变形,在高转速、大尺寸转子结构中也需要考虑。转子弹性线是指转子横截面的中性面轴心线,如果轮盘横截面与转子弹性线始终保持垂直,则转子弹性线的变化也可代表轮盘的变形(所在位置的切向);否则,如果轮盘相对于转子弹性线产生相对的摆动,就需要采用单独变量表示轮盘的变形。

当转子只有刚体位移时,转子弹性线为一直线,在横向振动时,转子弹性线相对于支点连线形成的旋转中心线产生平动或俯仰位移,并进行回转运动。当转速提高使得转子产生弯曲变形时,假设转子为连续结构体,则转子弹性线相对旋转中心线产生弯曲,为弓形回转运动。转子弹性线随转子横向变形而变化,旋转中心线是转子进动的旋转中心,当支承结构确定时就确定不变了。

在航空发动机结构布局设计阶段,转子变形考虑的载荷环境影响因素主要有两个:一是机动/过载所产生的转子结构惯性载荷;二是转子高速旋转激励所产生的旋转惯性载荷。转子变形的力学本质是转子结构特征(质量和刚度分布)所表现出的静态的力平衡状态和动态的能量平衡状态。

转子变形控制的内涵是:通过总体结构布局设计,使转子系统获得合理的质量/刚度分布,以控制转子弹性线和大惯性结构单元(如轮盘等)在工作载荷环境

下的变形量。在工程设计中,转子变形可按载荷的不同分为静载荷作用下的变形量和动载荷作用下的振动响应,主要的控制和评价参数包括转子系统惯性刚度、临界转速分布、弯曲应变能分布、支承动载荷等。通过对这些反映转子系统质量/刚度分布工作特性的参数进行评价,评估结构布局设计的先进性和适用性。

2.2.2　横向过载变形控制

基于铁摩辛柯梁理论,发展出航空发动机转子结构布局及变形控制设计方法。铁摩辛柯梁模型不同于欧拉-伯努利梁理论,考虑了剪应力和转动惯性,使其适于描述短梁、层合梁以及薄壁梁的力学特性,而一般航空发动机转子结构具有小长径比、薄壁的特征。

图 2.3 为转子梁单元在弯曲载荷作用下的变形示意。在静力学中,铁摩辛柯梁理论没有轴向影响,故假定梁的位移服从

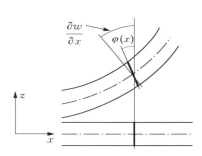

$$u_x(x, y, z) = -z\varphi(x); \quad u_y(x, y, z) = 0;$$
$$u_z(x, y) = w(x) \tag{2.4}$$

式中,(x, y, z) 是梁上一点的坐标;u_x、u_y、u_z 是位移矢量的三维坐标分量;φ 是对于梁的中性面的法向转角;w 是中性面在 z 方向的位移。

图 2.3　梁单元在弯曲载荷作用下的变形

在稳态横向过载条件下,控制方程是以下常微分方程的解耦系统:

$$\begin{cases} \dfrac{\mathrm{d}^2}{\mathrm{d}x^2}\left(EI\dfrac{\mathrm{d}\varphi}{\mathrm{d}x}\right) = q(x, t) = \rho A N_g \\ \dfrac{\mathrm{d}w}{\mathrm{d}x} = \varphi - \dfrac{1}{\kappa AG}\dfrac{\mathrm{d}}{\mathrm{d}x}\left(EI\dfrac{\mathrm{d}\varphi}{\mathrm{d}x}\right) \end{cases} \tag{2.5}$$

式中,ρ 为材料密度;N_g 为过载加速度;q 为分布力;κ 为铁摩辛柯剪切系数,由形状决定,薄壁圆环为 0.5,圆截面为 0.9。跨度大、截面小或剪切模量极大的条件下,铁摩辛柯梁理论等同于欧拉-伯努利梁理论,即当

$$\frac{EI}{\kappa L^2 AG} \ll 1 \tag{2.6}$$

时,可忽略式(2.5)第二个式子的最后一项,得到有效的近似。式(2.6)中的 L 是梁的长度。

消去 φ 项,获得

$$\frac{\mathrm{d}^2}{\mathrm{d}x^2}\left[EI\left(\frac{\mathrm{d}^2w}{\mathrm{d}x^2}+\frac{\rho N_g}{\kappa G}\right)\right]=\rho A N_g \qquad (2.7)$$

对于等截面梁,则退化为

$$\frac{\mathrm{d}^4w}{\mathrm{d}x^4}+\frac{\rho A N_g}{EI}=0 \qquad (2.8)$$

由方程(2.8)可以分析梁的抗静变形能力:梁的弹性变形所产生的恢复力与外载荷的平衡,是由梁的材料特性和结构特征所确定的。式(2.5)~式(2.8)中,E、G 等表示材料特性,而 I、A、κ 等表示结构特征。

根据边界条件,可积分计算得到结构在自身惯性载荷作用下的变形量,进一步可求得结构惯性刚度 K_e:

$$K_e=\frac{m\cdot N_g}{w_{\max}} \qquad (2.9)$$

最大变形与惯性力方向相同(与产生过载的加速度方向相反,是过载的抗力)时,惯性刚度取正值。惯性刚度是结构质量-刚度分布的体现,与过载加速度的大小无关。

需要说明,对于满足结构均匀性、连续性和小变形假设的结构,上面方程是成立的,但是对于航空发动机转子结构,由于其结构几何特征突变和界面连接等因素的影响,在一定条件(大载荷作用)下,可能不能满足上面的基本假设,故应注意对计算方法和数值进行适当修正。

2.2.3 旋转激励变形控制

转子系统的主要工作环境具有多频旋转激励。高速旋转的转子系统的变形也主要来源于转子旋转时所引起载荷激励下的振动响应,即动态变形量。

当转子系统处于模态共振状态时,转子的动力响应幅值最大,故转子结构设计中,需要考虑转子系统处于共振转速下的动态变形量控制。基本设计思路和方法如下:一是采用避开共振设计,使转子系统在工作过程中,与临界转速保持充足的安全裕度,以此控制转子系统不会在旋转激励下产生过大的动态变形;二是采用阻尼减振设计,以使转子在通过临界转速时的动态变形量(振幅)得到一定的抑制,减小动态变形。

在工程设计中,主要采用避开共振设计,在评估转子共振转速分布的基础上,使工作转速范围与共振转速保持一定的安全裕度;在支承结构设计中,预留阻尼减振结构的空间,在详细设计和试验研制中,考虑是否需要采用阻尼减振结构。

在铁摩辛柯梁理论中若不考虑轴向影响,则给出梁的位移:

$$u_x(x, y, z, t) = -z\varphi(x, t); \quad u_y(x, y, z, t) = 0; \quad u_z(x, y, z, t) = w(x, t)$$

$$(2.10)$$

基于以上假设,铁摩辛柯梁的振动平衡,需要采用线性耦合偏微分运动方程描述:

$$\begin{cases} \rho A \dfrac{\partial^2 w}{\partial t^2} - q(x, t) = \dfrac{\partial}{\partial x}\left[\kappa AG\left(\dfrac{\partial w}{\partial x} - \varphi\right)\right] \\ \rho I \dfrac{\partial^2 \varphi}{\partial t^2} = \dfrac{\partial}{\partial x}\left(EI \dfrac{\partial \varphi}{\partial x}\right) + \kappa AG\left(\dfrac{\partial w}{\partial x} - \varphi\right) \end{cases} \quad (2.11)$$

上面所列转子振动微分方程组中,第一个式子阐述的是横向运动产生的惯性力、外力和梁剪力间的平衡方程;第二个式子描述的是梁弯曲运动产生的惯性力矩、梁弹性恢复弯矩和梁剪力间的平衡方程。这个平衡方程是瞬态下力或力矩的平衡方程,等号两侧对时间积分后就分别是梁的动能和势能,以及横向和角向的运动轨迹。

式(2.11)中,因变量是梁的平移位移 $w(x, t)$ 和转角位移 $\varphi(x, t)$。不同于欧拉-伯努利梁理论,转角位移是另一个独立变量而非挠度斜率的近似。I 是几何轴惯性矩,随梁的截面特征而变;$q(x, t)$ 是外载荷分布。

对于各向同性的线弹性均匀等截面梁,消去 φ,式(2.11)的两个方程合并成

$$EI \dfrac{\partial^4 w}{\partial x^4} + \rho A \dfrac{\partial^2 w}{\partial t^2} - \left(J_d + \dfrac{\rho AEI}{\kappa AG}\right)\dfrac{\partial^4 w}{\partial x^2 \partial t^2} + \dfrac{\rho AJ}{\kappa AG}\dfrac{\partial^4 w}{\partial t^4} = q(x, t) + \dfrac{J}{\kappa AG}\dfrac{\partial^2 q}{\partial t^2} - \dfrac{EI}{\kappa AG}\dfrac{\partial^2 q}{\partial x^2}$$

$$(2.12)$$

式中,$J_d = \rho I$ 为梁的直径转动惯量。

式(2.12)为考虑剪切作用的梁的振动平衡方程,可以看出,该方程描述的是梁在共振状态下的弯曲变形势能与动能的平衡关系。对于航空发动机的转子系统,除结构不可能严格满足基本假设以外,在不同位置的轮盘还可能产生不同的惯性力矩载荷,这可能使转子系统的振动特性随转速产生一定的变化。

结合航空发动机转子实际各部件质量/刚度分布及其对转子系统动力学特性影响的敏感度,对转子局部结构特征进行简化,能够给振动响应求解带来极大的方便,可由微分式(2.12)获得积分式。

例如,对于鼓筒轴,其结构质量及惯性对动力学特性影响的敏感度小,但刚度却有较大的影响,故将其简化为无质量薄壁柱壳(质量可以加在其他单元上);对于轮盘,其质量和转动惯量较大,如果其厚度对转子刚度影响较小,可以视其为一个具有质量和转动惯量的质点(质量 m,极转动惯量 J_p,直径转动惯量 J_d)。对于这两种单元,得到其结构特征参数与变形或振动状态的描述:

$$\left\{\begin{array}{c} w \\ \varphi \\ M \\ F_\tau \end{array}\right\}_{i+1} = \begin{bmatrix} 1 & l & \dfrac{l^2}{2EI} & \dfrac{l^3}{6EI}(1-v) \\ 0 & 1 & \dfrac{l}{EI} & \dfrac{l^2}{2EI} \\ 0 & 0 & 1 & l \\ 0 & 0 & 0 & 1 \end{bmatrix} \left\{\begin{array}{c} w \\ \varphi \\ M \\ F_\tau \end{array}\right\}_i = T_{\text{shaft}} \left\{\begin{array}{c} w \\ \varphi \\ M \\ F_\tau \end{array}\right\}_i \qquad (2.13)$$

$$\left\{\begin{array}{c} w \\ \varphi \\ M \\ F_\tau \end{array}\right\}_{i+1} = \begin{bmatrix} 1 & 0 & 0 & 0 \\ 0 & 1 & 0 & 0 \\ 0 & \omega\Omega J_p - \omega^2 J_d & 1 & 0 \\ m_i\Omega^2 & 0 & 0 & 1 \end{bmatrix} \left\{\begin{array}{c} w \\ \varphi \\ M \\ F_\tau \end{array}\right\}_i = T_{\text{disk}} \left\{\begin{array}{c} w \\ \varphi \\ M \\ F_\tau \end{array}\right\}_i \qquad (2.14)$$

式中,F_τ、ω、Ω分别为横向剪力、转子转动速度和进动速度;i和$i+1$分别对应单元左、右截面;v是铁摩辛柯梁剪切修正系数。

在对各结构单元的结构及其在动态环境下的力学特性进行准确描述的基础上,可借助传递矩阵法或柔度阻抗法获得转子系统力(动态激励)和变形(响应)的平衡方程。对方程求解就能获得共振转速和相应模态振型,并依据动力学方程研究关键设计参数的影响规律。

转子系统在旋转激励载荷下的共振转速分布及其振动响应,是转子动态变形控制的一个重要部分。同时,支承结构在转子旋转激励下的支点动载荷控制,也是转子动态变形控制的一个主要部分。尤其是在转子高速旋转时,系统会靠近弯曲模态的共振转速,在不平衡激励下发生一定的弯曲变形,进而使得具有大转动惯量的结构单元产生附加惯性激励。附加惯性激励实际上是转子质心横向移动和惯性主轴倾斜所造成的旋转惯性力和力矩。在转速范围较宽的高速转子系统工作过程中,各支点动载荷主要为旋转惯性激励,其大小与转子振型和转动惯量的轴向分布相关。根据转子主要模态振型,优化转子结构单元转动惯量的轴向分布和支点位置,使各结构单元所产生的附加惯性载荷在支点处抵减,这对于高速大跨度支承转子系统的支点动载荷控制具有重要意义。

2.3　典型结构布局

2.3.1　小涵道比发动机

现代先进战斗机追求高机动性和敏捷性,其动力装置不仅要有大推力,还要具有轻质量和小迎风面积,因此,其推力与重量(质量)之比,即推重比,是发动机气动、热力、结构可靠性,以及材料、工艺和使用要求的综合平衡设计,高推重比涡扇发动机均采用小涵道比总体结构布局设计。各国航空发动机设计集团为设计出高负荷、高可靠性、高推重比的涡扇发动机,采用了不同的结构设计方案,都取得了较好的效果。

1. 结构布局设计方案

为实现飞机对发动机越来越高的设计要求,各设计集团在结构布局设计和局部结构设计方案上不断探索创新,发展了如图 2.4 所示的几种典型的高推重比双转子发动机结构布局方案。

由于气流通道限制,双转子发动机普遍设计为压气机部件在前、涡轮部件在后的布局形式,这导致高压转子较短粗、刚度较高,因此一般采用两个支点支承,如 1-1-0 或 1-0-1 两种支承方案;低压涡轮轴因需穿过高压转子而细长,低压转子质量主要集中在转轴两端,质量/刚度分布极不均匀,通常需采用三个或者更多支点支承,如 1-1-1、1-2-0 等支承方案。

对于如图 2.4 所示的 5 种高推重比双转子发动机典型结构布局方案,根据热端涡轮转子的支承方式可分为悬臂支承、中介支点和共用支承三类,具有各自的特点。

(1) 采用燃烧室扩压器承力框架的悬臂支承高压转子方案如图 2.4(a)所示。高压转子采用 1-1-0 支承方案,后支点设计在涡轮前鼓筒轴上。

高压涡轮处于悬臂状态,缩短支点跨度可有效提高压气机转子刚度、减小压气机部件变形、控制叶尖间隙。尤其在横向过载时,压气机转子与高压涡轮转子产生的惯性载荷使得转轴具有相反的变形趋势,变形相互抑制,有利于提高高压转子的惯性刚度。

当高压转子以高转速旋转时,由于悬臂高压涡轮转子更易产生转角位移,具有较大的陀螺力矩效应,旋转惯性力矩能明显增加高压转子的弯曲刚度,提高高压转子的弯曲振型临界转速,保证高压转子在高速旋转时的稳定运转,并且支点动载荷分布合理。因此,从转子动力学设计上,1-1-0 支承方案的高压转子系统具有良好的动力学特性,适合高速旋转。

但由于后支点处有燃烧室环绕,环境温度高,对支点的冷却、封严和润滑提出了极高要求,轴承环境恶劣,不利于长寿命工作。另外,由于 1-1-0 支承的高压转子转速较高,且鼓筒轴直径比一般 1-0-1 支承的高压转子涡轮后轴颈直径更大,因此,1-1-0 支承的高压转子后支点轴承必须具有更大的 DN 值,这提高了轴承的设计难度。此外,1-1-0 支承方案需使用燃烧室扩压器承力框架,使得整机承力框架数目较多,不利于发动机结构质量控制。

(2) 采用中介轴承支承高压涡轮转子,如图 2.4(b)和(d)所示。高压转子采用 1-0-1 支承方案,后支点轴承为滚棒轴承,支承于低压涡轮轴上。

采用中介支点支承方案,在转子热端仅使用一个承力框架便可同时支承双转子,减轻了承力结构质量,提高了发动机推重比。但高、低压转子可以通过中介轴承实现载荷的直接传递,转子运动状态相互影响,双转子出现耦合振动,临界转

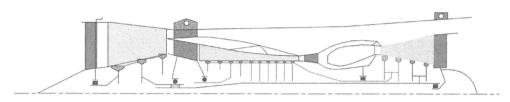

(a) 四承力框架布局 (HP: 1-1-0, LP: 1-1-1)

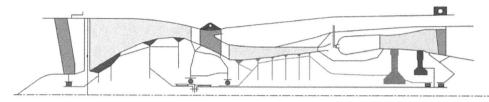

(b) 三承力框架布局 (HP: 1-0-1, LP: 1-1-1)

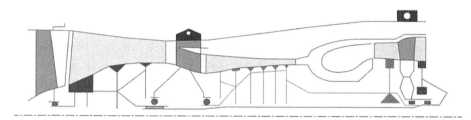

(c) 三承力框架布局 (HP: 1-0-1, LP: 1-2-0)

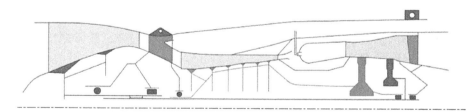

(d) 两承力框架布局 (HP: 1-0-1, LP: 0-2-1)

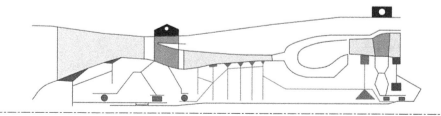

(e) 两承力框架布局 (HP: 1-0-1, LP: 0-3-0)

图 2.4　高推重比双转子发动机典型结构布局方案

速更加复杂多变,增加了整机动力学设计和振动控制的难度。同时,中介轴承内、外环都处于旋转状态,滚子和保持架磨损加剧,而且由于环境温度较高、轴承腔狭小,需要掌握高效可靠的轴承冷却、封严和润滑技术;低压转子后支点同时传递双转子的热端横向载荷,支点载荷很大,为保证轴承的稳定承载,需采用大 DN 值设计,增加了轴承的设计难度。

（3）采用共用承力框架支承高低压转子,如图 2.4(c)和(e)所示。

涡轮级间共用承力框架同时承受高、低压转子的热端横向载荷,载荷很大;高温环境下材料性能的退化会使承力框架的支承刚度发生变化,导致转子的约束特性变化,引起转子动力特性的分散性和不确定性。此外,共用承力框架可能与高、低压转子产生耦合共振,导致转子支承松动和运动状态改变,进而产生非协调涡动失稳。因此,涡轮级间共用承力框架的设计要求具备大承载能力、支承刚度对温度敏感性低,并有高隔振性。

中介支点支承方案和共用承力框架支承方案都是降低承力结构质量、提高发动机结构效率和推重比的重要措施。当发动机推力量级较小、风扇转子尺寸和质量较低时,可将风扇转子悬臂支承,并在中介机匣上使用共用承力框架,同时支承三个轴承,如图 2.4(d)和(e)所示。风扇转子悬臂设计使承力系统仅使用两个承力框架就可支承双转子五个支点,进一步提高了发动机的推重比,但该设计多适用于推力量级不大、风扇质量较轻的发动机。

总之,对于高推重比双转子发动机总体结构布局,为降低整机质量和提高推重比,需控制整机外形尺寸并尽量减少承力框架的使用,同时采取措施提高大跨度转子的整体刚性和共用承力框架的承载能力,并降低高、低压转子的振动耦合。

由于三转子布局方案比较复杂,转子、支点、承力框架数量的增加使得发动机结构质量较大,难以实现高推重比的设计目标;此外,为减少发动机承力框架数量,三转子发动机中大量使用中介轴承和共用承力框架,易产生不同转子、承力框架之间的耦合振动问题,动力特性复杂,设计难度大。因此,高推重比涡扇发动机仍以双转子发动机为主。若飞机对发动机推重比要求不太高,可以采用三转子布局方案,如欧洲战斗机"狂风"使用的 RB199 三转子发动机,其结构布局方案如图 2.5 所示。

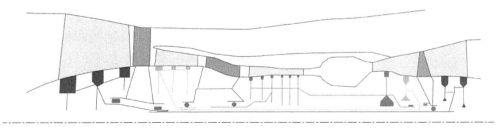

图 2.5　三转子发动机结构布局方案

2. 中介支点结构布局

中介支点结构布局方案是减少承力框架数目、提高整机推重比的重要措施。如今,带中介支点的双转子系统设计方案是高推重比涡扇发动机总体结构布局设计中的标准设计方案之一,也是目前中、美、俄等国在高推重比涡扇发动机中常采用的设计方案。

采用带中介支点的结构布局设计,可减少承力框架数目,使发动机长度缩短,减轻重量,提高推重比。但这种结构布局设计会使高、低压转子间的力和位移产生耦合,使双转子系统的振动特性变得十分复杂,增大了转子动力学设计的难度。同时,由于中介轴承处于高、低压转子之间,是双转子系统的核心部件,其动载荷过大可能导致相关结构损伤失效进而引发故障。因此,在中介支点结构布局方案中应尤其关注中介支点局部结构设计。

1) 支点布局

美国航空发动机设计集团最早采用中介支点结构布局的是美国通用电气公司(General Electric Company, GE,简称通用公司)的 F110 发动机,在后续推重比 10 量级军用涡扇发动机的研制过程中,普拉特 & 惠特尼集团公司(Pratt & Whitney Group,简称普惠公司)和通用公司分别在 F119 和 F136 发动机上对该布局方案进行了发展,并形成了较为成熟的中介支点结构布局设计技术。俄罗斯航空发动机设计集团同样采用中介支点结构布局,解决了中介支点布局方案的一些问题,在 AL-31F 等高推重比涡扇发动机设计中,逐步形成了自身的特点。

典型中介支点高推重比发动机结构布局方案如图 2.6 所示,可以看出不同方案具有相似的转子构型、支承方案和传力路线,仅中介支点局部结构有所差异,说明双转子中介支点布局方案在总体上趋近成熟,在中介支点局部设计上不断完善。

以典型高推重比涡扇发动机 F119 为例,介绍中介支点结构布局方案,如图 2.7 所示。F119 为最先投入使用的推重比 10 量级的涡扇发动机,高、低压转子系统共采用 5 个支点(其中高压涡轮后支点为中介轴承)、3 个承力框架,高压转子采用 1-0-1 支承方案,低压转子采用 1-1-1 支承方案。

如图 2.8 所示,高、低压转子止推轴承分别为高压压气机前 3 号支点和风扇后 2 号支点,轴承载荷通过中介机匣承力框架传递到后安装节。1 号滚棒轴承载荷通过风扇前承力框架传递到前安装节上;4、5 号滚棒轴承载荷通过涡轮后承力框架、核心机机匣传递到后安装节上。此外,作用于静子叶片和机匣上的轴向气动载荷也通过承力机匣传递到中介机匣和后安装节处。

随着对中介支点结构布局研究的深入,逐渐明确了该布局方案所需满足的结构设计要求,主要体现在中介支点的局部结构变化上。

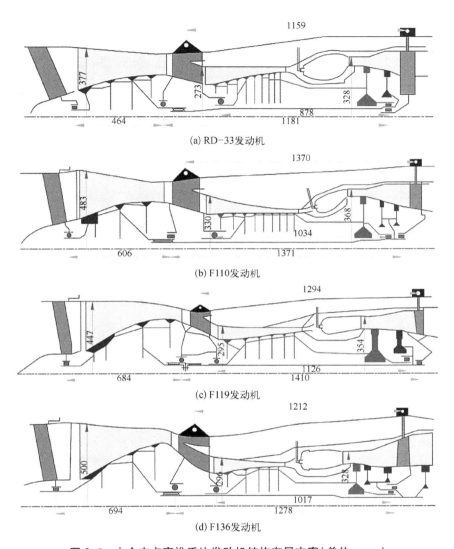

图 2.6　中介支点高推重比发动机结构布局方案(单位：mm)

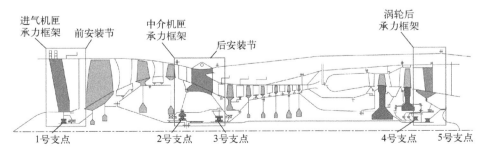

图 2.7　F119 发动机结构简图

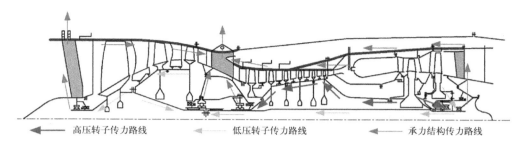

图 2.8　F119 发动机支承结构与传力路线图

图 2.6(a)所示的 RD－33 发动机是俄罗斯第 1 台中介支点结构布局的高推重比涡扇发动机,其中介支点外环在高压转子上、内环在低压转子上,与低压转子后支点(即图 2.7 中的 5 号支点)处于同一轴向位置,5 号轴承半径小于中介轴承。其优点是中介支点和 5 号支点并联放置,高压转子通过中介支点传递给低压转子的载荷可由 5 号支点直接传递到涡轮后承力框架,减少了高、低压转子间的相互载荷激励,避免了双转子动力学特性的耦合;缺点是 5 号轴承的半径太小,滚子数目少,承载能力偏低,不适合同时承受高、低压转子载荷。

如图 2.6(b)所示的 F110 发动机虽是美国第 1 台中介支点结构布局的高推重比涡扇发动机,但其技术特点已较为成熟。发动机采用较大内径的 5 号支点,能够提高 5 号轴承的承载能力;中介支点和 5 号支点之间虽存在一定的轴向距离,但轴向距离较小,能够有效抑制双转子的振动耦合问题。不足的是气动部件的效率较低,压气机和涡轮的级数较多,使得发动机结构质量较大,推重比相对较低。

如图 2.6(c)所示的 F119 发动机为美国普惠公司研制的高推重比涡扇发动机。该发动机采用了高低压转子对转的设计,中介支点内环位于高压转子上,外环位于低压转子上,内外环转速相反,可以显著降低轴承保持架的转速,有利于轴承的长寿命工作。将中介支点向 5 号支点靠拢,抑制高低压转子的振动耦合。此外,高低压转子对转的设计有利于控制转子产生的陀螺力矩,实现良好的共振转速设计。与上一代高推重比涡扇发动机相比,发动机气动部件效率显著提高,压气机和涡轮级数降低,发动机结构质量更低,推重比更高。

如图 2.6(d)所示的 F136 发动机继承和发展了 F110 的技术特点,中介支点外环在低压转子上、内环在高压转子上;此外,将中介支点设计在 5 号支点内部,与 5 号支点几乎处于同轴向位置(并联放置),极大地抑制了高低压转子的振动耦合;5 号轴承半径显著提高(大 DN 值设计),提高了轴承的承载能力;相较 F110 发动机,F136 发动机的气动部件效率显著提高,压气机、涡轮级数进一步下降,降低了发动机结构质量,提高了发动机推重比。

纵观不同时期发动机的中介支点结构布局特点,可以总结其结构布局的关键技术要求:① 缩短中介支点与低压转子后支点的轴向距离,减小高低压转子的振动耦合;② 增大低压转子后轴承半径,提高后支点的承载能力;③ 降低中介轴承滚子公转转速和保持架自转转速,保证中介轴承的长期稳定工作。

2) 转子构型

出于控制高推重比涡扇发动机整机质量、减小飞行阻力和提高战机隐身性考虑,在限制整机径向尺寸,使得在同切线速度限制下转子转速较高,转子动载荷加大;为提高整机推重比,需要对结构开展减重设计;转子的轻质高效设计中,通过几何构型控制转子质量/刚度分布,使双转子系统具有良好的动力学特性,控制整机振动水平,提高转子结构效率。

在中介支点结构布局方案中,高压转子采用 1 - 0 - 1 支承方案,支承跨度较大。为保证核心机转子的气动效率,常将高压转子设计为刚性转子,通过几何构型控制转子系统在高速下的弯曲变形问题。下面以 F119 和 F136 两个典型中介支点高推重比涡扇发动机为例,介绍高压转子几何构型设计对动力学特性的影响规律。

图 2.9 为 F119 发动机高压转子结构简图,包括 6 级高压压气机和 1 级高压涡轮,转子构型为大跨度的“拱形环壳”结构,这种构型能够显著提高转子的弯曲刚度。“拱形环壳”结构的最高点位于压气机轮缘处,轮缘半径为 240 mm;结构的最低点位于前后支点处,轴承内环半径为 74 mm;高压转子质心位于压气机与高压涡轮间的连接鼓筒上,鼓筒半径为 117 mm;转子支承跨度约为 1 123 mm,若以支承跨度与最大直径比计算转子的长径比,则长径比约为 2.34。

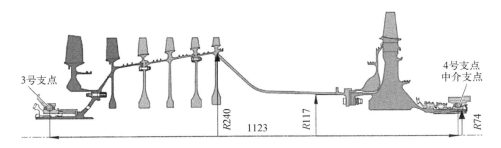

图 2.9　F119 高压转子几何构型及主要几何参数(单位: mm)

高压压气机构型采用“拱形”结构设计,鼓筒最大半径为 240 mm;压气机跨度为 492 mm,长径比约为 1,局部刚性高,结构变形小,多级轮盘局部可视为刚体,简化为典型的厚盘转子。压气机前轴颈从 2 级盘处伸出,以缩短支点跨度、提高转子弯曲刚度。前轴颈锥壳锥角为 55°,后轴颈锥壳锥角为 44°,以保证转子结构具有较高的弯曲刚度。此外,压气机 1 级盘为悬臂结构,采用小直径连接鼓筒与转子主轴,局部叶盘结构的刚度较低,具有局部自动定心效应,以减小悬臂的 1 级盘对转子系统动力学特性的影响敏感度。

压气机后轴颈与鼓筒轴为一体结构,鼓筒轴跨度为 300 mm,平均半径为

117 mm,压气机与鼓筒半径比约为2,鼓筒轴弯曲刚度相比压气机鼓筒较低,其弯曲变形不可忽略。鼓筒轴半径较小,一方面是由于燃烧室对其径向尺寸的限制,另一方面可通过降低弯曲刚度使高压涡轮盘产生适当的角向位移,以充分发挥其陀螺力矩效应,提高弯曲模态的共振转速,以实现高速刚性转子的设计目标。高压涡轮后轴颈的锥壳锥角为27°,轴向长度为122 mm,局部弯曲刚度较小,目的是降低对高压涡轮盘的角向约束,降低中介支点动载荷的幅值。

图2.10为F136发动机高压转子结构简图,包括5级高压压气机和1级高压涡轮,其主体构型为大跨度的"拱形"结构。"拱形"结构的最高点位于压气机轮缘处,轮缘半径为221 mm;结构的最低点位于前后支点处,轴承内环半径为70 mm;高压转子质心位于压气机与高压涡轮间的连接鼓筒上,鼓筒半径为140 mm;转子支承跨度约为1 016 mm。若以支承跨度与最大直径比计算转子的长径比,则长径比约为2.30,属于大跨度拱形环腔构型,该构型可显著提高转子抗弯刚度(弯曲刚度)。

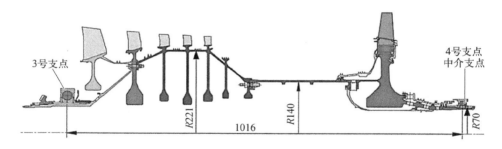

图 2.10　F136 高压转子几何构型及主要几何参数(单位: mm)

高压压气机转子鼓筒最大半径为221 mm;压气机跨度为396 mm,长径比约为0.9,前轴颈锥壳锥角为42°,后轴颈锥壳锥角为41°。压气机1级盘为悬臂结构,采用大直径鼓筒保证悬臂支承的1级盘的局部刚度,使悬臂叶盘的局部模态频率远高于转子的工作转速,以控制压气机叶盘的局部变形,保证气动效率。

压气机后轴颈与鼓筒轴为一体结构,鼓筒轴跨度为332 mm,平均半径为140 mm,压气机与鼓筒半径比约为1.6,高压涡轮后轴颈的锥壳角度为18°,轴向长度为153 mm。使高压涡轮盘所产生的陀螺力矩效用于提升转子弯曲刚度及弯曲振型共振转速,同时降低对中介支点动载荷的影响。

综上,对于高推重比发动机中介支点双转子结构布局方案,为优化高压转子力学特性,可采取的转子构型措施为:① 高压转子整体采用"拱形"几何构型,同时优化前后轴颈锥壳结构的锥角,以提高整体抗弯曲和轴向变形的能力;② 对于悬臂支承的1、2级盘,可采用高刚度-质量因子或低刚度自动定心结构设计,以减小局部力学特性对转子系统动力学特性的影响敏感度;③ 转子前轴颈从2级或3级盘伸出,缩短支点跨度,提高转子整体弯曲刚度;④ 调整高压转子局部(鼓筒轴)刚度,以充分利用高压涡轮盘的陀螺力矩效应提高转子弯曲临界转速;⑤ 对于高压涡轮后轴颈锥壳,可适当降低角度和增加长度,以削弱其对高压涡轮盘的角向约束,降低中介支点的动载荷。

由于双转子结构布局方案的限制,低压转子质量单元位于转子两端,低压轴需穿过高压转子,所以只能采用细长轴,转子整体弯曲刚度较差,通常为柔性转子设计。为保证压气机和涡轮的气动效率,需通过构型设计提高局部刚度,控制气动部件转子的局部变形。下面仍以 F119 和 F136 发动机为例,分析低压转子在结构及动力学特性设计方面的特点。

图 2.11 为 F119 发动机低压转子结构简图,包括 3 级风扇和 1 级低压涡轮,其主体构型为“杠铃”结构。风扇转子前后支点跨度为 682 mm,1 级风扇后伸鼓筒半径为 149 mm。低压涡轮轴细长,前后支点跨度为 1 404 mm,半径为 53 mm,长径比约为 13。低压转子的整体结构质量/刚度分布极不均匀,为刚度较弱的细长转子,在动力学设计中一般采用柔性转子设计,同时加强风扇和低压涡轮部件的局部刚度。

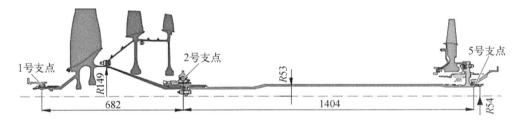

图 2.11　F119 低压转子几何构型及主要几何参数(单位: mm)

图 2.12 为 F136 发动机低压转子结构简图,风扇转子采用前后两支点、“拱形”几何构型结构设计,最高处半径为 254 mm,前后支点跨度为 695 mm,风扇局部长径比约为 1.4,采用刚性转子设计。低压涡轮转子结构采用 3 级低压涡轮,以提供较大功率驱动升力风扇。低压涡轮与高压涡轮转向相反,首级低压涡轮无静子导叶,属于对转涡轮,缩短了转子的轴向长度,减轻了发动机的质量,同时有利于提高气动效率。双转子对转设计可降低飞机在机动飞行时产生的旋转惯性力矩,提高战斗机的机动性,更重要的是使双转子系统高转速区域的共振转速分布有利于避开共振转子动力学设计。

F136 低压涡轮轴颈采用锥壳结构连接,前两级低压涡轮盘采用法兰-螺栓连接成整体,再通过轴颈折回,锥壳锥角分别为 41° 和 43°。“反匚形”轴颈具有较大的角向刚度,便于充分发挥低压涡轮的陀螺力矩效应,抑制低压涡轮轴的变形。此外,在支点约束设计中,将 5 号支点的直径加大,提高其承载能力的同时减小与中

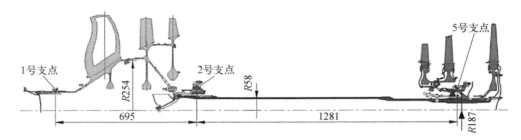

图2.12　F136低压转子几何构型及主要几何参数(单位：mm)

介支点的轴向距离,降低双转子交互激励的影响,而且5号支点位于2、3级低压涡轮间,接近低压涡轮转子质心,便于控制低压涡轮的横向变形。

　　综上,对于小涵道比涡扇发动机中介支点双转子结构布局方案,为优化低压转子力学特性,可采取的转子构型措施如下。

　　(1)风扇转子采用前后两支点支承、"拱形"几何构型结构设计,后端风扇叶盘采用悬臂结构,以提高局部弯曲刚度。为控制悬臂叶盘对转子整体动力学特性的影响,可采用高刚度-质量因子(大直径鼓筒)结构设计以提高转子的整体性,或者采用低弯曲刚度(小直径鼓筒)结构设计,使悬臂结构在转子工作时处于超临界状态,利用结构的自动定心降低高转速下旋转惯性力矩载荷对风扇转子局部俯仰及支点动载荷的影响。

　　(2)通过将风扇后支点轴承放置在套齿联轴器结构处,抑制套齿连接局部变形,提高连接结构和低压转子系统的稳健性。

　　(3)低压涡轮盘轴连接结构采用"反匚形"构型,提高盘-轴连接角向刚度,以充分利用低压涡轮陀螺力矩效应抑制低压转子变形。

　　(4)将低压涡轮后支点放置在中介支点和低压涡轮质心附近,以抑制双转子交互激励下的耦合振动和低压涡轮的横向变形。

2.3.2　高涵道比发动机

　　随着航空发动机设计及制造技术的提升,为进一步提高高涵道比发动机的经济性,减少污染排放,提高结构可靠性和安全性,各设计集团在结构布局设计和局部结构设计方案上不断探索创新。根据结构布局技术特点,现代高涵道比发动机可分为双转子和三转子总体结构布局方案。

1. 双转子布局方案

　　在双转子结构布局方案中,承力结构系统主要是三承力框架布局。美国通用公司通过涡轮级间共用承力框架,发展了两承力框架双转子结构布局设计,并大量采用复合材料,进一步提高发动机涵道比,降低发动机质量,提高推力和减小耗油率;美国普惠公司发展了齿轮驱动风扇发动机(GTF发动机),在风扇和低压涡轮转子之间设计了减速齿轮箱,使得风扇和低压涡轮分别工作在最佳转速下,提高了风扇和低压涡轮的效率。

　　在双转子高涵道比发动机结构布局设计上,风扇-低压涡轮转子从高压核心机转子轴内穿过。高压转子常采用"拱形环壳"构型,两支点支承,如 1 - 0 - 1 或 1 - 1 - 0 两种支承方案。低压转子常采用"杠铃"构型,两端风扇和涡轮的质量大,转子质量/刚度分布极不均匀,为典型的柔性转子,一般需采用三个支点支承,如 0 - 2 - 1、0 - 3 - 0 等支承方案。

　　图 2.13 为典型三承力框架双转子总体结构布局方案,高、低压转子热端分别支承在不同的承力框架上,能够减小高、低压转子间交互激励耦合的影响,且能承载更大的载荷,适用于各推力量级的高涵道比涡扇发动机。

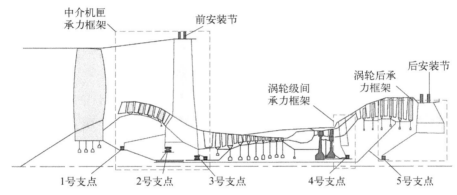

(a) 采用涡轮级间承力框架的布局方案 (HP:1-0-1, LP:0-2-1)

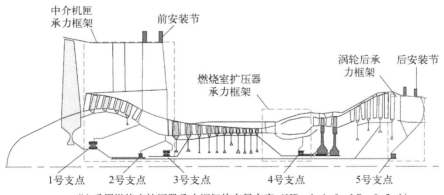

(b) 采用燃烧室扩压器承力框架的布局方案 (HP:1-1-0, LP:0-2-1)

图 2.13　典型三承力框架双转子总体结构布局方案

　　图 2.13(a)为采用涡轮级间承力框架的布局方案。发动机共采用 3 个承力框架、5 个支点和 2 个安装节。高压转子采用 1 - 0 - 1 支承方案,低压转子采用

0-2-1 支承方案,三个承力框架分别为:中介机匣承力框架,支承低压转子 1 号、2 号支点和高压转子 3 号支点;涡轮级间承力框架,支承高压转子 4 号支点;涡轮后承力框架,支承低压转子 5 号支点。2 个安装节分别位于风扇机匣和涡轮后承力机匣上。这种总体结构布局方案能充分发挥三承力框架的承载优势,适用于大推力、超大推力和特大推力量级的涡扇发动机,代表机型有 GE90 高涵道比发动机。

由于这类发动机推力巨大,需要更大的空气流量,所以发动机结构尺寸很大。对于大尺寸、大重量的转子结构系统,刚度相对较低,转子的变形控制更加困难。此外,大推力量级高涵道比涡扇发动机的支点载荷很大,而尺寸的增大会导致承力框架的刚度降低。保证大支点载荷下承力框架具有高的承载能力和抗变形能力,是承力框架结构设计的难点。

图 2.13(b)为采用燃烧室扩压器承力框架的布局方案。同样采用 3 个承力框架、5 个支点和 2 个安装节,但在转子动力学特性和承力结构传力路径上,与图 2.13(a)所示的方案具有很大差异。高压转子采用 1-1-0 支承方案,后支点位于高压涡轮前鼓筒轴上,涡轮盘处于悬臂状态。低压转子采用 0-2-1 支承方案。三个承力框架分别为:中介机匣承力框架,支承低压转子 1 号、2 号支点和高压转子 3 号支点;燃烧室扩压器承力框架,支承高压转子 4 号支点;涡轮后承力框架,支承低压转子 5 号支点。两个安装节分别位于风扇机匣和涡轮后承力机匣上。

对于采用燃烧室扩压器承力框架支承高压转子的布局方案,高压转子的支承跨度小,同时能充分利用涡轮盘高速旋转产生的陀螺力矩抑制转子的变形,有效控制转子叶尖间隙,提高涡轮和压气机的效率。此外,由于高压转子的轴向长度短,低压转子的轴向尺寸也相应减小,有利于提高低压转子刚度,控制转子变形。因此,采用这类布局方案的发动机具有良好的动力学特性。

但是,由于高压转子 4 号支点处有燃烧室环绕,环境温度高,对支点的冷却、封严和润滑均提出极高的要求。轴承的工作环境恶劣,且支点动载荷大,极大地提高了轴承的设计难度,很难保证轴承的长寿命工作。目前,普惠公司在轴承冷却、润滑等方面具有系统的技术支撑,可以很好地克服难点并发挥优势,研制出了 PW4000 系列高涵道比发动机。

在高涵道比涡扇发动机总体结构布局设计中,为提高结构效率、降低整机重量,通用公司发展了两承力框架双转子总体结构布局方案。图 2.14 为两承力框架双转子总体结构布局方案。发动机共采用 2 个承力框架、5 个支点和 2 个安装节。高压转子采用 1-0-1 支承方案,低压转子采用 0-3-0 支承方案,两个承力框架分别为:中介机匣承力框架,支承低压转子 1 号、2 号支点和高压转子 3 号支点;涡轮级间共用承力框架,支承高压转子 4 号支点和低压转子 5 号支点。两个安装节分别位于风扇机匣和涡轮级间承力机匣上。这种总体结构布局方案能有效缩短发动机轴向尺寸、减小发动机质量,适用于推力在 10~20 t 的中等推力量级高涵道比发动机。

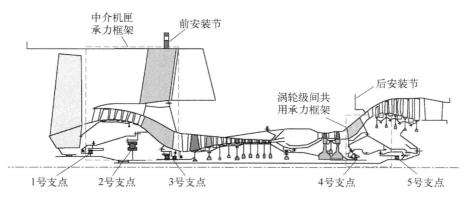

图 2.14　典型两承力框架双转子总体结构布局方案

采用涡轮级间共用承力框架结构布局设计的高涵道比发动机在结构设计上非常具有挑战性：① 涡轮级间共用承力框架需同时支承高低压转子后支点，支点动载荷很大，同时承力框架尺寸较大，且位于高温环境中，难以保证其具有高的承载能力和抗变形能力；② 高低压转子可能通过涡轮级间共用承力框架产生耦合振动，需保证承力框架具有良好的隔振能力；③ 低压涡轮转子为悬臂结构，会在 5 号支点处产生很大的支点动载荷，而传统的轴承受 DN 值限制，承载能力有限，难以支承悬臂状态下的低压涡轮转子，需发展新型轴承，提高轴承 DN 值，以适应这种转子布局形式。

在高涵道比涡扇发动机设计中，加大风扇直径、提高涵道比最大的结构限制是为了减少噪声和采用高气动性能风扇转子要求降低转速，为了提升低压涡轮为提高气动/结构效率需要提高转速的矛盾。普惠公司发展了齿轮驱动风扇发动机（GTF 发动机）的总体结构布局方案，如图 2.15 所示。高压转子采用 1 - 0 - 1 支承方案，低压转子由风扇转子、传动装置、低压压气机和涡轮多段转子组成，采用多支

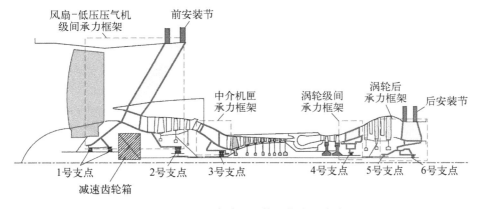

图 2.15　GTF 发动机总体结构布局方案

点支承方案。发动机共用 4 个承力框架和 2 个安装节,4 个承力框架分别为风扇-低压压气机级间承力框架、中介机匣承力框架、涡轮级间承力框架、涡轮后承力框架。2 个安装节分别位于风扇机匣和涡轮后承力机匣上。

齿轮驱动风扇发动机的布局方案在风扇和低压转子之间引入了减速齿轮箱,使得风扇转速低于低压涡轮转速,风扇和低压涡轮分别工作在各自合适的工作转速范围,能够有效提高风扇和低压涡轮的效率。此外,风扇转速的降低,可以进一步增大风扇径向尺寸,提高涵道比,降低发动机的耗油率;低压涡轮转速的提高,使得涡轮功率增大,可以减少低压涡轮的级数,减轻发动机重量。因此,这种布局方案能进一步提高发动机的经济性和环保性。

但是,由于发动机推力较大,齿轮箱需传递很大的功率,负载很大;由于齿轮间啮合等问题,齿轮传动可能成为转子系统新的激励来源,产生新的振动问题,因此,齿轮箱的设计非常困难。此外,低压转子与风扇转子分段设计,采用联轴器连接,需解决轴系不同心的问题。低压转子支点较多,支点位置、同心度和支承刚度设计对高速柔性转子动力特性的影响敏感度较高。齿轮驱动风扇发动机在总体结构布局和转子动力学特性设计上具有较高的挑战性,代表机型有 PW8000、PW1000G 发动机。

总而言之,对于高涵道比涡扇发动机的总体结构布局,均需解决结构尺寸增大带来的转静子刚度下降问题,需采取措施提高大跨度转子的整体刚度和高温环境中承力框架的承载能力。

2. 三转子布局方案

英国罗尔斯-罗伊斯公司(Rolls-Royce Plc.,简称罗罗公司)于 1961 年开始研制先进的运输机用高涵道比涡扇发动机,并着手研究三转子的结构设计方案,先后发展了 RB211 系列、遗达系列的三转子高涵道比涡扇发动机。此外,苏联的前进设计局也开展了三转子高涵道比涡扇发动机的研究,并在 20 世纪 70 年代研制出 D-36 等一系列三转子高涵道比涡扇发动机。

图 2.16 为典型三转子高涵道比发动机总体结构布局方案。发动机共采用 8 个支点、4 个承力框架、2 个安装节。高压转子采用 1-0-1 支承方案,中压转子采用 1-2-0 支承方案,低压转子采用 0-2-1 支承方案。4 个承力框架分别为风扇-中压压气机级间承力框架、中压/高压压气机级间承力框架、高压/中压涡轮级间承力框架、涡轮后承力框架。两个安装节分别位于风扇机匣和涡轮后承力机匣上。

三转子总体结构布局方案在总体性能方面具有较大的优势,具体表现为:三转子发动机的各转子工作在各自较优的转速下,气动部件的效率较高;单个压气机的级数较少,增压比较低,具有良好的喘振裕度;每个转子的叶盘结构较少,质量较轻,轴承的负荷较小,有利于轴承长寿命工作。

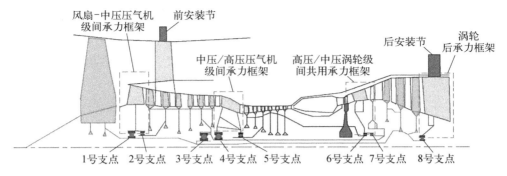

图 2.16　典型三转子高涵道比发动机总体结构布局方案

　　但是,三转子的布局方案给结构设计带来了很大的挑战,具体表现为: ① 转子、支点和承力框架的数量增多,发动机结构重量增大;② 为减少承力框架数量,在发动机中大量使用了中介轴承和级间共用承力框架,转子间易产生耦合振动问题;③ 低压转子需从中压转子中穿过,低压轴更加细长,刚度很低,给低压转子的动力特性设计带来困难。因此,在当前的航空发动机市场上,仍以双转子发动机占据主导地位。

2.4　系统布局设计

　　航空燃气轮机是在高温、高压、高转速和交变负荷等恶劣条件下长期重复使用的复杂热力机械,发动机的主要组成除包括风扇、压气机、燃烧室、涡轮等各大部件外,还包括传动系统、滑油系统、空气系统、燃油系统、控制系统、健康管理系统、热管理系统等各个重要的系统,其共同保证发动机的稳定可靠工作。在发动机总体结构方案设计阶段,首先需要确定传动系统及附件功率的提取方案、主轴承的润滑及密封形式、空气系统的流路和流向等,为开展部件/系统详细设计提供传动系统、滑油系统、空气系统耦合边界。

2.4.1　传动系统

　　航空发动机的附件传动系统包含中央传动装置和附件传动装置,中央传动装置是附件传动系统与发动机转子连接的部分,通常也称为功率提取装置;附件传动装置是附件传动系统与各附件连接的部分。发动机起动时,将安装在附件传动机匣上的起动机功率传输给发动机转子;发动机正常工作时,提取发动机转子功率,按规定的传动比传递给安装在附件传动机匣上的其他转动附件(滑油系统、燃油系统的增加泵等附件)。发动机传动系统的布置对飞机、发动机安装、功率传输、外部设计有重要影响,需要在结构方案设计时重点考虑。

　　典型军用飞机发动机附件传动布局见图 2.17。发动机附件传动系统包括中央传动装置(内部齿轮箱)、径向传动轴、发动机附件机匣、动力输出轴、飞机附件机匣等。一般将发动机附件、飞机附件分别安装于各自独立的传动齿轮箱上,分别称为发动机附件机匣、飞机附件机匣。发动机附件机匣固定安装于发动机机体上,飞机附件机匣一般固定安装于飞机机体上,两个齿轮箱之间通过联轴器(动力输出轴、柔性轴)连接。

　　图 2.17 所示的发动机附件机匣布置在发动机下方,称为附件机匣"下置"发动机,反之,发动机附件机匣布置在发动机上方,称为附件机匣"上置"发动机。

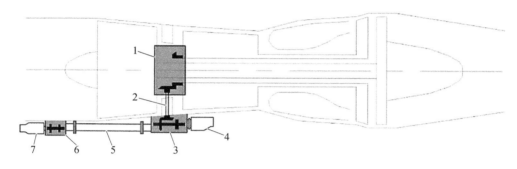

图 2.17　典型军用飞机发动机附件传动布局

　　1. 内部齿轮箱;2. 径向传动轴;3. 发动机附件机匣;4. 发动机附件;5. 动力输出轴;6. 飞机附件机匣;7. 飞机附件

传动系统设计主要包括:

　　(1) 确定各传动附件所要求的功率、转速、转向、外廓尺寸和安装要求,明确所要求的重量和迎风面积的限制。

　　(2) 附件传动系统从发动机中提取功率,在发动机方案设计研究中,就应考虑传动附件的合理安排,要选择最佳的传动链方案,以满足可达性和维护性要求。齿轮箱的最小尺寸受所传动附件尺寸的限制,外廓毗邻附件决定了附件齿轮轴的中心矩,这个中心矩决定了齿轮尺寸和速度。

　　(3) 根据各传动附件要求的载荷,确定齿轮、轴、轴承和转轴密封的结构尺寸。

　　(4) 进行关键速度的分析,计算轮齿加工的不精确和速度引起的动载荷,用分析和试验保证所要求的振动应力水平。将齿轮节线速度限制在可用的范围内。高速盘状齿轮应考虑齿轮幅板的振动问题,采用分析的方法,保证第一、第二响应高于最大设计转速,并使更高阶响应不发生在额定工作范围之内。

　　(5) 在铝或镁合金制的齿轮箱内,轴承应有防止由工作或热膨胀造成的松动过大或过度磨损的措施,如加钢衬套或采用带安装边的轴承。保证传动轴有较高的同心度非常重要。

（6）确定润滑和冷却要求。为减少搅拌,对滑油回油设计要格外精心,要保证飞机在所有飞行姿态下能很好地回油。

（7）合理选择附件传动齿轮箱的密封装置,应使其能在不拆卸整个齿轮箱的情况下检查或更换。

2.4.2　滑油系统

航空燃气涡轮发动机中的动力传输系统目前仍以机械传动为基础,其可靠性在很大程度上取决于传动构件润滑冷却的好坏。滑油系统的基本功能是向发动机中供给滑油,保证发动机在整个飞行包线内对轴承、齿轮和摩擦副进行有效地润滑和冷却,以减少运动对偶面的摩擦与磨损,防止其腐蚀和表面硬化,带走摩擦所产生的热量和高温零件传给滑油的热量,带走对偶面间形成的硬夹杂物,以确保发动机工作的安全和寿命要求。动力装置中的滑油还可以用作各种自动装置(如空气螺旋桨叶、进口导流叶片的变矩机构、燃油调节附件等)的工作液。

滑油系统的设计取决于发动机机械传动结构的要求,可分为开式系统和循环系统两大类,开式系统多用于短寿命或一次性使用的发动机上。现代航空燃气涡轮发动机大多采用循环系统。

滑油系统的主要功能可分为: ① 润滑和冷却轴承、传动附件齿轮的轮齿、花键等摩擦零组件;② 冷却轴的接触式密封、转子轴承腔壁和通风管使其温度小于滑油热氧化安定性相对应的温度(采用所有可能的隔热方法后);③ 将发动机主轴承密封漏入发动机轴承腔的空气排出机外,保证发动机的轴承腔、传动腔和油箱的通风。

现代航空燃气涡轮发动机滑油系统的设计要求由飞机任务、必需的耐用程度、在极端运转状态下的安全性以及发动机使用寿命而确定。在滑油系统设计中需要重点考虑的影响因素有如下几点:

（1）在发动机工作的任何飞行条件和状态下,都能保证发动机所需的滑油供给,滑油量应能保证最大续航力的飞行;

（2）应具有良好的热交换性,避免轴承腔过热,以防止滑油结焦与着火和过度的滑油消耗;

（3）应具有高效的冷却装置,在最小功耗条件下得到满意的滑油冷却效果,保证滑油循环使用,当系统中有滑油散热器时,要自动保持滑油温度在给定的范围内;

（4）无外部和内部的滑油泄漏,防止滑油在发动机不工作时在各滑油腔串流;

（5）应有效地将滑油中的机械杂质过滤出来,尽可能多地将滑油中的空气分离出去;

（6）当滑油系统充填及其工作时,管路与附件内不能形成空气阻塞现象;

（7）具有低温下使用的可靠性,并要求起动迅速,滑油品种的选择要适当;

（8）滑油系统的管路、接头及附件应是防火的;

（9）管路、接头应有足够的强度、冲击稳定性及密封性,流体阻力要较小;

（10）维护和使用要简单,有关附件的可达性要好,能快速充油,能方便地测量滑油量和提取分析油样,保证能将系统中的滑油排放出来;

（11）在装有多台发动机的飞行器上,每台动力装置都应有独立的滑油系统。

滑油系统主要由滑油箱、滑油供油泵、滑油回油泵、燃-滑油散热器、滑油滤、高空活门、调压活门、通风器等部件,以及轴承、齿轮等被润滑冷却部位所处的腔室和连接各个部位的管路等组成,上述所有构件又分别组成了滑油供油系统、滑油回油系统、滑油通风系统三个主要子系统。

图 2.18 简要表示了典型发动机的滑油系统,该发动机的滑油系统为干槽式、单回路、反向全流式系统。供油子系统的滑油自滑油箱被供油泵抽出,供油泵将增压后的滑油送到供油油滤过滤、燃-滑油散热器降温,清洁、适温的滑油经管路、喷嘴进入轴承腔、传动齿轮箱中润滑、冷却轴承、齿轮、密封等部件。供油管路设置了

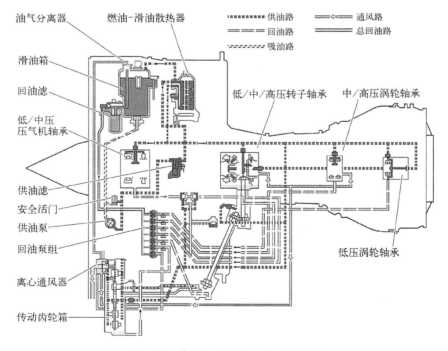

图 2.18　典型发动机滑油系统示意图

释压阀避免系统压力超限。回油子系统中,完成润滑冷却的滑油被各级回油泵抽出,经回油油滤过滤,油气分离器分离气体后回到滑油箱,实现滑油的循环使用。通风子系统中,滑油腔内的油气混合物经过通风管路进入传动齿轮箱,经离心通风器后排入外界。通风子系统的功能是将主轴承密封泄漏的空气排至机外,以使密封增压空气始终保持正压差(进入轴承腔)。在发动机工作过程中,封严空气会通过密封装置进入轴承腔,在轴承腔中空气与滑油掺混形成油气,如果让油气直接排出轴承腔将造成滑油的大量消耗,为此在通风管路设置离心通风器将空气中的滑油分离出来,以减少滑油消耗量。

2.4.3　空气系统

空气系统是航空发动机中除主流道外的气体流路的统称。利用引气位置和排气位置之间的压力差,使引自主流道的空气按设计的流动方向和温度压力状态流过封严环、孔、管、特定结构等构成的腔道而形成流路。各种不同功能的流路通过串联和并联形成的网络系统称为空气系统。

空气系统对发动机的气动性能、结构强度和可靠性均具有重要的影响。为保证发动机安全、有效工作,发动机的空气系统必须具备以下功能:① 燃气封严,防止热燃气由主通道流入机体内部;② 冷却及温度控制,如冷却转子盘轴,为气冷叶片提供冷气,控制机匣温度从而保持径向间隙等;③ 轴承腔封严和隔热,对轴承与滑油系统进行封严和隔热;④ 转子轴向力平衡,保持各转子止推轴承有合适的轴向载荷。此外,还需要为飞机引气、防冰等提供气源。空气系统的功能与发动机的结构可靠性息息相关,空气系统的流动结构元件也与结构设计融为一体,以提高结构效率、减轻质量。

1. 基本设计准则

空气系统的工作状态与发动机的主流道气动参数和转子/静子结构运动状态具有密切关联性,在设计中既要考虑相关位置气动参数的变化规律,也要考虑转子运动状态和相对静子结构的变形特性,其设计是典型的多专业综合的系统设计。在空气系统设计中,应留有足够的设计裕度,保证输入小幅度变化时不引起空气系统功能失效。按照工程经验,将空气系统流路设计、引排气位置确定、封严结构形式等作为空气系统方案设计要素,在总体结构方案设计阶段完成设计,设计过程遵循以下基本准则。

1) 流路设计

应设计多条与空气系统功能需求相对应的流路,以满足整机内部工作环境的设计要求;空气系统的各条功能流路之间应用封严或节流装置隔离,以降低流路间的相互关联,提高设计方案的可调节性;空气系统的各条功能流路应考虑设计关键节流元件,以有效控制流路流量。

2）引、排气位置确定

引、排气位置要有足够的压差,保证在飞行包线范围内空气系统各流路按设计方向流动;引、排气位置确定需要考虑部件性能下降的调节裕度以及适应发动机改进要求的能力;高压引气不允许进入低压引气口;应选择在气流参数相对均匀稳定处引气,避免引、排气造成主流道气流产生较大的畸变;引气位置应在砂尘、油、潮气和其他外物不易侵入处,应保持引向涡轮气冷叶片的空气清洁无杂质。

3）引气量控制

冷却空气需求流量和封严气体的泄漏流量不能超过发动机设计规定的限制值。在非设计点,在保证空气系统功能的前提下,应尽量减少冷却空气量,局部引气量的分配可根据具体情况进行适当调整。

2. 系统流路

空气系统主要功能流路的布局应结合发动机总体结构布局方案进行确定,设计的主要功能流路如下。

(1)冷却及温度控制流路。带走盘和轴转动产生的耗散热量,控制盘和轴等的温度;从合适位置引冷气供给涡轮气冷叶片,实现叶片冷却;针对其他有冷却需求的零部件,设计冷却流路。

(2)燃气封严流路。在涡轮盘缘位置布置足够大流量的冷气,防止涡轮热燃气由主通道流入内部盘腔。

(3)滑油封严流路。为防止轴承腔滑油泄漏,应提供封严的空气,满足滑油系统提出的要求,根据密封形式的不同,密封腔对封严空气的温度和压力要求也有所不同。

(4)转子轴向力平衡流路。利于盘腔的压力和受力面积来平衡主流道的转子轴向力,满足各止推轴承轴向载荷的设计要求,当主流道的转子轴向力过大,空气系统难以平衡时,需要依靠压气机和涡轮设计改变主流道的气动力。

(5)高低压涡轮间隙控制流路。利用控制活门主动切换气源、控制气量,冷却或加热机匣以改变其热变形,进而实现改变涡轮叶片径向间隙,也可不用控制活门而采取被动间隙控制的形式。

(6)热气防冰流路。针对有防冰需求的零部件,引相对高温的空气对其进行加热,防止有害结冰。

(7)飞机引气流路。从发动机引出空气供给飞机,满足飞机的用气需求。

航空发动机空气系统的引气位置一般在压气机级间,需要冷却的部件主要是燃烧室和涡轮。典型航空发动机空气系统流路如图 2.19 所示。引气位置包括压气机二级、三级、五级、九级。引气位置需要根据总体、部件性能参数,分析可选引气位置参数、排气位置参数确定。压气机引气位置选择要综合考虑被冷却元件的流量、压力和温度条件需求。

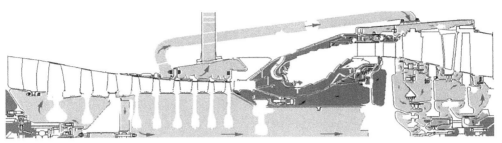

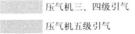　压气机三、四级引气　　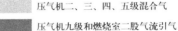　压气机二、三、四、五级混合气

压气机五级引气　　　　压气机九级和燃烧室二股气流引气

图 2.19　典型航空发动机空气系统流路

在图 2.19 中,高压压气机部件与压气机前支点轴承封严流路的空气从高压压气机第三级转子叶片后根部和第四级转子叶片前根部引入,为减小引气对主流畸变的影响,通过鼓筒上的孔均匀引气,流经三级盘后的导流片后分为两股气流:一股气流向前经过前轴颈上的孔流到支点轴承腔外部对其进行封严,再经过一道封严篦齿,流过高压压气机一级盘心,从高压压气机一级转子叶片前根部的间隙流入主流道;另一股气流经过高压压气机第四级到第九级盘和篦齿盘以及高压涡轮盘的盘心,然后经过高压涡轮后轴颈上的孔流入低压涡轮第一级盘心腔。

在图 2.19 中,低压涡轮冷却与相应支点轴承封严流路的空气从高压压气机第五级静子叶片后尖部引出,为减小该处引气对主流畸变的影响,通过高压压气机前机匣与高压压气机后机匣之间的缝隙均匀引气到机匣集气腔,再通过引气管流到燃烧室机匣后段内腔后,分为三路:第一路经过高、低压涡轮机匣泄入主通道;第二路经低压涡轮机匣上的冷却孔对低压涡轮进行冷却后,从低压涡轮一级工作叶片前尖部流入主通道;第三路经过低压涡轮一级导向叶片内部流入内环腔,通过一导内环前、后的预旋孔流到高压涡轮盘后腔和低压涡轮一级盘前腔。然后,第一部分气体分别从高压涡轮转子后和低压涡轮第一级转子前的间隙流入主流道。第二部分气体对低压涡轮第一级转子叶片榫头和低压涡轮第一级盘榫槽吹风后流入主流道。第三部分气体经过一道封严篦齿后流入低压涡轮第一级盘心腔,与从高压压气机第三级引入的气体及对高压涡轮后支点轴承进行封严的高压压气机第二级气体混合后分为两股。第一股气体经过低压涡轮一级盘后安装边上的孔流入盘间腔,再通过级间封严环上的孔后,对低压涡轮第二级转子叶片榫头和低压涡轮第二级盘榫槽吹风,随后流入主流道;第二股气体经过低压涡轮轴后安装边处的通气孔,流过低压涡轮第二级盘,再与从低压涡轮支点封严腔流出的高压压气机第二级气体混合,最后经过一道封严篦齿,从低压涡轮第二级转子后面的间隙流入主流道。

在图 2.19 中,高压涡轮转子冷却空气系统的主要功能为冷却高压涡轮转子、平衡高压转子轴向力。该流路有两处引气。第一处引气为燃烧室内环腔二股气流,为高压涡轮工作叶片冷却提供冷气。该路引气通过燃烧室机匣内套导流环上的通气孔,燃烧室机匣内套导流环有除尘功能,以保证引向高压涡轮气冷叶片的空气清洁无杂质,避免冷却小孔堵塞导致叶片的冷却效果变坏。清洁后的气流经高压预旋喷嘴降温后,再经涡轮前封严盘上的冷气接收孔,进入高压涡轮盘前上腔,经高压涡轮盘前挡板的缝隙流入高压涡轮工作叶片,对高压涡轮工作叶片进行冷却后,分别从叶片前缘、盖板和其他部位的气膜孔及尾缘的劈缝流入主流道;其余气体对高压涡轮工作叶片榫头和高压涡轮盘榫槽吹风后流入主流道。

第二处引气为高压压气机第九级转子叶片出口根部的冷气。从高压压气机出口引入盘腔内部的空气,经高压压气机封严盘上的篦齿式封严结构流入高压鼓筒轴外腔后分为两股:第一股气流经高压涡轮前封严盘内齿,与经预旋喷嘴后的燃烧室内环腔二股气流引气汇合;第二股气流经燃烧室内环通气孔,经导向器内封严环上的通气孔,和第一股气流与燃烧室内环腔二股气流引气汇合后漏过来的少量气掺混,然后流过涡轮前封严盘外层封严篦齿后,一部分气体从导向叶片和转子叶片根部的间隙排入主流道,其余气体进入转子叶片伸根腔,经转子叶片下缘板之间的缝隙排入主流道。

航空发动机空气系统是一个由串联和并联流路组成的复杂网络,最理想的流路布局是将网络分割成彼此独立的单一功能流路,或者弱相关的流路,降低各流路彼此之间的相互影响,提高空气系统功能实现的可靠性。

小涵道比涡扇发动机结构紧凑,空气系统流路相互交联、高度融合,从而导致旋转盘腔、篦齿间隙、分流/汇流等敏感因素交织在一起,增加了空气系统的设计难度和不确定性。高涵道比涡扇发动机的部件结构尺寸大,可以布置空气系统流路的空间也大,可以实现单一引气为单一功能服务的流路布局,提高了空气系统的可靠性。结构上可以考虑设计一些冗余结构,实现气路的单一性,减少单一功能流路中的敏感因素,保持气流的稳定性,从而提高空气系统功能实现的可靠性。

3. 封严结构

空气系统封严结构用于防止滑油从发动机轴承腔漏出,控制冷却空气流,防止主流道气流的燃气进入盘腔。航空发动机上可采用多种封严方式,封严方式的选择主要取决于被封严位置的温度和压力、可磨蚀性、发热量、质量、空间,以及封严结构的工艺性和装配性等。

1) 篦齿式封严

如图 2.20 所示,篦齿式封严一般由带篦齿的转子件和带涂层或蜂窝结构的静子件组成。在发动机运转过程中,封严篦齿摩擦并切入涂层或蜂窝,使转静子之间的间隙最小。由于零件的热膨胀和转子件的振动,在整个飞行中间隙是变化的。每个封严篦齿的前后存在一定的压力差,阻止封严空气从篦齿的一侧流到另一侧。当这种封严方式用于轴承腔封严时,它只允许空气从轴承腔的外侧流入内侧,从而防止滑油泄漏。

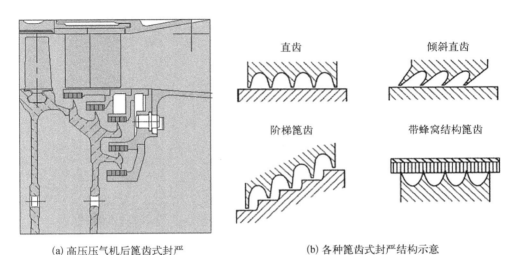

(a) 高压压气机后篦齿式封严　　　　(b) 各种篦齿式封严结构示意

图 2.20　篦齿式封严

　　篦齿式封严用于转子之间的封严时,由于两个转子同时发生弯曲,所以更易导致篦齿与涂层之间的摩擦,产生过量的热,使轴损坏。为了防止这一现象出现,可使用一种不产生热的封严件,这种封严件中的可磨蚀部位由转子中的滑油环所取代。当轴弯曲时,篦齿浸入滑油并使得封严件不产生过量的热量。

　　2）浮动环封严

　　浮动环封严有一个金属整环,安装在静止机匣紧密结合的槽中。浮动环与旋转轴之间的正常运转间隙比篦齿式封严所能达到的间隙要小。这是因为无论何时,当轴接触这个环的时候,环可以在其所在的机匣内径向移动。浮动环封严可用于轴承腔的封严,但高温会使滑油结焦,导致环形封严件卡在机匣中,因此,这种封严结构一般不能用在高温区。

　　3）石墨封严

　　如图 2.21 所示,石墨封严是由一个静止的石墨构件组成的,它不断地与旋转轴的套环相摩擦。这种类型的封严完全依靠接触的良好程度,因摩擦产生的热由润滑系统带走。

　　4）刷式封严

　　如图 2.22 所示,刷式封严是一个由很多细钢丝制成的刷组成的静止环。它们不断地与旋转轴相接触,并与硬的陶瓷涂层相摩擦。这种封严形式的优点是可以承受径向误差或位移而不增加渗漏量。刷式封严的缺点是当前后压差超过一定值时,刷丝受压差影响而变形,从而导致密封性能明显恶化。

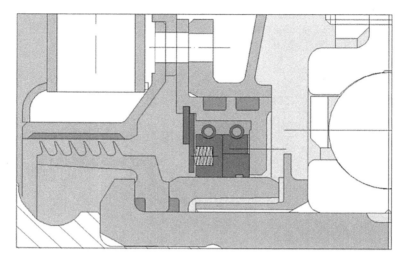

图 2.21   石墨封严

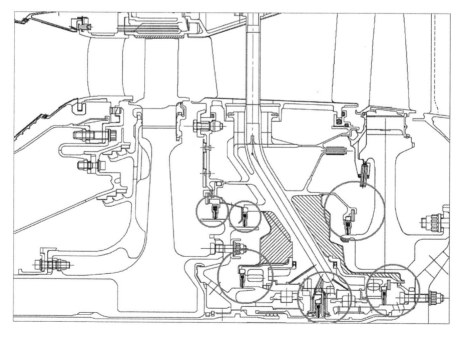

图 2.22   刷式封严

4. 轴向力平衡

如图 2.23 所示,发动机工作时,压气机所受气动力顺航向向前,涡轮所受气动力向后,使得压气机轴与涡轮轴之间常处于拉伸应力作用之下,轴向载荷之间的差额由止推轴承来承受。为了保证在整个发动机工作范围内,止推轴承承受的载荷是适当的,可以设置轴承卸荷腔,引发动机内部空气到轴承卸荷腔内,通过调整卸荷腔压力,来控制轴承载荷。

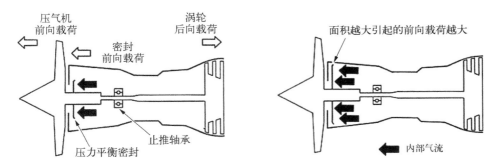

图 2.23　通过空气系统调节轴向力示意图

第3章
静子结构及承力系统

　　航空发动机结构系统中,所有非旋转结构称为静子结构系统。航空发动机工作时,机械、气动和温度及惯性等多种载荷作用在转子与静子结构上,这些载荷中,有的在零件或组件中抵消或部分抵消,有的则无法抵消而向外传出,这些传出的载荷通过承力系统传递给发动机的安装节。承受与传递载荷的承力框架、承力机匣组成了承力系统的主体结构。在航空发动机总体设计中,应统筹考虑承力构件的设计,以减小重量、控制载荷传递为目标,提高发动机的可靠性。承力系统的成功设计对保障发动机安全稳定运行具有重要作用。

3.1　结构组成与功能

3.1.1　结构组成

　　航空发动机静子承力系统(简称承力系统)由承力框架、承力机匣支承结构和相应的连接结构组成,用于承受和传递作用在结构单元上的载荷,是主支点轴承到发动机安装节之间的承力结构的统称。

　　承力框架指用于转子支承,并将载荷通过气流通道传至外承力机匣的结构组件。承力框架分别与风扇机匣、压气机机匣、燃烧室机匣和涡轮机匣等刚性连接构成了静子承力系统,在承力系统上支承有转子系统、发动机与飞机的连接结构、运输用固定节和传动附件机匣。

　　承力系统承受了作用在发动机上的大部分载荷,如转子、进气装置、加力燃烧室、附件等发动机构件的外传载荷均作用在其上。在发动机的不同工作状态下,作用在机匣上的力和力矩的大小及其分布有很大的不同。机匣各组成结构单元工作在不同的环境温度下,当构件上存在大的温度梯度或者热变形受限时会产生热应力。如果不能保证结构的自由变形,会产生热疲劳和热屈曲等故障,出现结构裂纹。还有一些交变的载荷,如支点动载荷,也可引起机匣产生局部振动。

　　工作条件决定了航空发动机承力机匣的结构特性,即要求结构在具有最小的质量和充分的刚度情况下满足强度要求,具备良好的使用和修理工艺性,保障发动机的耐久性和维护性。

图 3.1 为典型的涡扇发动机承力系统。根据发动机转子支承方案的设计,承力系统中包括三个承力框架,分别是进气机匣、中介机匣和涡轮后机匣,用于支承双转子系统。此外,风扇机匣、高压压气机机匣、燃烧室机匣、涡轮机匣、加力燃烧室机匣和外涵机匣均为承力机匣,与承力框架一起承担和传递发动机上的载荷。

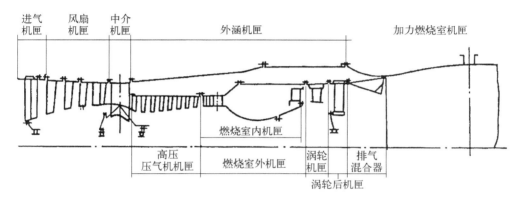

图 3.1　典型涡扇发动机承力系统

发动机的安装节的主要功能是将发动机的各种载荷传至飞机。发动机传到飞机的载荷有推力、重力、飞机做机动飞行时的惯性力、少量的气动扭矩(理论上不应有外传的气动扭矩)和转子外传振动等。

安装节分为主安装节与辅助安装节,前者传递轴向力、径向力、扭矩,后者仅传递惯性力。一般主安装节装于温度较低区域,并尽量靠近转子止推轴承处的承力框架上,辅助安装节一般装于涡轮(无加力时)或加力燃烧室机匣(有加力时)上。

主安装节在安装截面上可以有两个或三个安装点,辅助安装节可以是一个或两个,但无论数目多少,所有的主安装点及辅助安装点均应各在一个横截面内,而且所有的主、辅安装点中,相对飞机只应有一个是固接的,该点称为死点,其余各安装点均允许自由移动,即工作时允许与飞机机体结构间有相对移动,以适应发动机与飞机膨胀不一致造成的位移。通常,辅助安装节采用万向接头的结构。图 3.2 为典型带加力燃烧室的涡喷发动机安装结构。

3.1.2　设计要求

航空发动机静子结构及承力系统的主要功能包括:① 形成主流气流通道,与转子叶片、轮毂共同构成叶轮和燃烧室的主气流通道,对进入发动机内部的气流进行增压、燃烧、膨胀和喷出以产生推力;② 形成空气系统流通通道,与转子轮盘、封

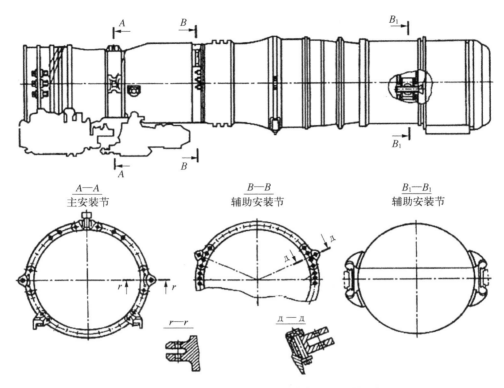

图 3.2　典型带加力燃烧室的涡喷发动机安装结构

严结构一同形成压力腔,保证空气系统在发动机内部的有序流动,起到封严、换热和调节轴向力分布的作用;③ 支承转子并传递载荷,在为转子提供支承的同时,承受并传递轴向、横向和轴系各种载荷;④ 安装固定传动装置和附属系统,为飞机附件、发动机附件提供安装位置和定位基准;⑤ 提供功能通道,为滑油系统、控制系统、空气系统、维护监视系统等提供结构空间和通道,以实现相应功能。

对于静子结构及承力系统,其设计要求包括:① 提供足够的强度;② 提供足够的刚度;③ 减少热变形和热变形不协调;④ 提供足够的高循环疲劳寿命;⑤ 提供足够的低循环疲劳寿命;⑥ 提供足够的蠕变寿命;⑦ 在外物打伤、叶片飞失等极限载荷环境下保证结构安全;⑧ 防止屈曲等。

1. 强度要求

发动机承力系统必须具有足够的静强度储备,它是承力结构设计最基本的要求,也是最重要的要求。足够的静强度储备是保证承力系统在发动机所有工作条件下不破坏并安全、可靠工作的基础。通常采用材料的屈服强度和极限强度与承力结构最大局部应力点应力或截面最大平均应力的比值作为静强度储备系数。静强度储备系数越大,机匣工作越安全、可靠,但过大的储备会导致发动机推(功)重比降低。在承力结构强度设计中,必须优化结构,在满足屈服强度储备和极限强度储备的前提下,尽可能地减轻结构重量。

一般情况下: ① 对于承力的焊接机匣,尽量采用对接焊,而不推荐采用搭接焊。应选择合适的焊接工艺和合理的工艺参数,保证焊缝强度;选择有效的焊后热处理工艺,以消除焊接残余应力。 ② 对于以承受内压为主的机匣结构,要注意结构细节设计,如加强孔边、安装边转接处圆角、安装边之间的连接等,避免出现爆破性的破坏,并保证相邻构件接触面之间的密封,防止漏气。 ③ 对于局部可能进入塑性区的机匣结构,应注意其局部的细节设计,如孔边补强、增大圆角半径、减小厚度差等,以降低构件局部应力集中,减小塑性变形区。

承力系统强度储备的常用评定标准包括如下几种。

1) 屈服强度储备标准

在 1.0 倍推力、外部作用力、热负荷和 1.5 倍内压限制载荷单独作用或组合作用下,机匣、安装节类零件局部当量应力屈服强度储备标准如表 3.1 所示。

表 3.1　机匣、安装节类零件屈服强度储备标准

机　　种	$n_{0.2} = \dfrac{\sigma_{0.2}}{\sigma_{\mathrm{eq}}}$
军　　机	1.05
民　　机	1.19

2) 极限强度储备标准

在 1.0 倍推力、1.5 倍外部作用力、热负荷和 2.0 倍内压极限载荷单独作用或组合作用下,机匣、安装节类零件局部当量应力极限强度储备标准如表 3.2 所示。

表 3.2　机匣、安装节类零件极限强度储备标准

机　　种	$n_b = \dfrac{\sigma_b}{\sigma_{\mathrm{eq}}}$
军　　机	1.05
民　　机	1.19

3) 持久强度储备标准

对于热端机匣,对确定温度和时间下的材料持久强度 σ_t^T 与机匣类构件在极限载荷作用下的局部当量应力取比值,可得到构件的持久强度储备 ($n_{tT} = \sigma_t^T / \sigma_{\mathrm{eq}}$)。

其标准如表 3.3 所示。

表 3.3　机匣、安装节类零件持久强度储备标准

零组件	持久强度储备	
	军机	民机
风扇/压气机机匣	1.8	2.0
燃烧室扩压器及机匣	2.2	2.5
燃烧室内机匣、涡轮机匣及零件	1.8	2.5
外涵机匣、加力燃烧室、排气装置、反推力装置	1.6	2.0
安装节、喷口承力环	2.0	2.5

2. 刚度要求

发动机的承力结构必须具有足够的刚度,即在发动机所有工作条件下,承力框架和机匣变形不允许超过规定值。机匣变形可能使机匣与叶片之间或封严装置的间隙增大,降低发动机的性能和效率;机匣变形也可能使发动机局部结构摩碰或磨损,引发构件振动、局部发热、着火等故障;机匣变形还可能使转子不同心度增大,增大整机振动;过大的机匣变形也可能使转子产生弯矩,并对轴承施加有害的载荷。

由承力框架、轴承支承、环形机匣及连接件构成的发动机静子系统应具有足够的刚性,确保机匣总体变形在允许范围内,保证发动机支点同心度、转静子间隙在允许范围内。

机匣刚度影响转子系统的支承刚性,从而影响转子系统的临界转速。转子的支承刚度应在合适范围内,使转子系统的临界转速满足设计要求。

在飞行包线内,在限制载荷条件下,发动机机匣不允许出现有害的永久变形;在飞行包线内,发动机机匣的瞬时变形均不允许达到影响发动机正常工作的程度;当承受极限载荷或极限载荷组合作用时,允许机匣出现塑性变形,但不允许其发生破坏。

静子承力系统关于刚度方面的评定标准要求在进行机匣刚度设计时正确选择静子和转子结构之间的最小安全间隙。重要的是,涡轮冷态的装配间隙是根据发动机工作时机匣与转子叶片不发生过度磨损和危险性摩碰决定的,一般取冷态间隙不小于机匣直径的 0.3%~0.4%。

3. 热变形协调

热端机匣结构(或构件)由于温度因素(温度变化、温度梯度等)会引起结构热

变形和热应力。影响机匣结构热变形和热应力的主要因素有：① 发动机起动或停车时，由于温度上升(或下降)，机匣、叶片和轮盘都会发生较大的变形(膨胀或收缩)；② 热端机匣构件中，由于温度不均匀(构件中存在温差)，构件各部分之间的热变形互相制约，产生热应力，引起构件翘曲或裂纹，例如，火焰筒壁面(尤其在出口部分)较易产生裂纹、变形；③ 发动机工作状态变化时，在机匣厚度不均处(如安装凸台与机匣转接处、安装边与机匣壳体转接处、火焰筒各段连接处等)局部温差较大，导致热变形不协调，易产生较大的热应力，引起构件翘曲或裂纹；④ 热端结构(如承力机匣、燃烧室内,外机匣等)各部位间的温差较大造成热变形不协调，易产生较大的热应力，从而导致结构损伤。

热端机匣结构设计应尽可能地减小热变形不协调，以防止结构由于过大的热应力、热变形而引起损伤，甚至破坏。一般可采取以下措施：① 采用线膨胀系数小的材料制造机匣结构，对有间隙设计要求的配合构件，在选材时要重视不同材料之间线膨胀系数的匹配；② 冷却与隔热保护设计，如采用双层或多层气流冷却机匣、在机匣内表面涂非金属隔热保护层或加隔热层、冷却空气合理分配等；③ 机匣壁厚尽量保持均匀、轴对称；④ 相邻机匣的选材和配合要合理，减小相邻机匣之间热变形的差异；⑤ 减小承力框架机匣、内外混合传力的燃烧室机匣的热变形不协调；⑥ 精心设计机匣安装边，安装边高度与机匣壁厚相差不能太大，高温机匣的安装边设计成花瓣形以削弱刚性、改善温度分布；⑦ 保证受热件能自由膨胀，而不被相邻的固定件卡住。

由热变形不协调、气动载荷、机动载荷及其组合引起的应力应满足前述的强度储备评定标准。

4. 高循环疲劳寿命

对于静子及承力结构，提供足够的高循环疲劳强度的关键是防止出现有害振动。在静应力和振动应力作用时，发动机机匣类构件不应破坏。机匣振动的主要激振源来自气流脉动、燃烧噪声以及转子不平衡等因素。发动机工作过程中机匣振动是难以避免的，但不允许出现有害的共振或破坏性的振动。有害的共振或破坏性的振动是指机匣在低阶固有模态频率附近发生应力较大的振动，或被激起高的振动应力，致使机匣产生高循环疲劳破坏的振动。为使机匣在发动机工作状态下不出现有害振动，一般可以采取两方面措施。

(1) 控制振动频率，即在发动机工作状态下，不允许出现机匣有害共振。在机匣设计中，通过可能引起机匣共振的激振源分析，改变激振频率，或调整机匣的结构参数，改变其固有频率，避免在发动机工作范围内机匣发生有害共振。

(2) 限制振动应力水平，即当机匣由某种因素激起振动时，其振动应力水平必须低于机匣的疲劳强度，且具有一定的储备。在发动机工作范围内，尤其是在发动机稳定工作状态下，应限制机匣的振动应力水平(即振动响应值)，以防止其发生高循环疲劳破坏。必要时,可采取阻尼减振措施,以降低振动应力水平。

承力系统关于高循环疲劳方面的评定标准包括共振频率裕度(如扩压器支板的局部固有频率与压气机转子叶片激振频率差在 10% 以上,主燃烧室整体固有频率与转子转速频率、燃烧随机激振频率差在 20% 以上),以及高循环疲劳强度储备(机匣振动应力一般限制在材料疲劳强度的 40% 以内,即疲劳强度储备系数应 ≥ 2.5)。

5. 低循环疲劳寿命

发动机从起动到停车承受一次低循环疲劳载荷作用。机匣在交变载荷作用下会产生疲劳损伤。机匣的低循环疲劳是机匣破坏的一种主要形式。低循环疲劳寿命是机匣构件的主要耐久性指标。

机匣低循环疲劳寿命是指疲劳裂纹的形成寿命,即机匣上出现一条可见的初始裂纹的循环寿命。机匣低循环疲劳寿命一般用循环次数计量。发动机每经历一次从起动到停车为一次循环。在一次循环中,发动机可以有多种工况。经过换算,可建立一次循环变化的机匣载荷谱和应力谱。机匣组件以其载荷谱或应力谱确定低循环疲劳寿命。

允许机匣带裂纹工作,裂纹扩展速率应在规定的允许范围内。静子及承力系统关于低循环疲劳方面的评定标准包括如下几种。

(1) 准确预测机匣的低循环疲劳寿命,需要合理的载荷谱和可靠的材料疲劳性能数据。采用名义应力法预测低循环疲劳寿命的关键是建立能模拟危险部位的 $S-N$ 曲线和具有 -3σ 成活率、95% 置信度的 $P-S-N$ 曲线。由于机匣上的危险部位有多处,因此 $P-S-N$ 曲线不是一条,而是多条。采用局部应力应变法预测低循环疲劳寿命,需要材料的循环应力-应变曲线和应变寿命曲线,以及焊接接头处的疲劳曲线。

(2) 若给定的载荷谱为变幅载荷谱,则必须进行载荷谱的预处理和循环计数。利用材料疲劳曲线计算不同应力幅(或应变幅)下的损伤,然后进行累积损伤计算。计算疲劳累积损伤的法则有多种,目前工程上应用最广泛的是 Palmgren - Miner 累积损伤法则。

(3) 要求机匣的低循环疲劳寿命储备系数大于等于 2.0。

6. 蠕变寿命

蠕变是与时间相关的永久变形。蠕变是在温度和载荷作用下,材料或结构随时间增加而产生永久变形的力学行为。发动机的热端机匣,如高压压气机机匣、燃烧室机匣、扩压器、火焰筒、涡轮机匣、加力燃烧室机匣、排气机匣等长期处于高温环境中工作,会产生蠕变,随着时间的增加,蠕变将不断增加。当蠕变量超过规定值时,即为蠕变失效。发动机热端机匣在寿命期内的蠕变变形量应小于规定值,并不允许其发生应力断裂。机匣的蠕变寿命及应力断裂寿命储备应满足规定的要求。

静子及承力系统关于蠕变寿命方面的评定标准包括如下几种。

（1）机匣蠕变限制值应根据发动机装机对象、性能、安全性、可靠性以及经济性等综合因素确定。在发动机寿命期内,通常机匣的蠕变应变不大于 0.2%。

（2）在发动机所有工作状态下,机匣危险点应力或危险截面的平均应力应小于发动机该状态对应工作时间 0.1% 的蠕变强度,或小于 50% 发动机强度设计要求工作时间 0.2% 蠕变强度。

（3）对于有些军用发动机的工况,如构件最高温度对应的工况,其工作时间低于 10 h,机匣危险截面的平均应力应小于机匣材料 10 h、0.1% 蠕变强度。

（4）机匣的应力断裂寿命储备系数应不小于 2.0。

7. 极限载荷环境下的安全性

在发动机最高允许的瞬态转速下,机匣应能包容风扇、压气机或涡轮在叶片叶身与榫头转接部位断裂的一个叶片或整体叶盘飞出的单个叶片,机匣还应能包容由于单个叶片损坏而被破坏以致飞出的其他全部零件。机匣包容能力应包括与叶片旋转面所对应的机匣段,以及以此机匣段前后截面为基准分别向前、后外延 15° 的机匣段。

当发动机出现叶片意外断裂、转子卡滞、主轴破坏、飞机紧急着陆等非正常情况,或发生其他意外事故(如发动机熄火、爆燃、停车、喘振等)后,机匣及其承力构件、安装节上将出现非正常的载荷或处于异常恶劣的工作环境(如超温、超转等)下。设计中应使机匣及其承力构件、安装节能较好地抑制结构的过度破坏,以使发动机不致导致灾难性的事故。机匣及其承力构件、安装节应具有承受异常载荷或工作环境的能力,以保证发动机及飞机的安全。

可以采用包容曲线法(通过模拟件试验获得包容曲线,再根据机匣包容系数和断叶的动能进行包容能力评定)、破坏势能法(机匣能承受的破坏势能与断叶动能之比,军用发动机 ≥1.1,民用发动机 ≥1.2),以及有限元法分析包容能力。

对于非正常或意外事故情况下的安全评定,需保证在异常载荷作用下,机匣及其承力构件、安装节的应力或变形不致导致发动机结构产生灾难性的破坏。

8. 板壳结构屈曲失稳

屈曲失稳是薄壁机匣结构的主要破坏模式之一。薄壁机匣在外压力、轴向压力、扭矩、弯矩等载荷作用下,当载荷达到或超过某一临界值时,机匣会产生屈曲变形(即局部失稳)。若该载荷小于机匣的屈服载荷,产生的屈曲称为弹性屈曲,否则称为塑性屈曲。若机匣在压力和高温下发生蠕变,当蠕变随时间逐渐累积到一定程度时,会使机匣丧失稳定性,称为蠕变屈曲。构件产生屈曲的载荷称为临界载荷。构件临界载荷与实际载荷的比值定义为构件的屈曲储备系数。

在机匣类构件中,火焰筒发生屈曲的可能性较大。造成火焰筒屈曲的临界载荷与载荷的性质、约束条件、壁厚、刚性、结构的椭圆度和几何对称程度等因素有关。火焰筒刚性差和温度高是造成屈曲的主要原因。

薄壁机匣在轴向压力、外压力、弯矩和扭矩等载荷的作用下,容易发生屈曲,尤其是轴向和径向外压力对屈曲最为敏感。为了使发动机机匣不承受或尽量减小气体轴向压力,发动机的主安装节设置应尽可能使承力机匣的气体轴向力总是处于拉力的状态以防止屈曲。

机匣设计时应根据可能出现的屈曲模式采取不同的措施,如采用加强肋或调整机匣的有关尺寸等,并在保证机匣屈曲强度的条件下,尽可能地减轻结构重量。

在设计火焰筒、承力支板等热端薄壁构件时,主要应减小结构的温度梯度,提高燃烧室工作的稳定性,尽量减小结构的热变形不协调,以防止构件因热应力过大而发生蠕变屈曲。

关于薄壁机匣屈曲方面的评定标准如下:当某一载荷起主要作用(任何两个载荷分量与它们单独作用时临界值的比值之差大于该两个比值中较小的比值的20%)时,机匣构件的屈曲储备系数为军用发动机 $n_s \geqslant 1.5$,民用发动机 $n_s \geqslant 1.7$;当单独载荷作用不突出时,机匣构件的屈曲储备系数为军用发动机 $n_s \geqslant 1.8$,民用发动机 $n_s \geqslant 2.0$。

3.1.3 承力系统的设计边界与接口

图 3.3 为承力系统与发动机整机系统以及飞机动力系统的约束关系。发动机整机系统方面,承力系统的设计受转子系统、传动系统、滑油等系统的约束。飞机动力系统方面,承力系统的设计受进/排气系统、飞发安装系统、发动机舱的约束。同时,承力系统的设计还要受外界工作环境、维护条件和力学环境等方面的约束。

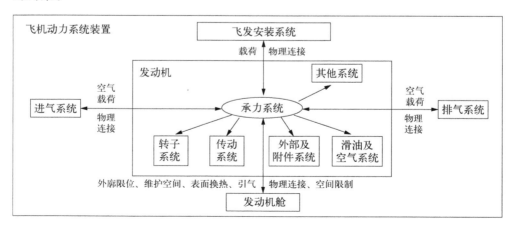

图 3.3 承力系统的设计边界分析

承力系统与各系统之间的接口关系如图 3.4 所示。

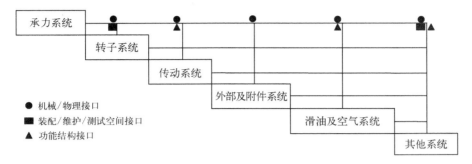

● 机械/物理接口
■ 装配/维护/测试空间接口
▲ 功能结构接口

图 3.4　承力系统与各系统之间的接口关系

3.2　载　荷　分　布

3.2.1　整机受力分析

发动机的受力分析是结构设计的前提和基础。本节从推力、惯性力、扭矩和飞机作用力几个方面介绍发动机整机的受力情况。

1. 推力

如图 3.5 所示,飞机在稳态飞行时发动机的整机推力为

$$F = M(V_j - V) + A(P - P_o) \tag{3.1}$$

式中,F 为整机推力;M 为质量流量;A 为喷口面积;P 为喷管压力;P_o 为大气压力;V 为飞行器速度;V_j 为排气速度。

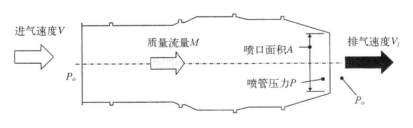

图 3.5　发动机整机推力

2. 惯性力

飞机在不等速直线飞行或者曲线飞行时,在发动机上会产生惯性力和惯性力矩。

最大的飞机惯性力由使用过载确定:

$$P = MgG_{max} = MR\Omega^2 \qquad (3.2)$$

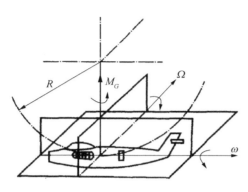

图 3.6 发动机惯性力和惯性力矩

式中, P 为整机惯性力; M 为整机总质量; G_{max} 为最大使用过载; R 为飞机的回转半径; Ω 为回转角速度; g 为重力加速度。

飞机在机动飞行时,发动机转子以角速度 ω 旋转,在旋转转子上除惯性力以外还存在陀螺力矩,如图 3.6 所示,力矩的方向满足右手定则:

$$M_G = I_P \times \omega \times \Omega \times \sin\theta \qquad (3.3)$$

式中, M_G 为转子陀螺力矩; I_P 为转子对于转动轴的质量惯性矩; θ 为 ω 与 Ω 夹角。

3. 扭矩

气流在发动机通道内流动时,并不总是沿轴向的,例如,当气流流过压气机静子叶片或涡轮静子叶片时,气流的方向沿轴向变化,这一现象说明了静子叶片有力矩(扭矩)作用于气流,如图 3.7 所示。

例如,在涡轮静子叶栅(图 3.8)中,根据气体动量矩方程,作用于气流的扭矩为

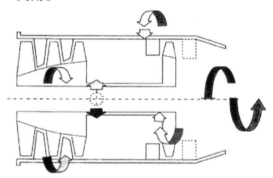

图 3.7 扭矩在整机中的分布

$$M_1' = q_{mg}(c_{1um}r_{1m} - c_{0um}r_{0m}) \qquad (3.4)$$

式中, c_{1um}、c_{0um}、r_{1m}、r_{0m} 为 I—I'、O—O' 两个截面周向分速度的平均值和平均半径; q_{mg} 为燃气质量流量。

由于轴向进气, $c_{0um} = 0$,因此

$$M_1' = q_{mg}c_{1um}r_{1m} \qquad (3.5)$$

根据作用力-反作用应原理,气流作用于静子叶片的扭矩为

$$M_{涡静}' = -M_1' = q_{mg}c_{1um}r_{1m}$$

同理,在涡轮转子叶片中,作用于气流的扭矩为

$$M'_2 = - q_{mg}(c_{2um}r_{2m} - c_{1um} - r_{1m}) \qquad (3.6)$$

由于涡轮出口截面气流的方向一般接近轴向,可以认为 $c_{2um} \approx 0$,所以

$$M'_2 = - q_{mg}c_{1um}r_{1m} \qquad (3.7)$$

根据作用力-反作用力原理,气流作用于转子叶片的扭矩为

$$M_{涡转} = - M'_2 = q_{mg}c_{1um}r_{1m}$$

$$M'_1 = - M'_2$$

$$M_{涡静} = - M_{涡转} \qquad (3.8)$$

涡轮转子叶片和静子叶片受到的扭矩大小相等,方向相反。

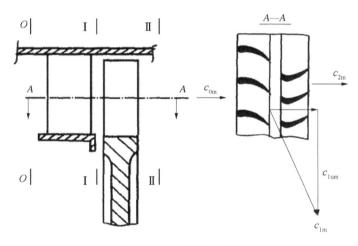

图 3.8 各级转子的扭矩

同理,轴流压气机转子叶片和静子叶片受到的扭矩大小相等,方向相反。

涡轮转子带动压气机转子工作,如果略去机械损失,不计传动附件的损失,则有

$$M_{压转} \approx - M_{涡静} \qquad (3.9)$$

同理可得

$$M_{压静} \approx - M_{涡静} \qquad (3.10)$$

从式(3.10)可以看到,涡轮机匣的扭矩经过燃烧室机匣与压气机机匣的扭矩平衡,因此传递到飞机上的总扭矩接近零。

在结构设计时,要注意处于传力路线中的各段机匣的扭矩不等于零,因此机匣是重要的承力构件。应根据各段机匣作用扭矩的大小,保证其强度和刚度。

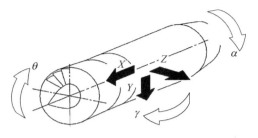

图 3.9　航空发动机受到的飞机约束的自由度

4. 飞机作用力

1) 安装结构支反力

发动机安装到飞机上要受到安装系统约束,包括三个平动自由度和三个转动自由度(图 3.9)。飞发安装系统对发动机的载荷为沿着三个平动方向的拉力、主辅安装平面间的弯矩。

发动机推力和惯性力通过安装系统传递到飞机上,同时发动机要承受安装节处飞机的支反力,如图 3.10(a)所示。一般来说,对于涡喷/涡扇发动机,由于其直径较大,沿着推力方向的载荷对发动机承力系统的影响有限。但是在飞机机动飞行时,发动机在惯性载荷的作用下在主辅安装平面之间会产生附加弯矩,在弯矩的作用下发动机转静子系统产生变形,影响转子的叶尖间隙,如图 3.10(b)所示,如果出现严重的转静子摩碰将危及飞行安全,在设计中应重点加以关注。

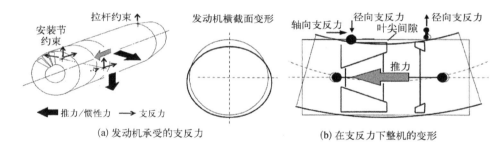

(a) 发动机承受的支反力　　　　(b) 在支反力下整机的变形

图 3.10　安装节作用力下承力系统的变形

根据发动机安装系统安装节的位置简图(图 3.11)列出平衡方程,可以求解获得

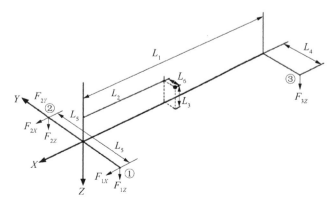

图 3.11　安装节的位置简图

各节点的具体载荷。各安装节节点载荷可以作为整机、部件系统分析的边界条件。

安装节载荷平衡方程为

$$
\begin{cases}
\sum F_X = 0 \\
\sum F_Y = 0 \\
\sum F_Z = 0 \\
\sum M_X = 0 \\
\sum M_Y = 0 \\
\sum M_Z = 0
\end{cases}
\tag{3.11}
$$

平衡方程式(3.11)可整理成矩阵的形式:

$$
[A]\{F\} = \{B\}
\tag{3.12}
$$

式中,$[A]$ 为支撑形式矩阵;$\{F\}$ 为未知载荷向量;$\{B\}$ 为已知加载向量。

2) 进气及排气系统作用力

假设飞机进气道安装在飞机上,排气装置与发动机连接在一起。发动机主安装节处受力受进气系统的影响,具体受力情况如图 3.12 所示。

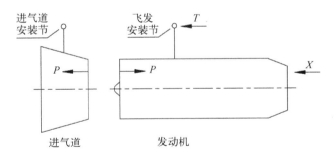

图 3.12　进气及排气系统对发动机的作用力

发动机主安装节处的净推力为

$$
T = X - P
\tag{3.13}
$$

式中,T 为作用在飞机主安装节上的净推力;P 为进气道安装边上的作用力;X 为发动机推力作用力,轴向力向前为正。

3.2.2　转子轴向力与卸荷

以转子系统、静子承力系统为研究对象,说明其承受的轴向力、扭矩和径向力。发动机推力是作用在发动机所有部件上气体轴向力的总和,具体包括进气装置、压气机、燃烧室、涡轮、后机匣和尾喷管等部件轴向力的合力。推力在各部件上的分布如图 3.13 所示。

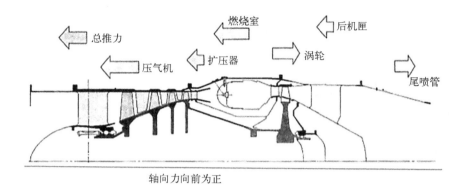

图 3.13　发动机各部件上的轴向力分布

1. 转子轴向力

转子轴向力是流道轴向力和盘腔所产生的轴向力两部分的合力,在计算轴向力时,应当根据具体结构形式将转子离散成不同的部分,分别计算气体轴向力的大小,然后求得总气体轴向力,如图 3.14 所示。

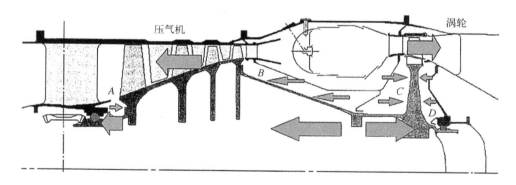

图 3.14　转子轴向力分布

压气机转子气流通道中的轴向力向前,涡轮叶片上的气动力向后,由于压比不同,作用在转子上的力一般是较大的向前的轴向力。为了减小作用在止推轴承上的轴向力,可以通过调整在轮盘部位的 A、B、C、D 腔内的气体压力来调节作用在轮盘上的轴向力,从而满足轴承所能承受的转子轴向力的变化范围,也称为对止推轴承的卸荷。

图 3.15 为单级涡轮转子气体轴向力计算简图。盘前封严篦齿以外的部分气体压力为 P_a,内部气体压力为 P_b,盘后气体压力为 P_c,该结构可分为四部分计算气体轴向力。假设气体轴向力的方向以发动机推力方向为正。

（1）叶片上的气体力 F_1：

如已知 I—I′截面及 II—II′截面的气流参数及几何尺寸，叶片的气体轴向力为

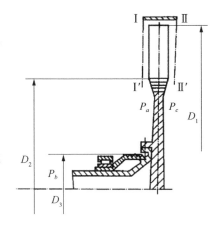

$$F_1 = q_{mg}(c_{2a} - c_{1a}) + p_2 A_2 - p_1 A_1$$

$$(3.14)$$

式中，c_{1a}、c_{2a}、p_1、p_2 和 A_1、A_2 为涡轮进、出口截面平均半径处气流的轴向分速度、压力和截面积；q_{mg} 为气体质量流量。

图 3.15　涡轮转子上的气体轴向力计算简图

（2）盘前封严篦齿以外部分的气体力 F_2：

$$F_2 = \frac{\pi}{4}(D_2^2 - D_3^2)P_a \qquad (3.15)$$

式中，P_a 为盘前封严篦齿前压力。

（3）盘前封严篦齿以内部分的气体力 F_3：

$$F_3 = \frac{\pi}{4}D_3^2 P_b \qquad\qquad (3.16)$$

式中，P_b 为盘前封严篦齿以内的压力。

（4）盘后端面的气体力 F_4：

$$F_4 = \frac{\pi}{4}D_2^2 P_c \qquad\qquad (3.17)$$

式中，P_c 为盘后端面的气体压力。

（5）单级涡轮转子总的气体力 $F_{涡轮}$：

$$F_{涡轮} = F_1 - F_2 - F_3 + F_4 \qquad (3.18)$$

单级轴流压气机转子上的气体轴向力的计算方法也和上述方法相同，作用的方向向前。多级涡轮或者多级压气机转子上的气体轴向力应当是各级转子气体轴向力的总和。

根据上述方法可以计算出各转子和静子结构组件上气体轴向力的大小和方向。各组件上气体轴向力的代数和即为发动机的推力。

由于发动机的各个截面气流参数是随着飞行高度、速度以及发动机的工作状态变化的，在计算各部件的轴向力时，应对不同的工作状态分别进行计算。通常取地面试车台条件、转子为最大转速时，以及当外界大气温度最低时、飞机靠近地面以最大飞行速度飞行的两种状态进行计算。所得的有关数据供结构设计、强度分析使用。

2. 止推轴承卸荷

下面以某发动机轴向力设计为例，说明了发动机转子减荷的必要性。图 3.16

为某发动机在地面工作状态下各部件上的轴向力分布情况,可以看到压气机和涡轮转子上的轴向力都很大,如果两个转子都单独通过自己的止推轴承承受轴向负荷,将使止推轴承的负荷很大。一般来说,单个球轴承可以承受 $3\sim30$ kN 的轴向力,这样就需要极大地增加止推轴承的数量,使得发动机结构复杂,重量增加,且难以保证每个轴承负荷的均匀。在当代发动机中主轴承很少采用两个滚珠轴承并用的方案。

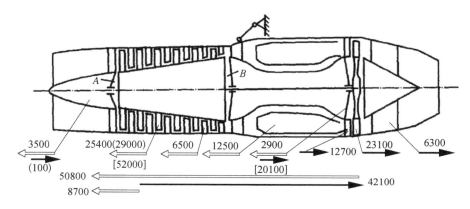

图 3.16   某发动机的转子载荷(单位: N)

为了减少发动机转子的轴向力,常采用以下措施。

(1)由于压气机和涡轮的气体轴向力方向相反,把两个组合件轴向相连以抵消大部分的轴向力。

(2)压气机末级盘后腔 B 的高压空气通入大气,使得该腔的气体压力下降至 $130\sim160$ kPa,压气机转子轴向力可以从 520 kN 降低到 290 kN。

(3)从第五级压气机后引气到 A 腔,使压气机转子的轴向力从 290 kN 下降到 254 kN。

在实际设计时,不仅仅要考虑地面工作状态的轴向力数值,还要注意到在其他工作状态下的轴向力是否在合理区间。转子轴向力既不能太大也不能太小,轴向力过小会引起轴承滚珠产生滑动造成损伤,轴向力换向会使得滚珠遭到冲击载荷。

3.2.3   传力路线

根据涡轮机匣与压气机机匣之间的结构形式和受力关系,可以归纳出以下几种承力系统的传力路线。

1. 内传力结构方案

涡轮机匣和压气机机匣的承力借助于燃烧室内机匣,也就是相对于燃气流道而言,承力系统的传力路线在气流通道的内部,如图 3.17 所示。

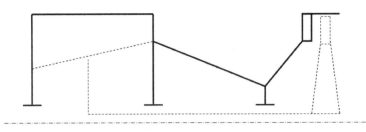

图 3. 17　内传力承力系统示意图

燃烧室内机匣承受涡轮机匣、出口装置和发动机转子的力和力矩。这种结构在早期的环管式燃烧室的发动机中都有使用,是典型承力结构,它没有附加的承力机匣,而是由加强的燃烧室内机匣承力。采用这种传力路线的发动机有 BK - 1、RD - 45、RD - 500、Walter M - 701 等。

这种结构方案的不足之处是机匣质量较大,由于要保持承力机匣所需的弯曲刚性,在径向尺寸较小的情况下,只能加大壁厚和增加加强筋。

2. 外传力结构方案

涡轮机匣和压气机机匣的承力连接借助于燃烧室外机匣,也就是相对于燃气流道而言,承力框架位于外侧,如图 3.18 所示。

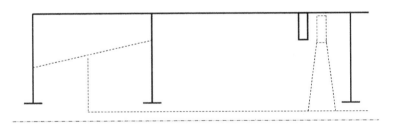

图 3. 18　外传力承力系统示意图

涡轮机匣、排气装置和发动机转子的力和力矩作用在燃烧室外机匣上,外机匣直径较大,具有良好的刚度。但是由于需要承担涡轮后支点的支承载荷,必须要使涡轮承力结构穿过燃气通道,这就使涡轮承力结构复杂,成为这种结构的设计关键点和难点。采用此传力结构的发动机有俄罗斯的 AL - 21、TV2 - 117、TV3 - 117、D - 136 等。

当涡轮后承力框架上有两个或三个支点,承受的载荷较大,采用外传力承力框架方案时,就必须增加燃烧室外机匣的直径,以保证其刚度和承载能力。

3. 不封闭式双路承力方案

如图 3.19 所示,燃烧室外机匣承受的载荷只来源于涡轮机匣、导向器叶片和出口装置。涡轮后支承上的转子系统的作用力和力矩载荷通过承力框架传到压气机后承力机匣上。在涡轮转子的支承平面内没有承力件,后承力框架为悬臂结构,

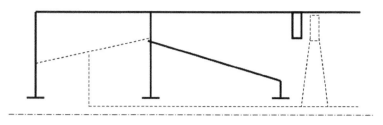

图 3.19　不封闭式双路承力方案意图

也就是涡轮承力结构不需要经过燃气通道。

这种承力方案对于带有环形燃烧室的发动机和带有多级涡轮结构的发动机更为合理。例如,PW4000、F100 等涡扇发动机采用了此种传力方案。该方案由于在压力最高的区域(高压后)、温度最高的区域(主燃内环)布置轴承腔结构,必须解决在高温高压环境下轴承腔的可靠隔热、封严的问题。

4. 封闭式双路承力方案

如图 3.20 所示,在涡轮机匣和压气机机匣上具有承力框架,并且连接涡轮机匣和压气机机匣的燃烧室内外机匣均有承力结构,即在涡轮和压气机之间有一个封闭的环腔结构承力。这种结构广泛用作壳体结构的支承受力结构。在内外壳体之间采用杆或板结构传力,承力结构分布在环管式燃烧室之间(如俄罗斯的 D - 20B、D - 30B、D - 25B 等发动机),或分布在涡轮导向器叶片内部(如俄罗斯的 R - 11 - 300 发动机和中国的 WP7 发动机)。对于这种承力结构,在设计中必须考虑高温环境下承力结构的冷却问题。

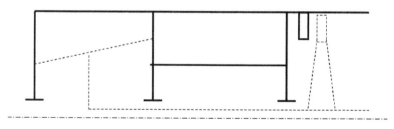

图 3.20　封闭式双路承力方案示意图

3.2.4　典型承力系统

1. 小涵道比涡扇发动机

在现代先进小涵道比涡扇发动机的承力结构设计中,由于风扇为 3~4 级,在一般情况必须在风扇前设置支点,不宜采用悬臂结构,因此小涵道比涡扇发动机与高涵道比涡扇发动机在风扇的承力结构上有所不同。涡轮端的承力框架和承力结构一般均沿用各公司的传统设计方案。

图 3.21(a)为以通用公司 F110 发动机为代表的小涵道比涡扇发动机的承力结构,是典型的承力结构。由进气前承力框架、中介机匣承力框架和涡轮后机匣承力框架 3 个框架组成。该承力结构设计为现代高推重比涡扇发动机的典型结构,采用该结构的发动机还有俄罗斯的 AL - 31F、RD - 33 和乌克兰的 AI - 222 系列发动机。

图 3.21(b)为普惠公司 F100 涡扇发动机的承力结构,由进气前承力框架、中介机匣承力框架、主燃烧室承力框架和涡轮后承力框架 4 个承力框架组成。这种承力系统的特点在于高压涡轮支点位于涡轮前部,即通过压气机扩压器设计承力

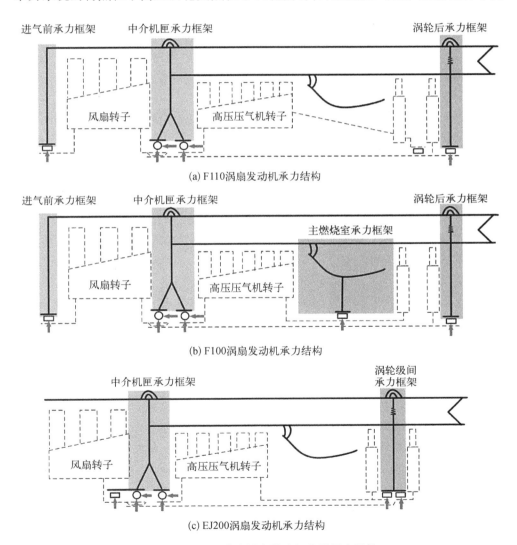

(a) F110涡扇发动机承力结构

(b) F100涡扇发动机承力结构

(c) EJ200涡扇发动机承力结构

图 3.21 小涵道比涡扇发动机典型承力结构

框架,这也是普惠公司发动机总体结构上的一大特点。

图 3.21(c)为欧洲设计的 EJ200 高推重比涡扇发动机的承力结构,由风扇和压气机之间的中介机匣承力框架和高低压涡轮之间的涡轮级间承力框架组成。由于采用了罗罗公司所擅长的共用承力框架结构,即一个承力框架支承高低压转子的多个轴承,EJ200 成为目前承力框架最少且没有使用中介轴承的高推重比涡扇发动机。

2. 高涵道比涡扇发动机

对于高涵道比涡扇发动机,承力框架和安装结构的设计是十分重要的。高涵道比涡扇发动机推力大、结构尺寸大,多采用板壳,结构刚性较小,尤其是高压部件的弯曲刚度较弱。在大推力以及起飞、侧风和转弯等状态下,作用在发动机承力框架上的载荷分布变化较大,会使风扇和高压涡轮部件的转静件间的间隙发生变化,严重时可以产生摩碰,造成损伤。因此,在发动机承力系统设计时,要考虑多种载荷条件下发动机整机转静件间的变形协调。

为了减轻发动机的质量,充分利用发动机外机匣的材料,大部分发动机的所有外机匣均作为承力结构,即包含在承力系统中。但是,也有的发动机将全部机匣(如 RB211)或部分机匣(如 CFM56、PW4000、PW2037、V2500 等的高压压气机后端机匣)做成双层的,外层机匣作为承力壳体、内层机匣作为气流通道的外壳,形成气流通道。这种双层机匣结构能够保证在各种状态下气流通道不会有大的变形,使叶尖间隙均匀,提高了部件的效率,同时也可以减少发动机性能的衰退。

对于现代高涵道比涡扇发动机中常用承力框架的结构形式,按承力框架的数目可以划分为 2 个承力框架、3 个承力框架和 4 个承力框架三种形式,但在承力框架位置上又有一些不同,概括起来有下述几种。

图 3.22(a)为双转子涡扇发动机 4 个承力框架的方案,包括风扇承力框架、主燃烧室承力框架、涡轮级间承力框架和涡轮后机匣承力框架 4 个承力框架。每个转子支承在 3 个承力框架上。典型的发动机为 CF6 - 6/- 50。这种发动机的高压转子系统有 3 个支点,一般用于高压转子较长的结构中。

图 3.22(b)为三转子涡扇发动机 4 个承力框架的方案,包括风扇承力框架、中高压压气机级间承力框架、涡轮级间承力框架和低压涡轮后承力框架 4 个承力框架。这种结构是三转子发动机的典型承力结构。典型发动机为英国罗罗公司的 RB211 系列、遄达系列和俄罗斯和乌克兰的 D - 18、D - 36 等系列发动机。

图 3.22(c)为 3 个承力框架的方案,包括风扇承力框架、主燃烧室承力框架、低压涡轮后承力框架 3 个承力框架。由于高压涡轮前设计有支点,因此高压涡轮转子为悬臂支承。低压转子支承于风扇机匣和涡轮后承力框架上。该承力结构最突出的特点是在涡轮前设计一个承力框架,有利于提高转子的抗变形能力,但在承力框架和承力系统结构设计上具有较高的难度,尤其是高压涡轮前支点的轴承腔

冷却润滑的设计。此种承力结构设计常为普惠公司所使用,典型发动机为PW4000、V2500。而早期的通用公司高涵道比涡扇发动机 CF6 - 80 系列也采用了这种支承结构,但是由于其冷却封严设计不太匹配,在后续的型号中没有继续使用。

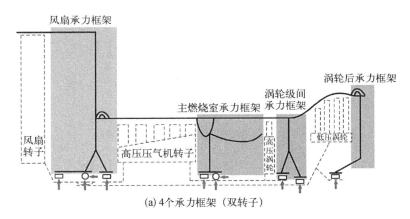

(a) 4个承力框架（双转子）

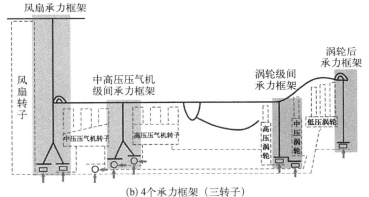

(b) 4个承力框架（三转子）

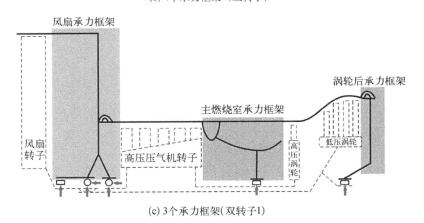

(c) 3个承力框架(双转子1)

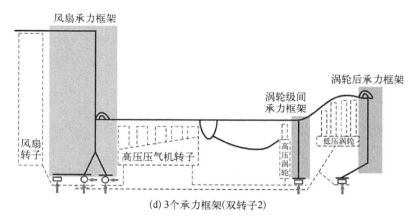

(d) 3 个承力框架(双转子2)

图 3.22　高涵道比涡扇发动机典型承力结构

图 3.22(d)为 3 个承力框架的方案,包括风扇承力框架、涡轮级间承力框架和涡轮后承力框架 3 个承力框架,典型发动机为 GE90、GP7200。该设计方案的特点是采用了高低压涡轮间承力框架。涡轮间承力框架处于高、低涡轮之间,其长期在高温高压的环境中工作,在实现支承高压转子功能的同时,还要保证结构稳定可靠、气动损失小。

3.3　支　承　结　构

支承结构是指以轴承为中心,并保证转子系统在发动机中定位、传递载荷及冷却、润滑和封严等结构系统总称,其中主要包括轴承、轴承座、弹支结构、轴承冷却润滑结构、封严结构等构件。

转子支承结构系统的主要功能是: ① 为转子系统提供支承,保证转子系统可靠定位和定心; ② 向承力框架传递转子轴向和横向载荷; ③ 为转子提供相应的支承约束刚度和必要的阻尼; ④ 为轴承提供润滑、冷却所需的滑油路径; ⑤ 构建具有良好密封性和隔热性的轴承腔; ⑥ 防止瞬时冲击载荷破坏支承功能。

3.3.1　支承结构的设计边界与接口

在航空发动机总体结构设计方面,支承结构的设计受转子系统、传动系统、外部系统、滑油及空气系统的约束,图 3.23 为支承结构与承力机匣及整机其他系统的约束关系。

各承力系统提供的边界条件分别如下所述。

(1)承力机匣:支承结构的外侧空间限制,轴承座、封严结构的安装和定位,与封严结构形成闭合的滑油腔。

(2)转子系统:支承结构的外侧空间和径向空间限制,转子系统的轴向、径向

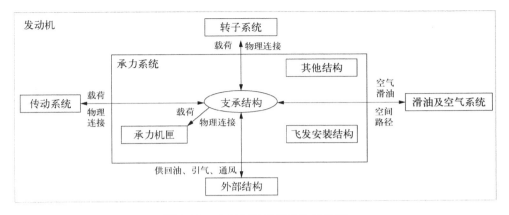

图 3.23　支承系统的设计边界分析

载荷能力限制,转子系统动力学特性的限制。

(3) 滑油系统:滑油供回油路路径的空间布局限制,滑油供油温度、压力、流量能力的限制,滑油腔工作温度的限制。

(4) 空气系统:供气温度、压力、流量能力的限制。

(5) 传动系统:传动结构的空间限制,传动锥齿轮的安装和固定限制。

(6) 外部系统:供油、通风、引气能力的限制。

支承结构与各系统之间的接口关系如图 3.24 所示。

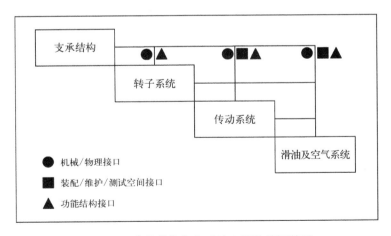

图 3.24　支承结构与各系统之间的接口关系

3.3.2　设计要求

针对航空发动机支承结构,从主轴承、轴承冷却润滑、弹性支承与阻尼结构 4个方面进行设计要求分析。

1. 主轴承

航空燃气涡轮发动机的转子支承轴承大多采用滚动轴承,其主要原因是:① 可以最大限度地减轻质量、减小体积和降低成本;② 能够减少摩擦和功率损失;③ 可以减少冷却需求量和滑油流量;④ 具有一定的滑油中断承受能力与冷起动能力;⑤ 具有能承受短时大过载的能力,如机动飞行、硬着陆及叶片丢失引起的大的极限载荷。在许多情况下,航空燃气涡轮发动机的轴承结构形式与普通轴承相似,但在转速、载荷和温度方面要求却高得多。随着先进航空燃气涡轮发动机的发展,轴承工作条件变得日益苛刻。

尽管轴承种类很多,在主轴承方面仅用角接触滚珠轴承和短圆柱滚棒轴承。对于滚珠轴承,采用内环分半角接触滚珠轴承,是因为内环分开可以最大限度地多放滚动体,采用球面研磨技术可以减少内环分半设计中的轴向间隙,主要用于承受发动机转子的轴向负荷。短圆柱滚棒轴承适应轴向移动,主要用于承受发动机转子的径向负荷。根据各种发动机安装、配合和滑油冷却等情况的不同,上述两种类型的轴承还可根据需要派生出变形结构,如外环带安装边、套环上有油孔/油槽等;保持架也有各种不同的结构,如兜子形状、兜子锁口、加宽或带翅等。

在航空发动机中,主轴承的功能主要是:使转子相对于机匣轴向定位和定心,或将转子支承在其他转子上,将转子的所有轴向力和径向力传送到承力构件上。

主轴承属于发动机的关键部件,其结构完整性对发动机的安全性具有重要影响,但在设计中也容易受到一些结构上的限制,给主轴承设计带来很大的困难。主轴承在结构制造工艺上具有较高的技术要求:① 要有良好的材料质量;② 热处理严格;③ 要有较高的几何形状精度,如轴承跑道直径允差为 $+0.005$ mm,滚子直径允差为 $+0.0013$ mm,球圆度允差为 ±0.00025 mm;④ 要有良好的表面结构与粗糙度。

在设计中要求主轴承在工作中具有高可靠性,长寿命,在极端恶劣状态下的短时承受能力(如叶片断裂甩出时或滑油中断供油时),低摩擦、低振动和低噪声,稳定性好,质量轻,尺寸小等特点。

2. 轴承冷却润滑

航空发动机主轴承主要采用喷油冷却。在喷射滑油时必须将滑油喷射到保持架与内环之间,这样在滚子转动的离心效应下,滑油可以很好地对滚子进行冷却润滑。

随着现代航空发动机轴承载荷和 DN 值的不断提高,需要进一步提高轴承的冷却效率,在现代航空发动机中,大多对轴承采用环下供油结构,如图 3.25 所示。滑油喷射到轴承内环下面,通过相应的沟槽流到滚珠轴承的内环分半处,通过其间隙,在离心效应的作用下,甩向滚珠,进行冷却,试验证明其冷却效果很好。对于滚棒轴承,近年来也设计了环下供油结构,即在轴承内环上开有油孔,滑油通过横向

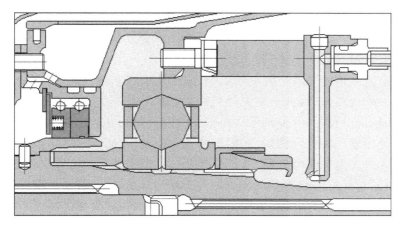

图 3.25　环下供油结构

槽道,流向轴承内环两端的径向油孔,在离心效应下甩向上方的保持架并反射到滚子上进行冷却。

3. 弹性支承

随着航空发动机转子系统工作转速的不断提高和转子支承结构的限制,对于高压转子,已经很难保证在工作转速以下没有共振转速或具有足够的安全裕度。为了避免在工作范围内出现高压转子的弯曲临界,一般采用缩短支承间跨度和设计弹性支承的结构方案。对于低压转子,由于轴的刚度较弱(柔性转子),为了调整各阶临界转速的大小,保证其动力特性最优,在一些转子支承结构设计中采用了弹性支承。在高速旋转转子系统中采用弹性支承的作用是,降低转子的支承刚性,调整转子系统的固有特性,使工作转速与临界转速间具有合适的裕度。弹性支承结构的使用可有效调整转子系统的临界转速。与此同时,支承刚度的下降会使转子系统的振动幅值在共振点附近加大,为了控制转子的振动幅值,一般在使用弹性支承结构时,均带有挤压油膜阻尼器,用以给转子系统增加阻尼。其基本原理是,在限幅环中充以滑油,形成挤压油膜,当轴承外环变形时,油膜的挤压、流动会消耗一定的振动能量,但是同时也会产生附加的油膜刚度,在大的偏心时会有很大的非线性特征。

图 3.26 为 PW4000 发动机高压压气机转子前支承结构。该支点为滚

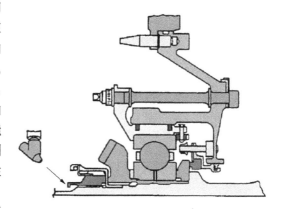

图 3.26　PW4000 发动机高压压气机
转子前支承结构

珠轴承,拉杆式弹性支承,由拉杆的长度和个数调整支承刚度,挤压油膜阻尼器由轴承座和限位环之间的间隙组成。轴承采用内环分半和环下供油结构,油腔的封严采用普惠公司传统的端面石墨封严。

在航空发动机转子系统的主轴承中,滚珠轴承除承受径向负荷外,还要承受很大的转子轴向负荷,因此所有发动机中的滚珠轴承选用的直径系列均较滚棒轴承大,即轴承内径相同,但轴承外径较大,即使这样,在某些发动机中滚珠轴承仍然是故障较多的构件。例如,在用于波音 737 的 CFM56-3 中,高压压气机前滚珠轴承 3 号支点经常出故障,曾是引起发动机空中停车的主要原因之一(约占 25%)。因而在其后的改型 CFM56-5/7 中,3 号支点处均采用了滚珠轴承和滚棒轴承并用的设计,让滚棒轴承承受转子的径向负荷,滚珠轴承承受转子的轴向负荷。

在一个支点处采用滚珠轴承和滚棒轴承并用时,将滚珠轴承装于刚性较弱的弹性支座中,而承受径向力的滚棒轴承则支承于刚性较强的支座中,通用公司的 CF6、CFM56-5/7 和 GE90 等发动机均采用了这种设计(图 3.27、图 3.28)。普惠公司、罗罗公司的发动机中尚未采用这种支承结构设计。在滚珠轴承旁增加一个滚棒轴承后,还能限制高压转子的回转运动,保持高压压气机与高压涡轮工作叶片和机匣间有较均匀的叶间间隙。

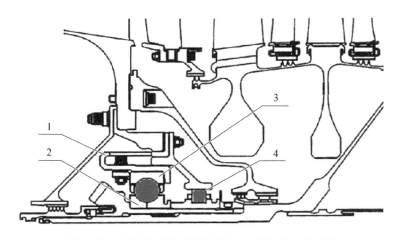

图 3.27　CFM56 发动机高压压气机转子前支承结构

1. 折返式弹性支承;2. 分半式轴承内环;3. 滚珠轴承;4. 滚棒轴承

GE90 发动机的高压转子采用的是 1-0-1 支承方案,高压转子用 2 个支点、3 个轴承支承;高压压气机前支点采用滚珠、滚棒双轴承并列结构,滚珠轴承装在折返式弹性支座中(图 3.28),滚棒轴承装在相对刚性较大的支座上。在设计中通过弹性支承降低滚珠轴承的径向支承刚度,使得在工作过程中该滚珠轴承不承受径

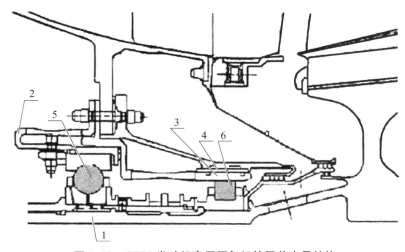

图 3.28　GE90 发动机高压压气机转子前支承结构

1. 高压压气机前轴径；2. 折返式弹性支承；3. 鼠笼式弹性支承；
4. 挤压油膜阻尼器；5. 滚珠轴承；6. 滚棒轴承

向载荷，而只承受轴向载荷。而滚棒轴承承受全部的径向载荷，在其外环处装有挤压油膜阻尼器，用于抑制轴向的径向振动。独特的支承结构设计使滚珠、滚棒轴承分别承受轴向载荷和径向载荷，从而延长了轴承的使用寿命，提高了轴承的可靠性。在封严结构中采用箅齿式封严结构并设计有冷却气流进行冷却和封严。

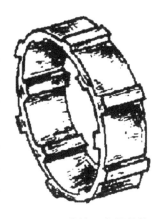

图 3.29　弹性环支承结构

在苏联和俄罗斯研制的航空发动机中，大量使用弹性环支承结构（图 3.29），弹性环既可以提供可调整的支承刚度，也可以形成挤压油膜，起到阻尼减振的作用。这种结构具有不增加轴向尺寸、支承结构的稳定性好和加工简单等优点，但也存在支承刚度变化范围和阻尼效果有限等问题。

4. 阻尼结构

发动机工作时，转子的不平衡力通过支承结构传给机匣，使发动机产生振动。因此，原则上可以在轴承与支承结构间设置减振器，以吸收振动能量，减小外传振动负荷与振幅，减小发动机的振动，挤压油膜就是其中一种常用的结构。

挤压油膜阻尼器作为航空发动机转子系统中主要采用的转子阻尼减振技术，在转子系统振动控制中具有重要作用和意义。在高压涡轮轴承上采用挤压油膜后，发动机最大状态下的振幅由 0.3 mm 降为 0.0465 mm，降低了 84.5%。由于它的减振效果好，结构简单，所以为许多发动机采用，如 RB211、JT8D、PW2037、

PW4000 及 V2500 等。挤压油膜的油膜厚度即半径间隙一般为 0.08～0.11 mm,个别厚的达到 0.25 mm 左右。

需要注意的是,采用挤压油膜时,一定要采取措施,防止轴承外环在轴承座中转动,如果轴承外环在轴承座中有微小的转动,不仅起不到减小振动值的作用,反而会增大发动机的振动值。

3.3.3 典型发动机支承结构

下面通过分析典型的发动机产品说明支承结构的主要功能和实现方式。

1. 小涵道比发动机支承结构

АЛ-31Ф 发动机为苏联留里卡设计局在 1976～1985 年研制的带加力的涡轮风扇发动机。该发动机由 4 级风扇、9 级高压压气机、1 级高压涡轮、1 级低压涡轮组成。该发动机是推重比 8 量级的小涵道比涡轮风扇发动机。

АЛ-31Ф 发动机为双转子发动机。低压转子采用 1-2-1 四支点支承方案,即风扇转子和低压涡轮都采用两点支承,两个转子之间采用柔性联轴器。高压转子采用 1-0-1 两支点支承方案,且后支点为中介支点支承在低压涡轮轴上(图3.30)。

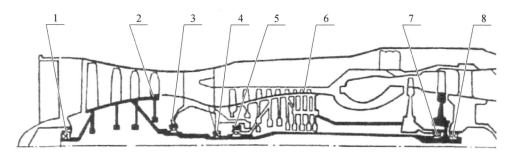

图 3.30 АЛ-31Ф 发动机转子支承方案

1. 前支点滚棒轴承;2. 低压转子;3. 低压压气机后支点滚珠轴承;4. 低压涡轮前支点滚棒轴承;
5. 高压转子前支点滚珠轴承;6. 高压转子;7. 高压转子后支点滚棒轴承;8. 低压涡轮后支点滚棒轴承

图 3.31 为 АЛ-31Ф 发动机风扇前 1 支点。风扇前 1 支点轴承为滚棒轴承,其内环通过压紧螺母固定在风扇前轴颈上,外环安装在进气机匣内侧的轴承座上,转子系统的径向载荷通过轴承座传递到进气机匣中。轴承座上带有鼠笼式弹性支承,用于调节低压系统的振动模态。

1 支点轴承采用环下加侧喷的复合供油方案。轴承前侧固定有滑油供油喷嘴,滑油通过喷嘴喷射到收油环上。在发动机工作时,滑油在离心力的作用下通过风扇前轴颈上的供油孔,分别对轴承内环以及石墨跑道进行冷却。

1 支点轴承采用石墨加篦齿双层密封。风扇后的高压气体通过风扇前轴颈上

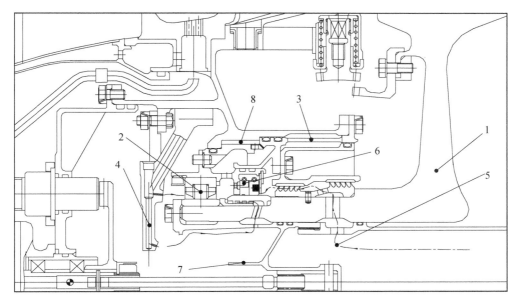

图 3.31　AJI-31Φ 发动机风扇前 1 支点

1. 风扇前轴颈;2. 风扇前 1 支点滚棒轴承;3. 鼠笼式弹性支承;4. 滑油供油喷嘴;
5. 封严引气;6. 双联石墨封严环;7. 低压转子测速机构;8. 挤压油膜

的引气孔以及封严篦齿,在石墨封严环后侧形成了高压密封腔,避免滑油向外泄漏。另外,在 1 支点滑油腔内还集成了低压转子测速机构和滑油回油泵功能。

图 3.32 为 AJI-31Φ 发动机风扇后 2 支点。风扇后 2 支点轴承为滚珠轴承,其内环通过压紧螺母固定在风扇衬套上,外环安装在中介机匣内侧。低压转子系统的轴向、径向载荷通过轴承座传递到中介机匣中。AJI-31Φ 发动机低压转子系统采用柔性联轴器结构,扭转载荷分别通过风扇后轴颈、风扇衬套、传扭套齿传递到低压涡轮轴上。

2 支点轴承采用环下供油结构。轴承后侧固定有滑油供油喷嘴,滑油通过喷嘴喷射到收油环上,滑油在离心力的作用下通过供油孔分别进入轴承内环以及石墨跑道的内环,并对它们进行润滑和冷却。

2 支点轴承采用石墨加篦齿双层密封。风扇后的高压气体通过中介机匣上的引气管路以及封严篦齿,在石墨封严环前侧形成了高压密封腔,避免滑油向外泄漏。

图 3.33 为 AJI-31Φ 发动机高压前 3、4 支点。3 支点为滚棒轴承,其内环通过压紧螺母固定在低压涡轮轴前端上,外环固定在中央传动外侧的壳体上,向中介机匣传递低压涡轮轴上的径向载荷。4 支点为滚珠轴承,其内环通过压紧螺母固定在高压压气机前轴颈上,外环固定在带有弹性支承和挤压油膜的轴承座上。高压转子的轴向和径向载荷通过高压前滚棒轴承、滚珠轴承、轴承座向中介机匣传递。

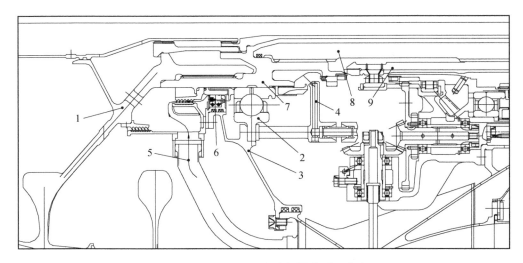

图 3.32   АЛ－31Ф 发动机风扇后 2 支点

1. 风扇后轴颈；2. 风扇后 2 支点滚珠轴承；3. 轴承座；4. 滑油供油喷嘴；
5. 封严引气；6. 双联石墨封严环；7. 风扇衬套；8. 传扭套齿；9. 低压涡轮轴

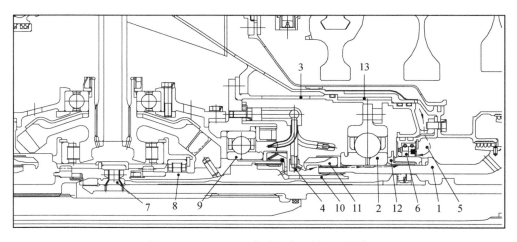

图 3.33   АЛ－31Ф 发动机高压前 3、4 支点

1. 高压压气机前轴颈；2. 高压前 4 支点滚珠轴承；3. 弹性支承；4. 滑油供油喷嘴；
5. 封严引气；6. 双联石墨封严环；7. 3 支点轴承；8. 中央传动前滚棒轴承；
9. 中央传动后滚珠轴承；10. 传扭结构；11. 收油环；12. 甩油环；13. 挤压油膜

高压压气机前轴颈和中央传动齿轮之间设有传扭结构。通过高压压气机前轴颈、传扭结构、中央传动锥齿轮向附件机匣传递功率。中央传动锥齿轮支承于滚棒轴承和滚珠轴承之间。

4 支点轴承采用环下加侧喷的供油方案。轴承前侧固定有滑油供油喷嘴，滑油通过喷嘴喷射到收油环上，滑油在离心力的作用下进入高压压力机前轴颈上的轴向供油槽,对轴承和石墨跑道进行冷却。在轴承和双联石墨之间设置了甩油环结构,避免从轴承外溢出的滑油直接向双联石墨密封环冲击。

4 支点轴承采用双联石墨密封。风扇后的高压气体通过中介机匣及引气壳体,在石墨封严环后侧形成了高压密封腔,避免滑油向外泄漏。

图 3.34 为 AЛ-31Ф 发动机高压后 5、6 支点。5 支点为中介轴承,其内环通过压紧螺母固定在低压涡轮轴后轴颈上,外环固定在高压涡轮后轴颈上,传递高压转子的径向载荷。6 支点为滚棒轴承,其内环通过压紧螺母固定在低压涡轮后轴颈上,外环固定在带有挤压油膜的轴承座上。高压转子的后支点以及低压转子的径向载荷通过 6 支点、轴承座向涡轮后机匣传递。

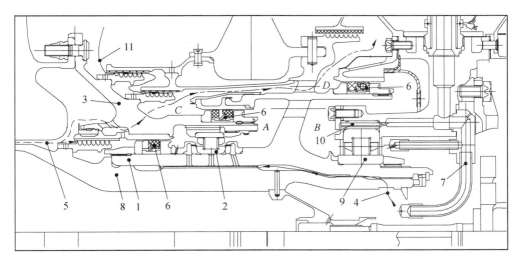

图 3.34 AЛ-31Ф 发动机高压后 5、6 支点

1. 低压涡轮后轴颈;2. 5 支点中介轴承;3. 高压涡轮后轴颈;4. 滑油供油路径;5. 封严引气;
6. 接触式石墨封严结构;7. 滑油供油喷嘴;8. 低压涡轮轴;9. 6 支点轴承;10. 挤压油膜;
11. 来自轴向力平衡腔的高温高压气;A. 5 支点滑油腔;B. 6 支点滑油腔;C. 5 支点封严腔;D. 6 支点封严腔

6 支点轴承采用环下加侧喷的供油方案。轴承后侧固定有滑油供油喷嘴,滑油通过喷嘴喷射到收油环上,滑油在离心力的作用下进入低压涡轮后轴颈上的轴向供油槽,进入轴承内环下方的供油孔对轴承进行冷却。同时滑油通过低压涡轮后轴颈和低压涡轮之间的狭缝,进入 5 支点下方,滑油在离心力的作用下进入轴承内环下方,分别对轴承滚动体、联动环进行冷却。

5 支点轴承采用石墨加篦齿双层密封方案。来自中介机匣后的高压气通过高涡转子盘心对 5 支点进行封严。同时该股高压气体通过高压涡轮后轴颈上的引气孔在轴承外环建立了封严腔,对 5 支点进行封严。该股气流继续向后流动,通过低压涡轮后轴颈在 6 支点外环建立的封严腔对 6 支点外环进行封严。最后该股气流通过涡轮后机匣的支板直接排放到发动机的外侧。

发动机工作过程中热量的传递主要来自结构热传导、对流换热和辐射换热三方面。在实际设计过程中，辐射换热的量级远小于前两种方式，所以主要从前两个方面入手解决隔热设计问题。来自中介机匣的气流除了具备轴承腔封严的功能，还具备轴承腔隔热的功能。在发动机正常工作过程中，高、低压涡轮部件的工作温度为 300~650℃，而受滑油使用条件的限制，轴承腔内工作温度为 180~300℃（如果超过了滑油的许用温度将引起滑油结焦，严重情况下将引起滑油爆燃，进而影响涡轮盘，引起非包容事件）。来自中介机匣的引气温度较低，在流动过程中通过高、低压涡轮后轴颈周向的多个引气孔，大幅降低了来自涡轮盘的结构传热，将与滑油相关的零部件包裹在稳定的低温气流环境中，降低了出现滑油超温故障的风险。同时较低的温度环境降低了轴承周围零件的热变形，提高了轴承的结构稳定性。另外，来自涡轮部件的气体也带有较高热量。从轴向力平衡腔泄露出来的高温高压气体，在通过两道箅齿后气流的压力和流量大幅降低，在接触到滑油封严石墨之前与封严引气掺混，降低了温度。由于该股气流直接排放到发动机外侧（低压区），在气流流动过程中气流首先向低压区排出，降低了对封严结构的热冲击。

腔室 C 和 D 及排气气流通道也称为缓冲腔。缓冲腔设计的思路是在高温的涡轮部件区域与低温的滑油部件区域之间设置一个独立的隔离区域，引气来自温度相对较低的低压系统，排气区域是温度和背压很低的区域，保证进入缓冲腔的气体或液体优先向低温低压区域流动。缓冲腔的设计是保证轴承系统可靠工作的重要措施，在不同国家、多个型号发动机产品的设计中均有体现。在封严石墨结构失效的非正常工况下，滑油向滑油腔外泄漏，如果滑油直接接触到高温的热端部件，将被点燃，出现滑油腔爆燃的故障。通过缓冲腔的结构设计，泄漏的滑油优先向低温低压的区域排出，大幅降低了由于滑油泄漏而产生滑油爆燃事故的概率。

2. 高涵道比发动机支承结构

如图 3.35 所示，CFM56 高涵道比涡扇发动机共有两个转子支承于 5 个支点上，低压转子采用 0-2-1、高压转子采用 1-0-1 的 2 支点支承方案。高压涡轮后轴承通过中介支点支承于低压涡轮轴上，减少了一个承力框架。这种采用了中介支点的支承方案能取消高压涡轮前、后承力框架结构，使得发动机结构简单、长度缩短、重量轻。

1）No. 1 和 No. 2 支点轴承

图 3.36 是 CFM56-3 发动机的 No. 1 支点和 No. 2 支点。No. 1 支点滚珠轴承安装在轴承衬套 5 上，而后固定在风扇轴 3 上。No. 1 支点轴承后侧的滑油供油喷嘴将滑油喷射到轴承衬套后侧的收油环处，滑油在离心力的作用下流经轴承衬套 5 向 No. 1 支点供油。在 No. 1 支点前侧设计有滑油挡板，在轴承工作时避免滑油直接向前封严箅齿喷射，引起滑油泄漏。

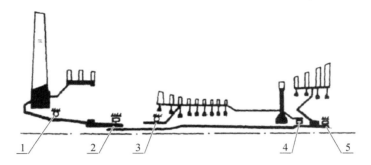

图 3.35　CFM56 发动机转子支承方案

1. No.1 支点滚珠轴承；2. No.2 支点滚棒轴承；3. No.3 支点滚珠轴承；
4. No.4 支点滚棒轴承；5. No.5 支点滚棒轴承

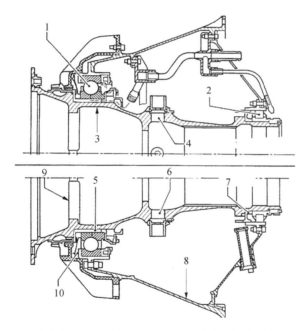

图 3.36　CFM56 - 3 发动机 No.1 和 No.2 支点

1. No.1 支点滚珠轴承；2. No.2 支点滚棒轴承；3. 风扇轴；4/6. 油气分离器；
5. 轴承衬套；7. N1 测速机构；8. 轴承座；9. 反拧结构；10. 滑油挡板

No.2 支点为滚棒轴承，该轴承直接固定在风扇轴上。No.2 支点轴承采用侧喷供油，滑油通过轴承后侧的滑油供油喷嘴向 No.2 支点供油。在 No.2 支点轴承前设计了 N1 转速机构，在发动机工作时，固定在轴承座上的测速探头通过检测转子部件上齿数的信号测量低压转子转速。在两个支点之间设计了油气分离器 4。发动机在高速转动的过程中，掺混在油雾中的油滴颗粒在离心力的作用下被向外甩出，剩余的空气通过低压涡轮轴中心向发动机后侧排出。

2）No. 3 支点轴承

图 3.37 是 CFM56 - 7 发动机的 No. 3 支点。在滚珠轴承和滚棒轴承之间设有滑油供油喷嘴,采用侧喷的方式分别对两个轴承进行冷却。在滚棒轴承后侧封严衬套前端设置了一个较高的篦齿,避免滚棒轴承甩出的滑油直接向后侧篦齿冲击,引起滑油泄漏。

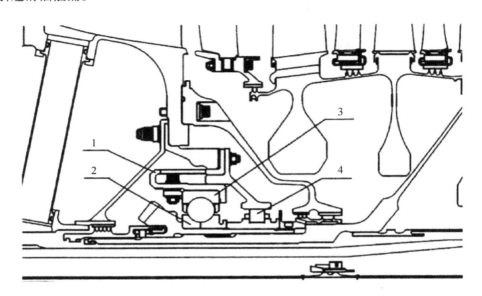

图 3.37　CFM56 - 7 发动机 No. 3 支点
1. 弹性支承;2. 分半式轴承内环;3. 滚珠轴承;4. 滚棒轴承

在用于波音 737 飞机的 CFM56 - 3 发动机中,由于高压压气机前滚珠轴承经常出现故障,曾多次引起发动机空中停车,因此在以后的型号 CFM56 - 5/7 中,No. 3 支点采用了滚珠轴承、滚棒轴承并用的设计,让滚棒轴承承受转子的径向负荷,而滚珠轴承仅承担转子的轴向负荷。

3）No. 4 和 No. 5 支点轴承

位于涡轮盘附近的支点由于处于高温环境下,同时还有大量的热量从涡轮叶片流经轮盘、轴颈传递到轴承上,对轴承工作十分不利,所以需要通过滑油系统或空气系统的综合设计降低高温区域的热传导和辐射。

CFM56 - 7 发动机高压涡轮后支点通过中介轴承支承在低压涡轮转子上,并将载荷传递到涡轮后机匣上。图 3.38 中的高压涡轮后滚棒轴承 2 是中介轴承,为了降低高温环境的影响,轴承安装在衬套上,并通过螺栓与低压涡轮轴相连。滑油通过供油槽 3 在离心力作用下把低压涡轮后滚棒轴承 4 内集油腔的滑油甩到轴承 2 的内环下,对高压涡轮后滚棒轴承进行冷却,同时滑油阻隔了低压涡轮轴向中介轴

图 3.38　CFM56 - 7 发动机 No. 4、No. 5 支点

1. 冷却空气孔；2. 高压涡轮后滚棒轴承；3. 供油槽；4. 低压涡轮后滚棒轴承

承的热传导。

来自风扇增压级后的高压空气，通过空气导管进入高压涡轮后轴颈上的孔 1 处，而后该股温度较低的高压空气继续向后流动，通过低压涡轮后轴承颈上的孔 5，分别进入后轴承腔和缓冲腔，最终从低压涡轮后排出。在该股低温气流经高压涡轮后轴颈和低压涡轮后轴颈的过程中，分别对轴颈进行了强制的冷却，降低了热量通过涡轮轴颈向轴承传递的幅度。同时高压空气还隔绝了涡轮腔内的热空气向轴承腔泄露的可能，确保在各种工况下轴承的正常工作。

3.4　承力框架及承力机匣

3.4.1　承力机匣的设计边界和接口

图 3.39 为承力机匣与其他系统的约束关系。发动机整机方面，承力机匣的设计受传动系统、外部系统、滑油及空气系统的约束。承力系统方面，承力机匣受支承结构的约束，具体分析如下。

各系统提供的边界条件如下。

（1）支承结构：支承结构空间限制；支承结构载荷限制。

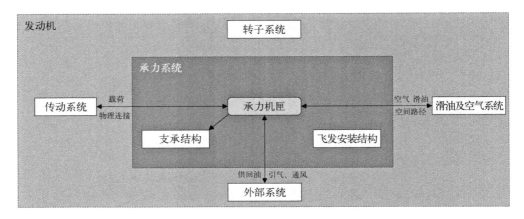

图 3.39　承力机匣的设计边界分析

（2）传动系统：附件机匣空间限制；附加机匣吊装载荷限制；中央传动杆空间限制。

（3）滑油系统：滑油管路空间限制；滑油回油油池空间限制；滑油温度限制。

（4）空气系统：空气流通路径限制；空气流量限制：空气温度限制。

（5）外部系统：外部空间限制；使用维护空间限制；外部结构吊装载荷限制。

（6）飞发安装结构：外廓空间限制；机械接口限制。

承力机匣与各系统之间的接口关系如图 3.40 所示。

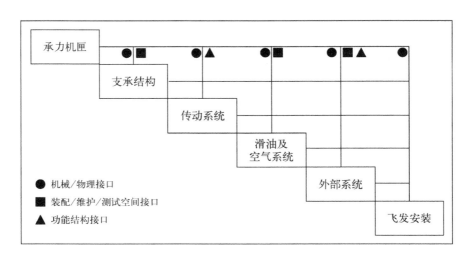

图 3.40　承力机匣与各系统之间的接口关系

3.4.2　典型承力框架及机匣

1. 小涵道比发动机

图 3.41 为某小涵道比发动机的结构简图,该型发动机承力框架包括进气机匣承力框架、中介机匣承力框架和涡轮后承力框架。其承力机匣包括风扇机匣、高压机匣、主燃烧室机匣、涡轮机匣、外涵机匣、加力燃烧室机匣。发动机的主装节位于中介机匣,辅助安装节位于加力筒体上的外环承力环处。采用内涵和外涵平行传力方案。

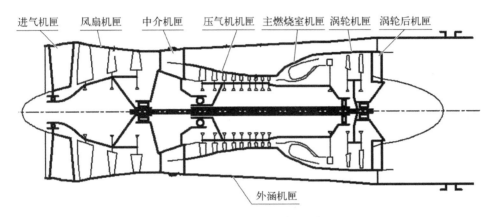

进气机匣　风扇机匣　中介机匣　压气机机匣　主燃烧室机匣　涡轮机匣　涡轮后机匣

外涵机匣

图 3.41　典型小涵道比发动机的承力框架及机匣

1) 进气机匣

如图 3.42 所示,进气机匣由外机匣、进口整流叶片、可调导叶、轴承座、前支点滚珠轴承等零组件组成。由于进气机匣位于发动机前端,受到工作位置和工作环境的限制,进气机匣具备流量调节、防冰和抗外物打伤的功能。低压转子的载荷通过前支点滚珠轴承、进口整流叶片和外机匣向后传递到中介机匣,最后经由主安装节传递到飞机上。

2) 中介机匣

如图 3.43 所示,中介机匣由外机匣、承力支板、分流环、轴承锥和轴承座等零组

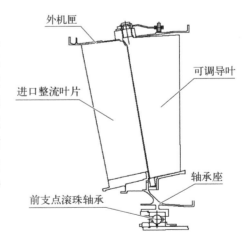

外机匣

可调导叶

进口整流叶片

轴承座

前支点滚珠轴承

图 3.42　某小涵道比发动机的进气机匣

件组成。高、低压转子的径向载荷和部分轴向载荷通过轴承、轴承锥传递到中介机匣,高、低压压气机机匣的轴向载荷分别传递到中介机匣上,以上载荷相互叠加后,经由主安装节传递到飞机上。

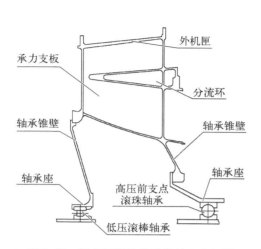

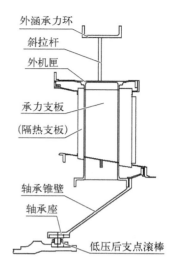

图 3.43　某小涵道比发动机的中介机匣　　　图 3.44　某小涵道比发动机的
　　　　　　　　　　　　　　　　　　　　　　　　　　　　涡轮后机匣

3）涡轮后机匣

如图 3.44 所示,涡轮后机匣由外涵承力环、斜拉杆、外机匣、承力支板、轴承锥壁、轴承座等零组件组成。低压转子后支点的径向载荷通过轴承锥壁、承力支板、斜拉杆、外涵承力环向外传递,通过外涵机匣向中介机匣传递。涡轮后支板处于高温区,在工作过程中由于温度变化会产生较大的热变形,在承力框架设计时必须进行必要的冷却或隔热设计,减少温度对于承力框架的影响。

4）风扇机匣

如图 3.45 所示,风扇机匣由机匣和静子叶片等零组件组成。风扇机匣主要承受内部压力载荷、进气机匣所传递的载荷,以及安装在其外侧的附件的载荷。风扇机匣位于进气机匣与中介机匣之间,主要功能为形成气流通道、承受并传递载荷。另外,风扇机匣位于发动机前端的低温区,为非传动附件和管路提供了良好的安装

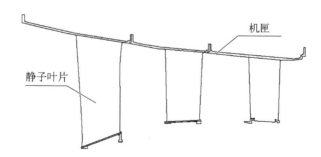

图 3.45　某小涵道比发动机的风扇机匣

环境,在结构设计时应充分考虑附加的载荷对机匣变形的影响。

5）高压压气机机匣

如图 3.46 所示,高压压气机机匣由前机匣、延伸机匣、后机匣、承力环、静子叶片等零组件组成。高压压气机主要承受内外压差载荷、静子叶片产生的轴向载荷及扭转载荷。高压压气机机匣的主要功能为形成气流通道、承受压力载荷并传递后端部件的载荷。由于高压压气机效率对于间隙影响十分敏感,所以在现代发动机设计中,在压气机后面级大多采用双层机匣,即将传力功能和性能流道的功能分开,降低过渡态整机变形对高压间隙变化的影响。另外,高压压气机机匣及叶片常采用钛合金材料,在发动机非正常工作过程中若出现叶片与机匣的摩碰情况,将引起钛合金着火问题,因此在结构设计时需要关注防"钛"火功能。

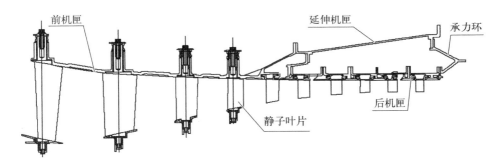

图 3.46　某小涵道比涡扇发动机的高压压气机机匣

6）主燃烧室机匣

如图 3.47 所示,主燃烧室机匣主要由外机匣、扩压器、内机匣等零组件组成。主燃烧室机匣主要承受机匣内外壁面的压差载荷、涡轮机匣传递的轴向载荷以及由高温产生的热应力。主燃烧室机匣的主要功能是形成气流通道、承受压力载荷并传递后端部件的载荷。主燃烧室机匣的内侧压力为发动机所承受的最高压力,

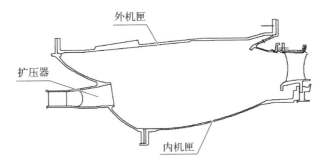

图 3.47　某小涵道比发动机的主燃烧室机匣

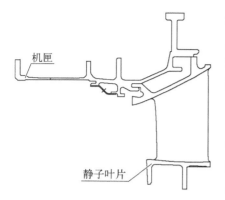

图 3.48　某小涵道比发动机
的涡轮机匣

在极限情况下,主燃烧室机匣应具备足够的强度裕度。此外,主燃烧室机匣前后安装边要实现高温、高压气体的密封功能,要关注连接螺栓的热疲劳问题。

7）涡轮机匣

如图 3.48 所示,涡轮机匣主要由机匣、静子叶片等零组件组成。涡轮机匣主要承受机匣内外壁面的压差载荷、静子叶片传递的载荷以及由高温产生的热应力。

2. 高涵道比发动机

以 CFM56-2 发动机为例介绍典型高涵道比发动机的承力系统。该型发动机的承力框架包括中介机匣承力框架和涡轮后机匣承力框架,承力机匣包括风扇机匣、高压压气机机匣、主燃烧室机匣和涡轮机匣。具体结构如图 3.49 所示。

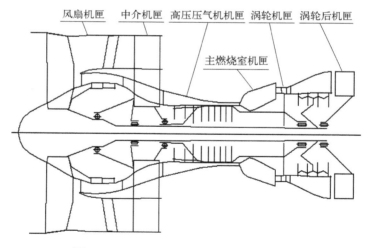

图 3.49　CFM56 发动机的承力框架及机匣

1）风扇机匣

如图 3.50 所示,风扇机匣由整流叶片、分流环和机匣等零组件组成。在高涵道比发动机风扇机匣设计时,主要考虑在叶片飞失情况下机匣的包容能力。如图 3.51 所示,CFM56-2 发动机风扇机匣外径上设计有四条环形加强肋,以增加机匣的刚性和包容能力,在与风扇叶片相对的机匣内侧装有用易磨材料做成的摩擦带,避免工作中叶冠与机匣直接摩碰。另外,在风扇叶片后出口、后固定有声学衬套以降低风扇噪声。

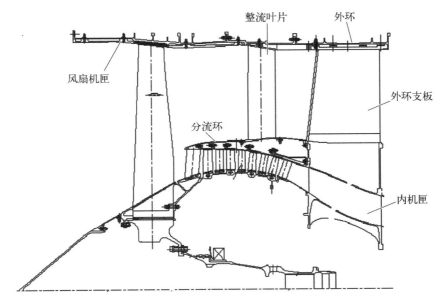

图 3.50　CFM56-2 发动机的风扇机匣及中介机匣

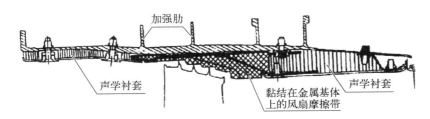

图 3.51　CFM56-2 发动机风扇包容环

2）中介机匣

中介机匣由外环、外环支板和内机匣等零组件组成。高、低压转子载荷通过轴承中介机匣,高压压气机机匣的轴向载荷传递到中介机匣安装边上,以上载荷相互叠加后经由主安装节传递到飞机上。

3）高压涡轮机匣

高压涡轮机匣由内机匣、外环块等零组件组成(图 3.52)。CFM56-2/3 发动机高压涡轮机匣与燃烧室机匣后段组成了盒形结构。燃烧室机匣后段位于外涵流场中,环境温度较低,而内机匣位于主流道外侧,机匣温度较高。在发动机实际工作过程中,两层机匣的温度差很大,由于机匣热膨胀的幅度不同而在机匣中产生较大应力。在 CFM56-3 发动机实际使用过程中曾经多次出现机匣裂纹问题,后期 CFM 公司通过更换机匣中段材料并改进焊接工艺、改善热变形不协调的问题,排除了机匣裂纹故障。

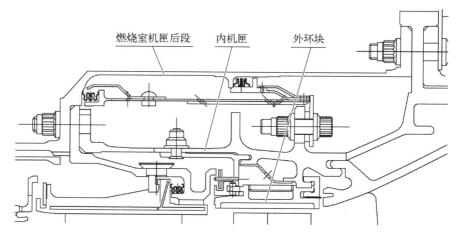

图 3.52　CFM56 - 2 发动机的涡轮机匣

3.4.3　机匣连接结构密封性

由于具有拆卸方便、强度高和可靠性好的特点,法兰-螺栓密封结构作为重要的连接形式被广泛应用于石油、化工、航空航天、核能等行业的机械设备上。

典型的螺栓法兰密封结构由法兰(连接件)、垫片(密封元件)及螺栓(连接件)三部分组成,如图 3.53(a)所示。螺栓法兰密封结构的密封机理为:螺栓预紧载荷作用在法兰密封面与垫片的接触面上,垫片产生弹塑性变形用于填充密封表面的各种宏观和微观缺陷,以阻断流体介质通过法兰来实现密封性。

航空发动机机匣之间的安装边连接结构是螺栓法兰连接的应用之一。机匣是发动机的承力构件,也是形成发动机气流通道的主要构件,安装边连接结构不仅要

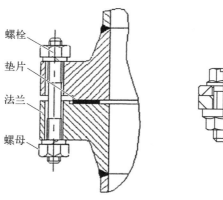

螺栓
垫片
法兰
螺母

(a) 典型压力容器螺栓法兰连接

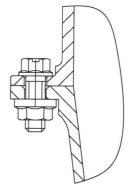

(b) 机匣安装边螺栓连接

图 3.53　典型螺栓法兰连接和机匣连接结构形式对比

具有足够的连接刚度和强度,还需满足气体密封性要求。

1. 结构特征

在航空发动机机匣连接结构设计过程中,为保证连接具有足够的强度和刚度,使在所有工作条件下机匣的相互连接定位可靠,防止变形影响转静子间隙及同心度,机匣之间基本只能采用金属面直接接触的螺栓法兰连接方式,通常称为安装边螺栓连接结构,如图 3.53(b)所示。

航空发动机各级机匣间的连接和密封结构设计几乎全部采用带止口的法兰-螺栓连接结构。一般不采用密封垫片,这是由于发动机使用条件受高温、高压、高负荷的限制,对安装边密封件的使用条件更加苛刻,如果材料出现老化和损伤,会显著增加泄漏风险。发动机工作过程中,安装边要承受较高的内压并且要传递发动机的轴向力、扭矩和振动负荷。安装边连接结构设计要求包括有足够的连接刚度和强度,满足机匣定心和气体密封性要求,同时要结构简单、重量轻。

常见的发动机机匣安装边结构形式如图 3.54 所示。其主要的结构特征就是带有止口,用于定心、定位和提高封严性,另外,在法兰转接部位设计有过渡台阶和延伸过渡结构,以进行局部加强,增加其抗变形能力,保证封严效果。

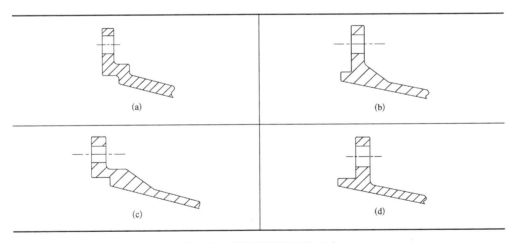

图 3.54　机匣安装边结构形式

2. 密封控制

安装边法兰-螺栓连接结构的主要参数是螺栓孔分布节圆直径、安装边外径、安装边内径、螺栓孔径、安装边厚度、紧固螺栓直径、安装边螺栓孔数、螺栓间距、螺栓拧紧力矩。设计发动机时,这些尺寸的选择并没有明确的理论,主要根据现有发动机的经验以及总结的经验公式。

在安装边接触面上由于螺栓预紧力产生的安装边预紧压强是影响其密封性的

主要因素。安装边预紧压强在安装边接触面上的分布是不均匀的,靠近螺栓孔位置的预紧压强比远离螺栓孔位置的预紧压强大。为便于分析,引入安装边接触面平均预紧压强 σ,其计算公式为

$$\sigma = \frac{n \times T}{A_r} \tag{3.19}$$

式中, n 为安装边连接螺栓数; A_r 为安装边接触面积; T 为螺栓预紧力。

由式(3.19)可以认为螺栓预紧力产生的安装边接触面平均预紧压强 σ 是机匣安装边螺栓预紧力、安装边连接螺栓数和安装边接触面积的综合反映。图3.55是某发动机机匣安装边接触面平均预紧压强的统计分布情况,可以看出,从低压力区流道安装边至高压力区流道安装边,安装边接触面平均预紧压强是逐渐增大的。因此开展安装边接触面接触压强和接触变形分析是安装边密封性和可靠性设计的重要内容之一。

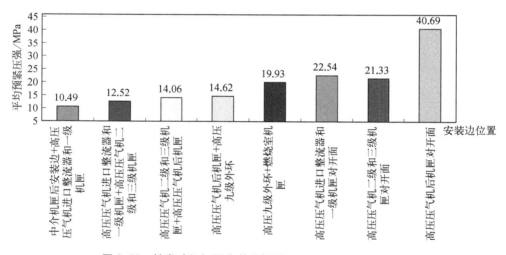

图3.55 某发动机机匣安装边接触面平均预紧压强的分布

3.5 飞发安装结构

3.5.1 结构组成

安装节是指飞机与发动机的连接点,可将发动机载荷传递到飞机上。飞发安装结构设计属于飞发综合设计的范畴,发动机安装节的选择主要取决于发动机在飞机上的安装方案,而安装节的最终确定和设计是飞发反复协调和折中的结果。对于发动机承力系统而言,飞发安装结构设计主要涉及发动机主、辅安装平面的布

置,安装节数量和位置的布置,以及安装节结构设计三方面问题。

3.5.2　飞发安装结构的功能

（1）发动机安装结构设计最终要满足飞机对动力装置布置和发动机在飞机上安装的基本技术要求,以保证发动机在飞机的各种使用环境和飞行状态下都能正常工作。

（2）发动机安装结构要有足够的强度,能够承受飞机在各种大气条件和各种状态下飞行时以及发动机在各种状态下工作时所产生的各种载荷,同时还要有合适的刚性,能够补偿发动机在各种状态下工作时所产生的热变形和机械变形。

（3）使飞机重量和气动阻力的增量要尽可能地减小,保证发动机的特性得以充分发挥,并与飞机机体特性实现最佳匹配,从而获得优良的飞机性能。

（4）应能保证发动机在各种工作状态下自由进行热膨胀,并能补偿发动机的温度变形和位移。

（5）保证发动机装拆方便,并在技术检视和维护过程中容易接近其所有附件。

（6）安装结构应满足发动机总体提出的寿命、轮廓尺寸、重量指标要求。

3.5.3　设计边界和接口关系分析

图 3.56 为飞发安装结构与其他系统的约束关系。飞机设计方面,飞发安装结构设计受飞机承力结构方案和飞发安装维护方案的约束;发动机整机方面,飞发安装结构受外部系统在维护空间的影响;承力系统方面,飞发安装结构受承力机匣、支承结构的影响,具体分析如下。

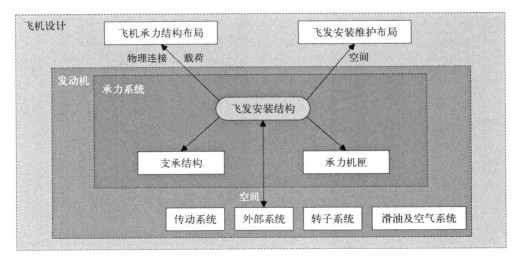

图 3.56　飞发安装结构的设计边界分析

各系统提供的边界条件如下。

（1）飞机承力结构及飞发安装维护。飞发安装结构外廓空间限制;结构载荷限制。

（2）外部系统。飞发安装结构外廓空间限制。

（3）承力机匣。飞发安装结构空间限制;飞发安装结构载荷限制;飞发安装结构形式限制。

飞发安装结构与各系统之间的接口关系如图 3.57 所示。

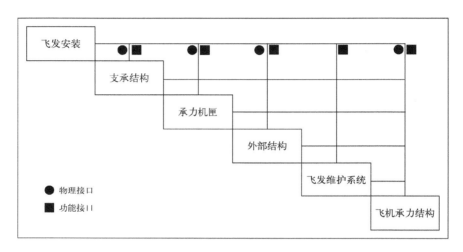

图 3.57　飞发安装结构与各系统之间的接口关系

3.5.4　设计原则

（1）安装节能承受飞机给出的载荷要求,并按规范的要求有足够的强度和刚度裕度。

（2）承力机匣在安装节处在正常的载荷下不能出现局部塑性变形。

（3）推力安装节的最佳位置应分布在主承力机匣水平中心线的两侧,以消除推力载荷偏离水平中心线所引起的对发动机的弯矩。

（4）安装节应尽可能设置在坚固且温度较低的发动机承力机匣上,并尽可能将安装节处的集中载荷扩散为机匣上的分布载荷。

（5）安装节设计应该便于发动机在飞机上的装拆与使用维护。

3.5.5　设计要素

1. 中小涵道比发动机飞发安装结构

1）发动机在飞机中的安装

中小涵道比涡扇发动机在飞机中通常采用"举升式"或"钻山洞式"的飞发安装方式(图 3.58～图 3.60)。对于高机动性战斗机,飞机需要较强的整体刚性。

图 3.58 EJ200 在"台风"飞机中的举升式安装

图 3.59 F100 在中 F15/F16 飞机中的钻山洞式安装

图 3.60 钻山洞式安装

采用钻山洞式飞发安装方式,不破坏飞机承力框架的整体性,对飞机设计较为有利。但是需要考虑飞发安装过程中,如何方便地调整发动机的安装位置,同时考虑飞发维护空间的整体布局。

2) 发动机的维护方案

对于举升式安装,发动机的主要附件系统布置在发动机的一侧。在发动机维护过程中,维护人员打开飞机下方的维护门,主要附件和维护点直接可达,使得发动机具备良好的维护性(图 3.61)。

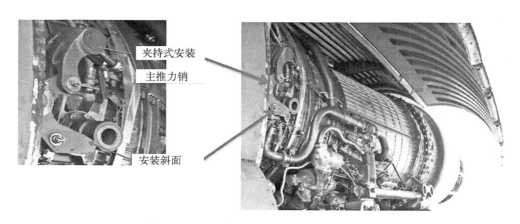

夹持式安装
主推力销
安装斜面

图 3.61   F101 在 B-1B 飞机中的举升式安装

对于钻山洞式安装,在飞机机身上预留了若干大小不同的维护口盖(图 3.62)。在维护时打开口盖对主要维护点进行维护。相对于举升式飞发安装方式,维护点的敞开性差,维护相对困难。

3) 安装平面的布置

如图 3.63 所示,现代涡喷涡扇发动机通常设计有两个或两个以上的安装截面,其中只有一个安装截面作为主安装截面传递惯性载荷和推力载荷,其余安装截面只传递惯性载荷。发动机主安装截面的位置对整机载荷分布和传递有重要影响。理想的主安装截面应该位于发动机重心附近的承力机匣上,并且主推力销所在平面距发动机水平轴线的径向距离最小,可是当发动机的安装节与飞机的总体布局和承力框架不一致时,需要飞发双方协调得到双方都能接受的最佳的折中设计。

早期的战斗机由于采用的发动机较长或者飞机维护方式是分解后机身的方式,常常使用多个安装截面,如我国的涡喷-6 发动机配装歼-6/强-5 系列飞机、涡喷-13F 发动机配装歼-7 系列飞机和涡喷-14 发动机配装歼-8IIF 飞机。现在较为先进的军/民用喷气式航空发动机由于更加紧凑,而且出于提高可靠性和可维护性考虑,均采用两个安装截面的设计,例如,CFM56 系列发动机主安装截面布

图 3.62　苏 - 27 飞机两侧的发动机维护口盖

图 3.63　发动机安装平面的布局

置于发动机中介机匣,辅助安装截面布置在涡轮后机匣;F110 发动机(配装 F16 飞机)主安装截面布置于外环机匣后侧的外环承力环,辅助安装截面布置在中介机匣。

4) 安装节的结构形式

推力销是飞发之间连接、定位和传递载荷的主要零件。根据推力销安装方式的不同将安装节分为"插销式"和"抱轴式"两种。

插销式安装是指从机体结构两侧插入推力销以连接机身结构和发动机主安装节,与发动机的连接多采用推力销与球窝连接形成球铰结构,与飞机机身的连接多采用圆柱面小间隙配合,在机身结构外侧固定,如图 3.64 所示。俄罗斯多数军用飞机采用插销式连接方式。

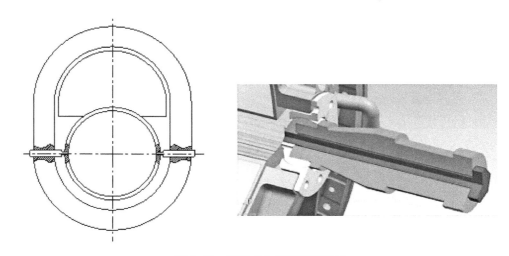

图 3.64　插销式主安装节示意图

插销式安装结构的优点是传力直接,发动机推力以机身结构上推力销安装孔处的支反力的形式传递到机身结构上,结构简单、可靠性高、结构效率高;缺点是该安装形式要求在装拆过程中飞发之间比较精准地定位,当发动机安装时视线不可达,不易对准推力销孔位置,需要专用工具,且推力销与机身安装孔为小间隙配合,频繁拆装容易使推力销安装孔处的衬套受到损伤。

抱轴式安装是在发动机舱壁承力构件上布置有抱轴装置,将推力销一端插入发动机主安装节处的孔径中,另一端通过抱轴装置的开合与抱紧动作实现与机身结构固支,如图 3.65 所示。欧美系军用飞机采用抱轴式连接方式。

抱轴式安装结构的优点是占用的机体空间小,发动机推力销凸出发动机表面,通过夹持的方式实现与推力销的连接,因此在装拆过程中不需要飞机和发动机精准地定位,可维护性好,所需的安装维护空间较小;缺点是相对插销式安装,抱轴装

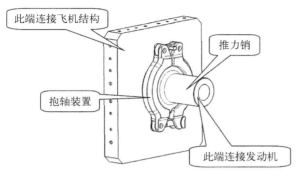
(a) F-22飞机抱轴式安装示意图

(b) B1-B飞机抱轴装置

图 3.65　典型抱轴式主安装节结构

置结构复杂,传力不直接,对结构本身的可靠性要求较高。

5) 辅助安装节的结构形式

辅助安装节通常只传递惯性载荷,其结构多采用"拉杆+球铰"结构,如图 3.66 所示。根据飞发安装结构的布局确定拉杆的类型和位置。

6) 安装节的数量及位置布置

当前中小涵道比涡扇发动机普遍采用"双推力销"或"单推力销"方案。

双推力销方案是指将推力销布置在发动机的水平两侧(或侧下方),这样做的

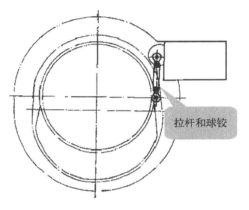
图 3.66　辅助安装节

优点是推力销合力作用于发动机推力线上,在承力机匣中不产生附加弯矩。发动机结构设计简单,结构效率高,整机重量轻。

单推力销方案是指在主安装平面上仅布置一个推力销,这种方案的整机推力不作用在推力线上,将在承力系统中产生很大的附加弯矩,传力不均匀,需要对传力路线上的结构进行加强。

双推力销和单推力销两种方案的发动机安装节受力情况如图 3.67 所示。

表 3.4 是典型飞发安装系统布局统计,从表中可以获得如下结论:① 根据飞机总体布局的需要,主安装平面可以布置在任意主承力框架所在平面;② 推力在 10 000 kgf 以上的发动机普遍采用双推力销方案;③ 飞发间连接点的数量和位置由安装系统布局决定,连接点数量多有利于减小承力系统的应力集中,但不利于发动机安装和维护。

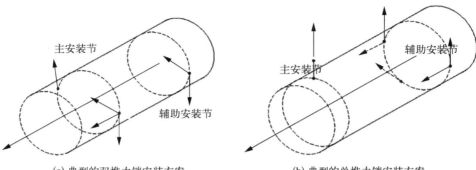

(a) 典型的双推力销安装方案　　　　　(b) 典型的单推力销安装方案

顺航向为正

图 3.67　发动机安装节受力分析

表 3.4　典型飞发安装系统布局设计

类型	型号	主安装截面					辅助安装截面			最大推力/kN
		截面位置	推力销位置	推力销数量	拉杆数量	连接方式	截面位置	拉杆位置	拉杆数量	
双推力销	F101	进气机匣	水平偏下两侧	2	0	抱轴式	涡轮后机匣	正上方	1	130
	АЛ−31Ф	中介机匣	水平两侧	2	0	插销式	加力筒体	水平一侧	1	125
	F110	涡轮后机匣	水平两侧	2	1	抱轴式	中介机匣前端面	正上方	1	142
	F100	涡轮后机匣	水平两侧	2	1	抱轴式	中介机匣前端面	正上方	1	129
	F136	涡轮后机匣	水平两侧	2	1	抱轴式	进气机匣	侧下方	2	180
	F118	涡轮后机匣	水平两侧	2	1	抱轴式	进气机匣	正上方	1	143
	F119	喷管前	水平两侧	2	1	抱轴式	中介机匣前端面	正上方	1	155
单推力销	EJ200	中介机匣	正上方	1	2	插销式	涡轮后机匣	正上方	1	90
	RB199	中介机匣	正上方	1	2	插销式	涡轮后机匣	正上方	1	71
	斯贝 202	中介机匣	水平一侧	1	1	抱轴式	外涵承力环	侧下方一侧	2	91

2. 高涵道比发动机飞发安装结构

1）飞发安装方式

图 3.68 为 C-17 军用运输机,图 3.69 为波音 787 民用客机。高涵道比发动机在飞机中通常采用翼吊式安装(图 3.70)。安装过程中使用发动机举升架车将发动机举升到指定位置,然后连接飞发之间的各个连接点。使用该种方案便于发动机的维护。

图 3.68　C-17 军用运输机

图 3.69　波音 787 客机

(a) F117A-PW-100在C17上的安装　　　　　　(b) 发动机举升架车

图 3.70　高涵道比发动机在飞机上的安装

2）发动机的维护

在航空发动机总体布局设计时,将主要附件集中布置于核心机舱和附件机匣上(图3.71)。在维护过程中,维护人员依次打开发动机短舱外罩、外涵机匣外罩、外涵机匣内罩,即可到达发动机主要维护点。在维护点附近有宽阔的空间,维护性良好。

图 3.71　高涵道比发动机在飞机上的维护

3.5.6　典型飞发安装系统

1. 小涵道比发动机

1）AЛ-31Ф发动机在苏-27系列飞机上的安装

苏-27系列飞机是苏联的重型第三代制空战斗机或战斗轰炸机,其采用中单翼两发动机舱分别下置于翼身融合处的基本布局形式。这种布局使得每一个发动机舱对应发动机中介机匣水平线两侧的位置均有较大维护空间,而且此处正好位于主翼与飞机翼身的融合处,便于飞机主承力框架与发动机主安装节的协调。AЛ-31Ф发动机的主安装平面位于中介机匣处,两个安装节球铰位于中介机匣水平两侧,推力销从机体两侧插入,推力销一端与安装节球窝连接形成球铰结构,另一端与飞机主承力框架连接,采用圆柱面小间隙配合。靠飞机外侧的主安装节球铰设计有螺栓拉紧结构,以实现与推力销的紧固,从而限定发动机的水平位置。内侧主安装节球铰允许与推力销在一定范围内滑动,以补偿结构热变形。

同时在飞机的水平尾翼处也有较好的维护空间,方便辅助安装节的布置,水平尾翼和垂直尾翼的结构也可以为辅助安装节提供便利的传力路线(图3.72、图3.73)。

AЛ-31Ф发动机安装系统布局对于发动机是较为理想的。主安装平面位于刚性较强的中介机匣处,有利于集中载荷分布到机匣上;中介机匣处温度较低,安装节不会因发动机不同的工作状态而产生较大热变形;两个主安装节位于水平两侧,发动机推力不会给机体带来附加弯矩;主安装节承受发动机轴向、径向和垂向三个方向上的载荷(图3.74)。辅助安装平面位于发动机加力筒体外环,在外侧

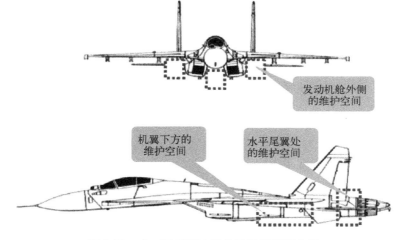

图 3.72　苏 – 27 系列飞机发动机舱周围空间

图 3.73　AЛ – 31Ф 发动机在苏 – 27 系列飞机上的安装

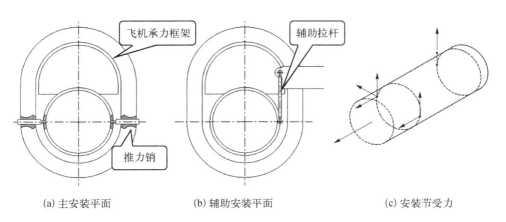

(a) 主安装平面　　　　　(b) 辅助安装平面　　　　　(c) 安装节受力

图 3.74　AЛ – 31Ф 发动机主/辅安装平面

的拉杆只承受垂向载荷,在垂向的机动载荷作用下,辅助安装节载荷相对发动机旋转中心线产生附加扭矩,需要由主安装节两侧的垂向载荷平衡,导致两个主安装节的载荷相差悬殊,同时也使加力筒体、外涵机匣等薄壁外机匣承受附加扭矩。

АЛ-31Ф 发动机主安装节的优点是传力直接,推力以机身结构上推力销安装孔处的支反力的形式传递到飞机结构上,结构简单、可靠性高、结构效率高;缺点是该安装形式要求发动机在装拆过程中飞发之间比较精准地定位,当发动机安装时视线不可达,不易对准推力销孔位置,需要专用工具,且推力销与机身安装孔为小间隙配合,频繁拆装容易使推力销安装孔处的衬套受到损伤。另外,АЛ-31Ф 主推力销需要从发动机两侧水平安装,推力销穿过飞机承力框架上的安装孔插入发动机安装节球铰中,所以发动机两侧需要一定的安装维护空间。

2) 换发流程

下面对发动机在飞机上的换发流程进行分析,图 3.75、图 3.76 为某飞机换发主要工作流程,其主要工作过程包括: ① 油封发动机;② 打开发动机舱口盖,将驾车拖动到指定位置;③ 分解推力销、吊挂拉杆、各连接件及 PTO 轴(传动轴);④ 拖出发动机;⑤ 将新发动机推到指定位置;⑥ 安装推力销及 PTO 轴;⑦ 启封发动机;⑧ 外场试车;⑨ 关闭发动机舱口盖。

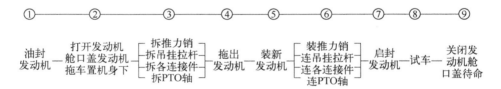

图 3.75　飞机换发主要工作流程图

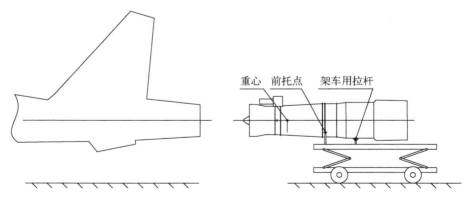

图 3.76　某发动机安装过程示意图

АЛ-31Ф 安装结构可以简称为"两推力销一吊点"的三点定位静定结构,结构简单,存在以下特点。

（1）采用钻山洞式安装在实际操作的过程中对地勤人员的要求比较高。为了保证飞机机体结构的紧凑以实现小的迎风面积,战斗机的发动机与内舱壁之间的间隙一般都十分狭小,这样在钻山洞过程中,5 m 多长的发动机只从后面飞发之间的狭缝和少量的几个观察口盖来了解发动机周围的间隙情况是比较困难的,因此这种方案要求操作员的熟练程度较高,并且经验丰富。

（2）苏-27 系列飞机在换发过程中使用专用的带滑轨的架车进行,实际上飞机和发动机之间没有直接定位,这样一来飞机的姿态调整情况、架车的相对位置、发动机在架车上的安装就都对钻山洞式安装和主安装节的安装产生影响(辅助安装节由于自由度较高,空间可达性也较好,因此通常不是难点),这样在实际操作中就需要调节架车上的各种补偿机构,过程比较烦琐。

（3）为了尽可能靠近飞机既有的承力结构,辅助安装节被设计在发动机的侧面,这样后侧拉杆对发动机产生了周线方向的附加扭矩,同时引起了两个主安装节的载荷不平衡,这种情况当飞机进行机动飞行时尤为明显。

2. 高涵道比发动机

CFM56 发动机在飞机中采用翼吊式安装方案。在核心机舱、外涵机匣外罩和短舱外罩依次打开后,维护人员可以直接到达附件机匣、核心机内的各个维护点,可达性好,维护效率高。

民用机场具备良好的维护条件和完善的维护设施。图 3.77 中的外场转运车具备减振、液压式多自由度调节等功能。图 3.78 是 CFM56 发动机内场转运车,具备减振、转向、便于转运的功能。

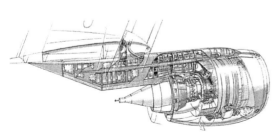

图 3.77 CFM56 发动机飞发安装

CFM56 发动机为了满足不同型号飞机的需要,在设计中同时考虑了翼下安装和翼下侧面安装两种布局。不同的安装形式中飞发安装系统的安装位置和载荷情况如图 3.79 所示。

第一种翼吊式安装方案,主安装节设置在中介机匣内环后端面上,辅助安装节

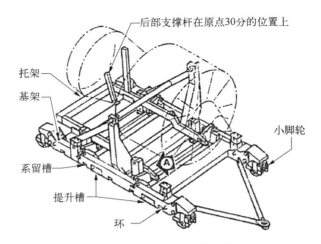

图 3.78　CFM56 发动机内场转运车

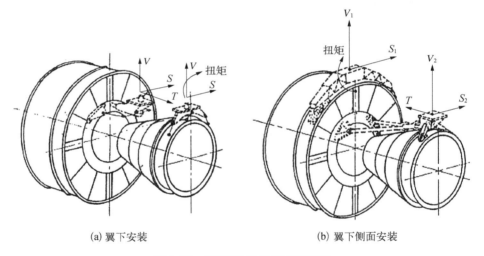

(a) 翼下安装　　　　　　　　　　　　　(b) 翼下侧面安装

图 3.79　CFM56 发动机安装布局

设置在涡轮后机匣上。发动机推力由主安装节传递,扭矩主要由辅助安装节传递,发动机重量、垂直过载和侧向力由主、辅安装节共同承担。

　　第二种翼吊式安装方案,辅助安装节设置在中介机匣外环上,主安装节设置在涡轮后机匣上。发动机推力由主安装节传递,扭矩主要由辅助安装节传递,发动机重量、垂直过载和侧向力由主、辅安装节共同承担。

　　通过比较分析两种安装方案可知以下结论。

　　(1) 发动机的迎风面积:在第二种安装方案中,辅助安装节固定在中介机匣外环上,导致发动机上方轮廓增大,增加了发动机的迎风面积,从这一点看,第一种安装方案对减小发动机的迎风面积更为有利。

（2）机匣变形：在第二种安装方案中,辅助安装节固定在中介机匣外环上,导致中介机匣外环直径较大,刚性差,容易引起机匣变形。

（3）发动机的高度：在飞机机翼高度一定的情况下,第一种方案可以提高发动机在飞机上的高度,使发动机远离飞行跑道,能够降低外来物被吸入进气道的概率。

（4）发动机的整体刚性：在第二种安装方案中,主安装节中的两个推力杆穿过核心机固定在中介机匣内环后端面上,增加了发动机的整体刚性。

第 4 章
转子系统及连接结构设计

    航空发动机是由不同材料、不同构型的构件通过界面连接而形成的复杂结构系统,其在工作过程中所承受的气动、机械、温度、机动等载荷环境的影响,会对连接结构的内部应力分布和结构系统的力学性能产生一定的分散性影响。

4.1 结构系统与界面损伤

4.1.1 结构系统非连续性

    结构系统(structural system)指航空发动机中由两个或多个构件通过界面配合、连接而成的结构组合体,包括组件、部件和整机。结构系统的力学特性是由各组成构件的力学特性与连接界面的力学特性共同作用形成的,在一定的工作载荷环境下,需要考虑结构连接界面对结构系统力学特性的影响。

    在航空发动机这一复杂结构系统中,为了完成特定的任务和功能,相应的组件、部件往往具有相匹配的结构与载荷特征,使得同类的结构系统具有相似的力学特性和设计要求。根据结构特征、载荷类型与失效模式不同,航空发动机中的结构系统可以分为转子-支承结构系统和承力结构系统。

    转子-支承结构系统(也称转子结构系统,简称转子系统)是指叶片、轮盘、轴段及支承通过界面配合、连接形成的转子轴系。转子系统通常承受离心载荷、气动扭矩、轴向力与机动载荷等。对于航空发动机转子系统的动力学分析,通常以转子-支承结构系统作为分析对象。不同的转子结构、支承方案和支承刚度都会使得转子系统产生不同的动力学特性,从而对转子抗变形能力和整机振动响应特征造成影响。

    承力结构系统(简称承力系统)是从各轴承座到发动机安装节之间的承力结构与相应连接结构的统称,包括发动机的承力框架、承力机匣和安装结构,用于承受和传递作用在自身及转子结构系统上的载荷。其中,承力框架是指将转子支点的载荷从轴承座,通过气流通道传至外承力机匣的组件,还包含一些必要的承力件和相应的冷却、封严结构。发动机的构型不同,承力框架主要包括进气机匣、中介机匣、燃烧室机匣、涡轮间承力机匣和涡轮后机匣等,各接承力框架由机匣连成整体,为了减轻航空发动机的质量,充分利用机匣的材料,大部分发动机的机匣均作为承力结构,即为承力机匣。除起支承转子系统的作用外,承力机匣上还须布置运输用固定节和传动附件等。

整机结构系统(简称整机)是指组成航空发动机的进气装置、压气机、燃烧室、涡轮和排气装置等主机结构,以及外部管路系统、附件系统等与整机力学特性有关的附属结构。相对于转子系统、承力系统而言,整机结构系统表现出多子结构组合、多力学性能耦合与多载荷环境交互的特点。

在航空发动机结构系统中,非连续性主要表现为几何非连续性和界面连接非连续性。其中,几何非连续性是指结构截面尺寸突变引起的结构几何尺寸变化的非连续性;界面连接非连续性是指由于接触界面只能够承受压应力而不能承受拉应力,连接界面的存在会使结构系统的内部应力分布呈现非连续性。

结构几何构型突变使构件外形曲面出现非光滑点(轮廓线变化不连续),如轴类件的退刀槽等。在外界载荷作用下,由于构件非光滑点附近的应力分布发生“阶跃”,在该点位置会出现应力集中的现象,易造成结构的疲劳损伤失效。针对结构几何构型突变所产生的应力集中问题,工程上往往采用倒角等方式控制其应力损伤程度并降低其对强度的影响。

此外,在航空发动机转子结构动力学设计时,为了提高转子系统的刚性同时降低结构质量,转子几何构型为拱形结构,并轴向排列具有大质量和转动惯量的叶盘结构,使得质量/抗弯刚度沿轴线分布具有一定的不均匀性。在横向过载或振动载荷作用下,转子轴心线的横向位移变形虽然是连续的,但是在锥壳轴颈和鼓筒等连接结构处,角向变形会出现“阶跃”特征,即在此处,转子弯曲变形的挠角具有一定的非连续性,如图 4.1 所示。

对于具有几何构型突变的转子连接结构部位,应通过局部加强等措施,减小在

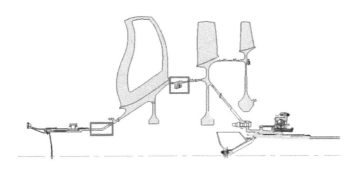

图 4.1　风扇转子几何构型突变和界面连接结构特征

发生弯曲变形时几何构型突变处的应力集中及其引起的角向刚度变化,降低结构刚度对外载荷环境变化的敏感度。

图 4.1 所示的转子是法兰-螺栓连接鼓筒结构,在弯曲载荷或横向载荷作用下,法兰-螺栓连接结构承受拉伸和压缩时法兰的承载面积是不同的,在拉伸载荷作用下,只有螺栓压紧的局部面积受力,远小于法兰的面积,因此,法兰连接界面上的应力分布和弯曲曲率均具有"突变"特征。

对于界面连接结构系统,在结构设计中,除了需要满足承载和定位设计要求,还需要对界面接触位置随工作载荷变化所产生的损伤进行评估分析,以保证在整个工作期间不会因载荷变化及接触损伤积累而使结构系统力学特性发生不可接受的分散性和损伤变化。

对于界面连接结构系统的非连续性,其连接界面的力学特性受外载荷、材料性能、几何尺寸、初始装配状态、工作载荷环境等多参数的影响,具有一定的分散性,同时工作循环累积导致的界面磨损、松动滑移等损伤,将使界面接触状态和连接结构的力学特性表现出一定的分散性,即载荷环境变化可能导致结构连接界面接触损伤,也会使刚度、阻尼和质心等特征参数分布呈现出非确定性。

4.1.2　连接界面损伤

在航空发动机的结构动力学设计中,一般不考虑连接界面接触状态和接触应力等接触特性的变化对转子系统动力学特性的影响。但随着航空发动机结构载荷的增加,结构系统中连接界面的损伤失效控制已成为影响转子及整机振动的一个重要因素。

根据功能及失效特征,结构系统的连接结构接触界面可分为约束界面和承载界面。这两种连接结构接触界面在受力状态上没有本质的差别,但在功能上却各有侧重。对于约束界面,其主要功能是通过界面接触提供位移约束或约束刚度,对结构系统的动力学特性有重要影响,其损伤的力学表征为约束失效或刚度损失。对于承载界面,其主要功能是承受和传递大的载荷并传递能量,结构几何特征的影响使得局部应力水平高,其损伤的力学表征主要表现为界面磨损及界面疲劳失效。

对于约束界面接触损伤问题,其核心是结构系统界面接触状态变化与约束刚度、阻尼关联性的定量描述。对于承载界面接触损伤问题,其核心是弯/扭多轴载荷和高/低周交变载荷作用下,具有不同结构几何特征的承载界面的损伤力学特性的定量准确描述。

结构系统及其连接界面力学特性的特殊性主要表现为:① 在外界载荷作用下连接界面会产生相对运动或相对运动趋势,从而造成界面上的滑移、磨损和疲劳等损伤;② 连接结构在受载荷变形时,连接界面处的弯曲变形曲率和应力分布会产生分散性,可引起约束失效及弯曲刚度损失;③ 循环载荷作用下,连接结构界面接触特性(接触应力和接触状态)的改变,会造成界面损伤积累,以至于力学性能超出允许变化范围,形成故障失效。

4.2 连接结构稳健性

航空发动机转子系统是由多个构件通过连接结构组合而成的。连接结构不仅要满足传递扭矩和轴向载荷的需要,还要满足动力学设计要求,即连接结构要具有足够的刚性,并保证因接触疲劳损伤引起的附加不平衡量在允许范围内,从而降低对转子系统动力学特性的影响。

对于转子连接结构,可从连接界面变形协调控制、连接界面接触损伤控制和连接界面约束失效控制等方面进行结构及力学特性优化设计,以提高连接结构的稳健性。

(1) 连接界面变形协调控制:指对相互连接的结构件在工作载荷作用下各自由度方向上的变形及相对差异进行调整,以保证在全工作载荷环境变化范围内,各结构件连接界面间的变形差始终保持在某一允许值内。连接界面变形协调性体现了各结构连接界面上力学特性的差异。

(2) 连接界面接触损伤控制:在工作载荷环境下,连接界面的接触状态与接触应力会呈现区间分布特征,连接界面的滑移会导致连接构件之间相对质心偏移(转子产生附加不平衡量),局部接触应力过大或交变变化会导致连接界面的应力损伤。通过对连接界面进行稳健设计,可以控制界面接触损伤,保证在复杂载荷环境下,连接界面接触状态和接触应力对外载荷的敏感度最低、分散度最小,减少质心偏移(转子附加不平衡量)、微动磨损和应力损伤等情况的发生。

(3) 连接界面约束失效控制:在连接结构承受较大外载荷时,连接界面可能发生位移约束失效或突变,导致连接结构处发生角向变形不连续等情况,在转子系统这一层面上主要体现为转子弯曲刚度减小,即发生弯曲刚度损失。通过对连接界面约束失效控制进行稳健设计,可以保证连接结构即使承受较大外载荷作用,其连接界面依然具有较强的位移约束能力,即连接结构局部弯曲刚度对外载荷的敏感度较小,且局部弯曲刚度始终保持较高水平。

总之,连接结构稳健设计,是利用结构几何参数、初始装配参数对连接界面接触损伤和连接结构刚度特性的影响规律,在给定工作载荷环境变化范围条件下,通过优化结构几何构型和尺寸,保证连接结构力学特性具有允许的分散度。

4.2.1 法兰-螺栓连接结构

在转子连接结构设计中,采用最为广泛的是法兰-螺栓连接结构,以止口圆柱面定心、端面承载和螺栓压紧的方式连接。由于法兰-螺栓连接结构通过螺栓将至少两个法兰连接起来,在工作载荷作用下若法兰变形不协调,则会对螺栓和连接界面产生附加应力,引起连接结构连接界面接触损伤。对于压紧螺栓结构,轴向预紧力对法兰压紧的有效接触范围限于 2 倍螺栓公称直径左右,此外,法兰配合面均为准接触状态,因此过大的轴向预紧力会对螺栓及孔边产生应力集中。在大载荷或交变载荷作用下,法兰端面的接触状态会发生变化,产生微小滑移及接触损伤积累,最终导致连接界面偏移或有效接触面积和接触应力减小,对于转子而言,即体现为附加不平衡激励或和弯曲刚度损失。

　　根据结构特征和载荷环境的不同,法兰-螺栓连接可以分为鼓筒-轮盘螺栓连接、鼓筒-锥壳螺栓连接和锥壳-轮盘螺栓连接,如图 4.2 所示。各类法兰-螺栓连接结构稳健设计的侧重点不同,鼓筒-轮盘螺栓连接结构主要侧重径向变形协调性的设计;鼓筒-锥壳螺栓连接结构主要集中于连接界面接触损伤控制;锥壳-轮盘螺栓连接结构则主要关注法兰端面的角向变形协调性控制与连接界面约束失效控制,也即弯曲刚度损失控制。

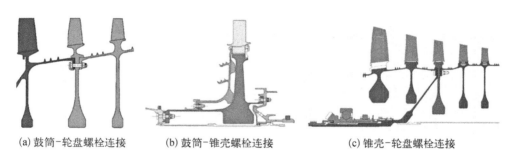

(a) 鼓筒-轮盘螺栓连接　　　　(b) 鼓筒-锥壳螺栓连接　　　　　(c) 锥壳-轮盘螺栓连接

图 4.2　典型法兰-螺栓连接结构

1. 法兰-螺栓连结变形协调控制

　　在航空发动机连接结构设计中,法兰多用于鼓筒、轮盘和锥壳相连,故以鼓筒、轮盘和锥壳为例,说明如何进行变形协调性设计以保证连接结构的稳健性。

　　在转子系统工作过程中,离心载荷、温度载荷等作用在轮盘和鼓筒上,由于结构差异,会产生不同的变形效果。若不同结构在同一位置处的变形不同,则会产生附加应力,影响连接结构的接触状态。因此,在结构设计时需要合理选取轮盘与鼓筒的连接位置,保证轮盘与鼓筒在工作载荷环境下的变形协调性,即减少由变形不协调所产生的附加接触应力。下面根据弹性力学分析轮盘、鼓筒在离心载荷作用下径向变形规律。

　　图 4.3 为等厚盘在离心载荷作用下的力学模型,取图中微元体进行分析,根据等厚盘在离心载荷作用下轴对称的力学状态,可以解得轮盘径向变形为

$$u = \frac{3+v}{8}\rho\omega^2 \frac{r}{E}\left[(1-v)(r_a^2 + r_0^2) + (1+v)\frac{r_a^2 r_0^2}{r^2} - \frac{1-v^2}{3+v}r^2\right] \qquad (4.1)$$

式中, r_0、r_a 分别为轮盘盘心处半径和轮缘处半径。由式 (4.1)可知,在材料、尺寸、转速不变的情况下,径向变形 u 随半径 r 的变化呈三次多项式函数关系。特别地,对于实心圆盘,令 $r_0 = 0$,可得径向变形为

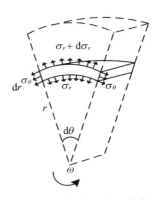

$$u = \frac{(3+v)(1-v)}{8}\rho\omega^2\frac{r}{E}\left(r_a^2 - \frac{1+v}{3+v}r^2\right) \quad (4.2)$$

而对于鼓筒,可以将其看成内外径相差很小的轮盘,因而其径向变形可以用式(4.2)来计算。即为了简化计算,可以令 $r = r_a = r_0$,代入式(4.2)得到鼓筒径向变形为

图 4.3   等厚盘受离心载荷 作用的力学模型

$$u = \frac{\rho\omega^2}{E}r^3 \cdot \frac{(1-v)}{4} \quad (4.3)$$

对比实心轮盘和鼓筒径向变形表达式(4.2)和式(4.3),可知鼓筒径向变形与半径呈 3 次关系,而轮盘径向变形与半径呈三次多项式函数关系,因此在鼓筒与轮盘进行连接时,连接位置处于不同径向位置时,配合界面的变形规律是不同的。

图 4.4 为轮盘、鼓筒在一定转速下径向变形曲线,由图可知,二者径向变形随半径增大而增大。存在一径向位置使轮盘径向变形等于鼓筒径向变形,该位置的径向尺寸称为恰当半径。若轮盘、鼓筒在此处连接,工作中二者变形协调,相互之间没有约束作用;相反,若轮盘与鼓筒连接位置在恰当半径以下或以上,由于轮盘与鼓筒变形不协调,分别发生鼓加强盘和盘加强鼓现象。

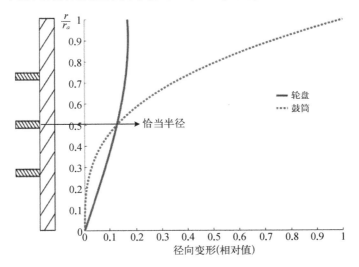

图 4.4   离心载荷作用下轮盘/鼓筒径向变形曲线

    需要注意,在轮盘和鼓筒实际连接结构中,是通过法兰进行定心、传递载荷的,而法兰与鼓筒的结构特征也存在不同,因此对于鼓筒-轮盘的变形协调性需要针对具体结构尺寸进行精准计算,以确定连接界面的径向变形及其差异。

    下面以典型鼓筒-轮盘连接结构为例,针对不同法兰结构设计方案,分析轮盘与鼓筒的径向变形协调性。

    图4.5为向外、向内翻法兰边的鼓筒-轮盘螺栓连接结构,通过仿真计算,得到不同转速下法兰-螺栓连接的定心面径向变形,如图4.6所示。

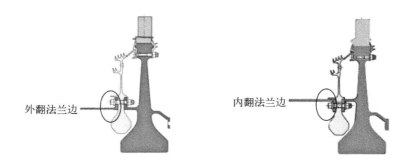

图 4.5   典型鼓筒-轮盘螺栓连接结构

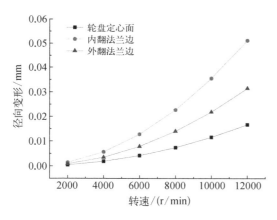

图 4.6   不同转速下盘鼓定心面径向变形

    从图4.6分析可得:轮盘、法兰定心面的径向变形与转速平方成正比;内、外翻法兰边的径向变形均大于轮盘定心面径向变形,可以保证高速旋转状态下定心面的有效压紧;随着转速的增大,轮盘、法兰的变形差增大;内翻法兰边的径向变形较外翻法兰边更大,这是由于内翻法兰的鼓筒结构直径较大,在离心载荷作用下径向变形更大,因此也更有利于定心面的有效压紧,同时,较大的鼓筒直径可以提高转子系统的弯曲刚度。但应该注意合理选取轮盘与鼓筒连接的径向位置,使得由于变形差产生的压紧量不至于过大而引起强度问题,保证压紧的有效性,并减少连接界面的接触损伤。

    锥壳-轮盘螺栓连接结构的变形协调性可分为两个方面:径向变形协调性与角向变形协调性。其中,径向变形协调性与鼓筒-轮盘螺栓连接结构相似,不同点在于,锥壳轴颈的径向变形和角向变形不仅与直径和转速有关,还受法兰径向尺寸

R_u 和半锥角 θ 两个结构参数的控制。图 4.7 为锥壳和轮盘配合时,在离心载荷作用下的变形图,图中的 $\Delta\theta$ 表示角向变形不协调量,Δr 表示径向变形不协调量。

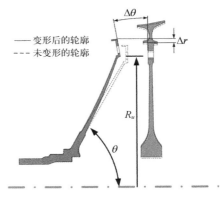

航空发动机总体结构布局设计中,锥壳-轮盘螺栓连接结构设计一般选择锥壳的半锥角作为设计参数。图 4.8 为不同径向高度上的锥壳法兰和轮盘独立承受离心载荷时的径向变形曲线。当锥壳半锥角为图中两条变形曲线的交点值时,表明锥壳法兰和轮盘在螺栓连接处的径向变形相同,这个半锥角称为恰当锥角。当锥壳半锥角等于恰当锥角时,

图 4.7　离心载荷作用下锥壳与轮盘变形示意图

通过螺栓连接在一起的锥壳法兰和轮盘之间不存在径向变形差,不会对螺栓产生附加轴向拉伸力和剪切力。

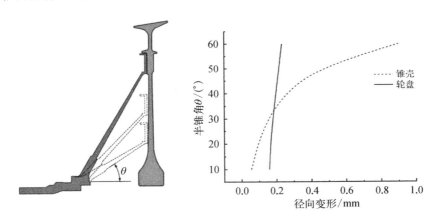

图 4.8　离心载荷作用下锥壳/轮盘径向变形曲线

与鼓筒-轮盘螺栓连接结构不同,当锥壳-轮盘的连接结构径向变形协调后,并不能保证锥壳法兰与轮盘端面的角向变形协调。因为在离心载荷作用下,轮盘端面挠角为零,而锥壳轴颈角度有扩大的趋势。因此在锥壳结构设计中,也需要尽量减小锥壳法兰的挠角。

针对典型锥壳-轮盘的连接结构,保持锥壳轴向跨度不变,减小锥壳的角度,形成如图 4.9(a)所示的 3 个不同半锥角的轴颈结构,建立有限元模型计算分析法兰端面挠角随转速的变化规律,如图 4.9(b)所示。从图中可知,减小锥壳的半锥角可有效减小离心载荷作用下的法兰端面挠角。

图 4.10 为不同连接法兰的锥壳-轮盘螺栓连接结构在离心载荷作用下的变形

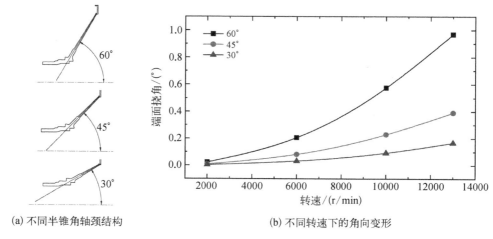

(a) 不同半锥角轴颈结构　　　　　(b) 不同转速下的角向变形

图 4.9　不同角度锥壳的端面角向变形随转速的变化曲线

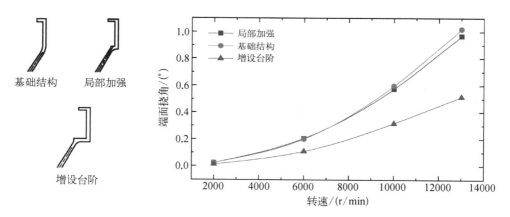

图 4.10　不同几何构型锥壳的端面角向变形随转速的变化曲线

协调性。从图中可知,不同几何构型的锥壳连接法兰在离心载荷作用下,连接端面挠角的变化规律不同。通过采用局部加强以及增设台阶,增强了法兰处的局部角向抗变形能力,有效减小了锥壳连接法兰在离心载荷作用下的角向变形,提高了锥壳-轮盘螺栓连接结构的变形协调性。

2. 连接界面接触损伤控制

工作状态下,转子系统会承受多种载荷的共同作用,如初始装配时形成的装配应力、离心载荷和弯曲载荷,并且载荷大小随工作状态的不同而发生变化。这些因素均有可能使界面接触状态、接触应力呈现区间分布特征,易造成配合界面损伤积累、产生不可恢复变形、微动磨损等。连接界面的接触损伤失效模式主要是由接触状态和接触应力变化引起的界面损伤与约束失效,例如,局部应力变化幅度较大,可直接导致应力疲劳损伤;界面滑移较大则会导致转子附加不平衡量加大,进而引起转子系统及整机振动过大。

图 4.11 为法兰-螺栓连接结构在拉压载荷作用下,连接界面的接触状态与界面变形示意图。连接结构在拉压载荷作用下,法兰接触面一部分承受拉伸载荷,另一部分承受压缩载荷。法兰接触面在拉伸载荷作用下,可能会发生界面分离,使得连接界面发生变形和滑移,连接界面的约束作用减弱,进而使得带有连接结构的转子相比于连续结构的转子产生弯曲刚度损失;压缩载荷作用在法兰接触面上,在法兰接触面受压区域中造成接触面的接触应力增大,可能会造成界面最大接触应力超过材料表面微观屈服强度,随着工作载荷变化产生逐渐积累的不可恢复变形,造成界面接触损伤。

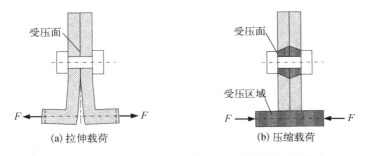

图 4.11　拉压载荷作用下螺栓-法兰连接结构受力状态

在工作载荷作用下,连接界面变形的不协调、连接界面的相对运动趋势会引起界面接触应力(在横向的合力为摩擦力)发生变化,并导致连接界面滑移,如图 4.12 所示。在起动—最大转速—停车工作载荷循环作用下,连接界面的摩擦力和弹性回复力之间的交替作用会产生摩擦损伤和构件质心偏离,经过反复循环积累,界面上会产生磨损和不可恢复滑移,产生附加不平衡量。

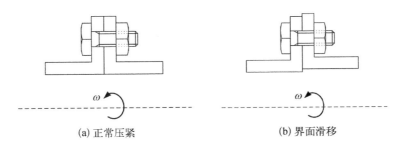

图 4.12　连接界面滑移示意图

转子连接界面产生不可恢复的滑移后,质心偏离会产生附加不平衡量,同时也会引起转子弹性线的变化,如图 4.13 所示,造成不平衡旋转激励下转子的振动响

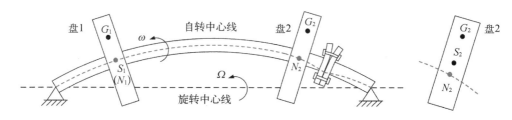

图 4.13　转子连接界面附加不平衡量示意图

应增大,因此控制连接界面接触损伤可以有效减少转子的附加不平衡量。

3. 连接结构约束失效控制

连接结构约束失效在转子结构系统的力学特性上表现为,在外载荷作用下界面连接转子系统的刚度低于连续转子系统的刚度。对连接结构稳健性的设计要求是,在满足结构强度设计要求的基础上,尽可能提高连接结构的弯曲刚度,并使其受外载荷影响的敏感度和分散度最低。

转子结构系统稳健设计要求连接结构具有尽可能小的刚度损失,而且随着工作载荷的变化,弯曲刚度保持稳定,不会引起转子动力学特性的大幅度变化。产生弯曲刚度损失的原因一是连接界面的分离;二是法兰连接位置的角向变形突变,加大了转子角向变形。

鼓筒与法兰连接位置的角向刚度对法兰-螺栓连接结构在轴向拉力作用下的变形形式有一定影响,在法兰刚度较低时,在拉力作用下法兰发生变形,如图4.14(b)所示。当法兰厚度增加到一定程度后(或对转角位置采用加强肋加强等),鼓筒与法兰连接位置具有较好的角向刚度,如图4.14(c)所示,此时轴向变形大幅降低,法兰-螺栓连接结构的弯曲刚度相应提升,即提升了连接结构的稳健性。

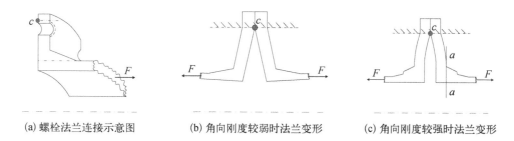

(a) 螺栓法兰连接示意图　　　(b) 角向刚度较弱时法兰变形　　　(c) 角向刚度较强时法兰变形

图 4.14　鼓筒与法兰连接位置角向刚度对变形的影响

对于符合连续性假设的转子结构,其弯曲刚度不因外载荷的作用而发生改变,但航空发动机转子系统属于非连续结构,即存在连接界面,在较大的外载荷作用下,承载界面的接触状态会发生变化,甚至发生界面滑移和界面角向变形突变等现象,使得连接结构的局部位移变大,导致转子系统的整体弯曲刚度下降。图 4.15 为法兰配合面之间发生角向变形突变的示意图,当转子结构系统在工作中产生一定的弯曲变形时,引起法兰配合面的接触状态恶化,有效接触面积减少,使得连接结构的弯曲刚度发生损失。因此,为提高法兰-螺栓连接结构的稳健性,在转子系统设计中,需要减小连接界面处的弯曲变形,即提高连接结构处的局部刚度,优化弯曲应变能的分布。这样,不仅有利于缓解连接界面处变形不协调的程度,还可降低接触应力,保证连接界面具有良好的接触状态,将连接结构的弯曲刚度损失降至最低。

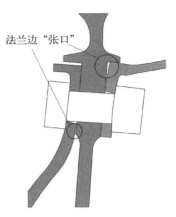

图 4.15　载荷较大时出现的法兰变形分离

对锥壳-轮盘螺栓连接结构弯曲刚度进行稳健设计,主要是通过合理选择锥壳半锥角和优化局部结构来实现的。

首先,以简化锥壳结构模型分析锥壳半锥角对弯曲刚度的影响。如图 4.16 所示,考虑到锥壳承受弯矩时,截面上承受线性变化的轴向拉压正应力,因此,以轴向刚度近似表征弯曲刚度,锥壳承受轴向力的力学模型如图 4.17 所示。

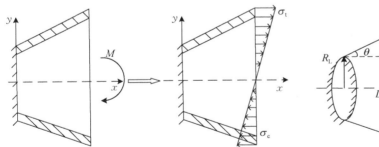

图 4.16　锥壳的弯曲刚度与轴向刚度的关系

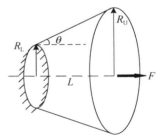

图 4.17　锥壳轴向刚度的力学模型

依据薄膜理论,可建立壳体单元的几何方程式,其中 u、v、w 表示沿锥壳子午线、平行圆和外法线的位移,ε_1、ε_2、γ 分别为子午线应变、沿平行圆的应变及切应变。依据锥壳的几何关系,对式(4.4)进行化简和积分,可得外载荷 F 作用下,锥壳的大圆面发生的轴向变形 Δx,如式(4.5)所示。

$$\varepsilon_1 = \frac{1}{R_1}\left(\frac{\partial u}{\partial \theta} + w\right), \quad \varepsilon_2 = \frac{1}{r}\left(\frac{\partial v}{\partial \varphi} + u_r\right), \quad \gamma = \frac{1}{r}\frac{\partial u}{\partial \varphi} + \frac{1}{R_1}\frac{\partial u}{\partial \varphi} - \frac{v}{r}\cos\theta$$

$$(4.4)$$

$$\Delta x = \frac{F(\ln R_{\mathrm{U}} - \ln R_{\mathrm{L}})}{2\pi E\delta\sin\theta\cos^2\theta} \tag{4.5}$$

锥壳大小圆面半径的关系为式(4.6),将其代入式(4.5),保持锥壳轴向跨度 L 不变,可得单位轴向力作用下相对轴向变形的表达式(4.7):

$$R_{\mathrm{U}} = R_{\mathrm{L}} + L\tan\theta \tag{4.6}$$

$$\overline{\Delta x} = \frac{\ln\left(1 + \dfrac{L}{R_{\mathrm{L}}}\tan\theta\right)}{\sin\theta\cos^2\theta} \tag{4.7}$$

对于典型高压转子前轴颈结构几何构型和尺寸特征,通过仿真计算可以得到轴向变形与半锥角之间的变化规律,并对轴向变形求一阶导数,即可得轴向变形对半锥角变化的敏感度,如图 4.18 所示。

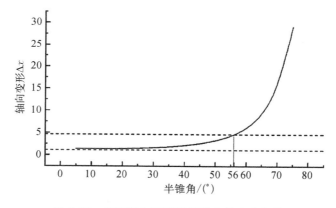

图 4.18　锥壳轴向变形随半锥角的变化规律

在轴向力作用下,锥壳轴向变形的变化规律具有非线性特征,并在半锥角约 56°时,变化斜率急剧增大,呈现出强非线性特征。半锥角较小时,锥壳的轴向变形较小,且对半锥角变化不敏感,而当半锥角较大时,锥壳的轴向变形随半锥角的增加而增大,对锥角的变化较为敏感。

现代航空发动机总体结构布局设计中,高压转子的前支点轴向位置主要由转子动力学特性设计决定,同时高压压气机前支点轴承的 DN 值、高压压气机各级叶片的轴向位置等共同决定了前轴颈半锥角较大这一结构特征。虽然无法大幅度地降低半锥角,但通过合理的结构设计,从理论上讲,半锥角在 56°以下,可有效减小锥壳轴向变形及其敏感度,提高锥壳结构的弯曲刚度的稳健性。

如表 4.1 所示,在典型航空发动机转子结构设计中,前轴颈半锥角通常小于 56°。

表 4.1 典型航空发动机高压压气机前轴颈半锥角

型　号	F110	F119	F136	AL-31F
高压压气机 前轴颈半锥角/(°)	55.1	54.2	43.0	55.8

此外,在转子结构几何构型确定的情况下,对局部结构细节的优化也是提高锥壳-轮盘螺栓连接结构弯曲刚度、改善稳健性的有效措施,如采用环腔和法兰局部加强等结构设计方案。

环腔结构是俄罗斯航空发动机设计集团经常采用的结构措施。压气机前轴颈与第 3 级轮盘采用螺栓连接,并通过锥壳结构将第 3、4 级轮盘连接构成环腔结构,以达到提高锥壳轴颈与轮盘连接结构弯曲刚度的目的。同样,在高压压气机后轴颈与鼓筒轴的连接结构中,也是通过螺栓连接轴向拉紧,并通过轮缘止口形成一个环腔结构,以提高结构的整体弯曲刚度和局部抗变形能力。

对连接法兰进行局部加强不仅可以减小法兰角向变形的不协调量,还可以改善连接结构弯曲刚度的稳健性。法兰局部加强提高了螺栓连接处抵抗弯曲变形的能力,改变了锥壳轴颈发生弯曲变形时的应变能分布。法兰附近的弯曲应变能比例减小,应变能更多地集中于连续结构处,减小了外载荷引起的连接结构弯曲刚度的分散度,有利于提高连接结构弯曲刚度的稳健性。

4. 锥壳-轮盘螺栓连接结构稳健设计范例

在航空发动机的结构设计中,锥壳轴颈一般多用于轴承轴段与鼓筒轴段之间的过渡连接,如采用叶盘-鼓筒结构的多级高压压气机前后的过渡连接结构,在涡轮盘-轴连接结构设计中也常采用锥壳轴颈。图 4.19 为典型高压转子前轴颈与轮盘连接结构。由于高压转子止推轴承 DN 值的限制,轴承内环的直径受到限制,同时为保证转子的弯曲刚性,压气机鼓筒的直径较大,因此,在转子结构设计中必须设计锥壳轴颈,用于轴承轴与压气机鼓筒之间的过渡。此外,考虑到连接刚度与装配工艺的要求,常通过可拆卸的螺栓轴向预紧方式,将锥壳轴颈与压气机轮盘连接,这样就构成了锥壳-轮盘螺栓连接结构。

锥壳-轮盘螺栓连接结构的稳健设计,主要是通过优化结构几何构型和局

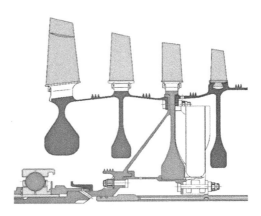

图 4.19　典型高压转子前轴颈与轮盘连接结构

部关键几何参数,使连接结构具有合理的变形协调性,减小连接界面的接触损伤,提高连接结构弯曲刚度的稳健性。图 4.20 为影响典型锥壳-轮盘螺栓连接结构稳健性的主要结构设计参数示意图。通过调整优化锥壳半锥角和法兰连接位置,可以优化连接结构的弯曲刚度特性;通过改变锥壳轴颈几何构型,如增设折弯结构,可调整连接结构处的弯曲应变能分布,减少连接界面接触损伤;通过法兰与锥壳连接处的局部加厚,可提高螺栓连接结构的稳健性。

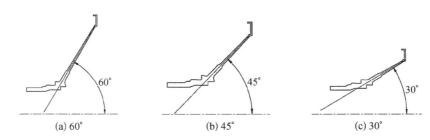

(a) 60°　　　　　(b) 45°　　　　　(c) 30°

图 4.20　不同半锥角转子轴颈结构示意图

在工程应用中,锥壳-轮盘螺栓连接结构的具体设计需要根据发动机的具体情况进行计算分析。图 4.21 为 F119 与 AL-31F 发动机高压压气机前轴颈结构示意图。普惠公司在 F119 发动机的高压压气机前轴颈设计中,为保证锥壳-轮盘螺栓连接结构的稳健性,将轮盘-螺栓配合面下移至前轴颈中部,降低了螺栓连接结构处的离心载荷和应力水平,提高了连接结构的稳健性。俄罗斯留里卡设计局在AL-31F 发动机高压压气机前轴颈的结构设计中,采用了环腔结构设计,在优化设计盘-轴间距和锥壳角度的基础上,提高了锥壳-轮盘螺栓连接结构的抗变形能力和弯曲刚度稳健性。

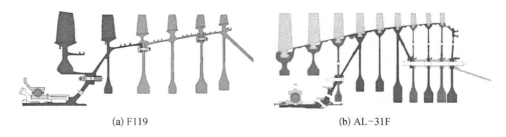

(a) F119　　　　　　　　　　　(b) AL-31F

图 4.21　高压压气机前轴颈与轮盘连接结构对比

图 4.22 为高压压气机前轴颈-轮盘螺栓连接结构设计实例,以此说明锥壳-轮盘螺栓连接结构的几何构型对稳健性的影响。如图 4.22(a)所示,高压压气机转子前轴颈与压气机第 2 级轮盘及第 1、3 级鼓筒法兰通过短螺栓连接,并支承在转子前止推轴承上。根据连接结构稳健性的基本原则,图 4.22(a)所示的法兰-螺栓

连接结构在几何构型、法兰局部加强等方面具有明显的不足;通过计算可以验证,其在变形协调性、界面损伤积累和弯曲刚度损失等方面均存在不利于连接结构稳健性的因素,需要对其结构进行优化:① 调整前轴颈的半锥角,以降低螺栓分度圆直径;② 对前轴颈法兰进行局部加强,优化后的结构如图 4.22(b)所示。

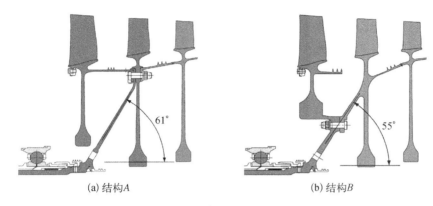

(a) 结构 A　　　　　　　　　　(b) 结构 B

图 4.22　高压压气机前轴颈-轮盘螺栓连接结构示意图

　　为对比分析不同结构几何构型和关键几何参数对界面接触状态和弯曲刚度损失的影响,对图 4.22 所示的两种不同结构设计方案进行计算分析。

　　锥壳轴颈与轮盘的变形协调性主要是角向变形,在不同转速下锥壳-法兰连接的角向变形计算结果如图 4.23 所示。从图 4.23 中可以看出,通过降低前轴颈半锥角,并对锥壳与法兰连接处进行局部强化,可以有效减小离心载荷作用下法兰角向变形,提高了角向变形的协调性。随着转速的不断增加,这种优化效果更加显著。

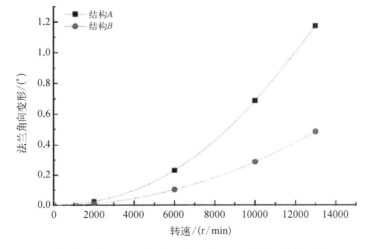

图 4.23　结构 A 与结构 B 法兰角向变形随转速的变化

在弯曲刚度稳健性方面,为显示法兰-螺栓对连接结构刚度稳健性的影响,此处采用两种计算模型进行对比:一种是采用接触单元的预紧螺栓结构模型;另一种是将接触面绑定的连续结构模型。由图 4.24 中弯曲载荷与连接结构角向变形的关系曲线可知,连续模型是线性的,弯曲刚度不随外载荷的变化而变化,即为常数。外载荷较小时连续模型与接触模型的弯曲刚度近似;外载荷较大时,接触模型的变形曲线逐渐偏离连续模型的变形曲线,且外载荷越大,附加角向变形 $\Delta\theta$ 越大,并导致整体结构的弯曲刚度损失越大。

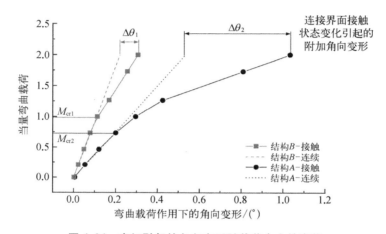

图 4.24   弯矩引起的角向变形随载荷大小的变化

图 4.25 为结构 A 与结构 B 在相同弯曲载荷作用下的变形图,由于结构 A 螺栓连接处的局部拉压刚度较弱,外载荷作用下的角向变形过大;而结构 B 则可以有效控制角向变形,提高了弯曲刚度。

图 4.26 为在弯曲载荷作用下的弯曲刚度损失变化曲线,当外载荷较小时,弯

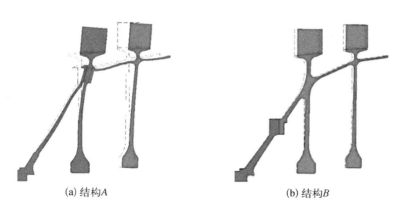

(a) 结构A (b) 结构B

图 4.25   优化前后连续形式的结构承受弯曲载荷时的变形图

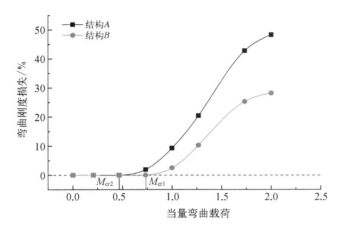

图 4.26　弯曲刚度损失随弯曲载荷的变化

曲刚度损失可以忽略,这时可以不考虑连接结构的影响。随着载荷的增大,弯曲刚度损失增加,但结构 B 的弯曲刚度损失始终小于结构 A。对于不同的连接结构,弯曲刚度损失的"临界弯矩"大小不同,改进后的结构 B 的弯曲刚度对外载荷的敏感度更小,连接界面接触状态在工作过程中更容易保持稳定,其弯曲刚度的稳健性也更高。这是由于结构 B 采取了法兰局部加强、减小轴颈半锥角等措施,连接界面附近的抗变形能力有所增强,连接法兰附近的弯曲应变能比例有所下降,而锥壳轴颈下半部分的弯曲应变能比例有所升高。该方法减小了连接界面附近的弯曲应变能,使其更多地分布于连续结构处,有利于减小界面接触状态变化引起的弯曲刚度损失,提高连接结构的稳健性。

　　总之,转子系统的连接结构稳健设计均可从三个方面展开:连接界面变形协调控制、连接界面接触损伤控制和连接界面约束失效控制。

　　连接界面变形协调控制主要考虑法兰边之间的变形协调问题,可分为径向变形协调与角向变形协调。连接界面接触损伤控制是考虑配合界面接触状态与接触应力对外载荷的敏感度和分散度,通过合理选择螺栓预紧力,采用不同结构和局部角向刚度加强等措施,优化连接结构附近的弯曲应变能分布,减少外载荷对连接结构接触状态和接触应力的影响,控制界面接触损伤并保证连接结构的稳健性。连接界面约束失效控制是提高连接结构处的局部弯曲刚度,控制弯曲刚度损失并减小其对外载荷的敏感度。

4.2.2　套齿连接结构

　　套齿连接结构多用于传递轴功率较大且径向尺寸较小的转子结构中,一般而言,套齿连接结构的受力较为复杂,需要承受压气机及涡轮所产生的轴向拉力、扭转力矩、横向过载弯矩以及振动载荷等。在复杂载荷作用下,套齿连接结构内外定心柱面易发生变形,使其有效接触面积减小,配合定心面的定心能力降低,附加不平衡量增大;随着弯曲载荷的增大,内外轴段的角向变形不一致,接触状态呈现离散分布特征,接触柱面间的摩擦力无法抑制相对运动趋势,发生滑移,对于转子系统而言体现为弯曲刚度损失。附加不平衡量增大与弯曲刚度损失都会对转子系统的振动响应特性产生一定影响。

图 4.27 为典型小涵道比涡扇发动机低压转子套齿联轴器连接结构,通过建立相应的力学模型进行刚度计算分析,研究关键特征参数对连接结构弯曲刚度的影响。

图 4.27   典型低压转子结构简图

转子系统在工作状态下的受力分析如图 4.28 所示。轴承对其有径向和轴向的约束力,转子还受到风扇向前的轴向拉力 F_f 和涡轮的向后的轴向拉力 F_t,在机动飞行和转子产生倾斜或弯曲时,在轮盘上会产生陀螺力矩 M_g。

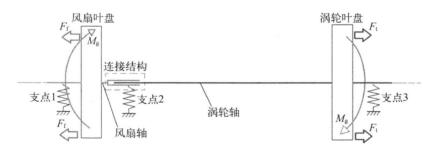

图 4.28   典型低压转子系统受力示意图

套齿连接结构位于风扇转子后,其受力状态如图 4.29 所示。风扇轴受到风扇对其向前的轴向拉力 F_f,涡轮轴受到涡轮对其向后的轴向拉力 F_t。由于连接结构在轴向有大螺母拧紧,在夹紧面上还受到螺母预紧力 F_p 的作用。轮盘上产生的陀螺力矩会使其受到弯曲载荷 M 的作用。

连接结构上的载荷较大,可能会造成结构变形,且载荷随着发动机工作过程的

时间进程而变化,载荷的变化必然引起应
力大小和方向的变化,从而导致连接结构
接触界面上产生摩擦-疲劳损伤。

对于套齿连接结构的稳健设计需要从
连接界面变形协调控制、连接界面接触损
伤控制和连接结构约束失效控制三方面展
开。根据结构特征和载荷环境的不同,套
齿连接结构可以分为盘-轴套齿连接和轴-
轴套齿连接,如图 4.30 所示。两种套齿

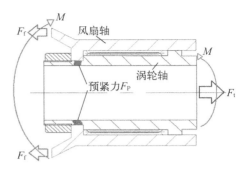

图 4.29　连接结构受力示意图

连接结构稳健设计的侧重点各不相同,对于盘-轴套齿连接结构,主要是定心面间
的周向及角向变形协调设计和连接界面接触损伤控制设计;而轴-轴套齿连接结构
稳健设计则主要集中于配合界面的滑移量控制与弯曲刚度损失控制。

此外,在转子-支承结构系统设计中,一般将套齿连接结构安置在轴承处,以
减少工作中套齿连接结构的变形,控制各接触界面的损伤,提高连接结构的稳
健性。

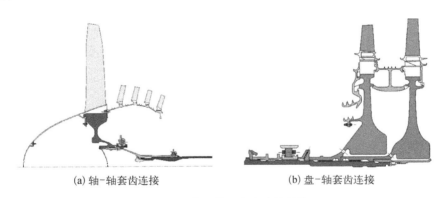

(a) 轴-轴套齿连接　　　　　　　　　(b) 盘-轴套齿连接

图 4.30　典型转子套齿连接结构

1. 刚度损失机理

在套齿连接结构设计中,一般通过套齿传递扭矩,通过前、后两个圆柱面定心,
通过大螺母压紧并传递轴向力,而弯曲载荷主要由定心圆柱面承受,这是套齿连接
结设计过程中的关键问题之一。套齿连接结构一般采用宽齿设计,传扭能力强;采
用前、后两个定心面的设计方法可保证轴段间的同心度,但定心面的弯曲刚度较
弱,在实际工程应用当中,存在变形不协调与约束失效现象,易导致转子系统的弯
曲刚度损失。

图 4.31 为典型套齿连接结构弯曲刚度分析模型,相对于实际结构进行了如下
简化:① 套齿只传扭,内外齿间的间隙对弯曲刚度的贡献很小,因而不考虑;② 将

螺纹连接固化,即把大螺母与内轴视为整体,不考虑螺纹的摩擦接触问题;③ 前、后两定心面和同大螺母配合的端面均为接触关系(或为间隙配合)。

图 4.31   典型套齿连接结构弯曲刚度简化力学模型

套齿连接结构配合界面间的受力较为复杂,由于界面可能会发生接触变形与轴向滑移,外部载荷及装配载荷都会对套齿连接结构的弯曲刚度特性产生影响。此外,定心面间距、定心面面积和定心面配合紧度等结构参数与装配参数也会影响其弯曲刚度。

建立套齿连接结构的力学模型,如图 4.32 所示,表明了套齿连接结构弯曲刚度及其在外载荷作用下发生刚度损失的机理。

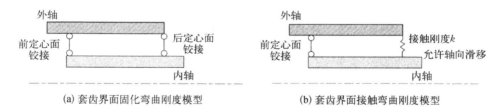

(a) 套齿界面固化弯曲刚度模型   (b) 套齿界面接触弯曲刚度模型

图 4.32   套齿连接结构力学模型

套齿连接结构弯曲刚度力学模型的边界条件为:① 前定心面处受到的轴向预紧力非常大,定心面接触状态基本稳定,在力学模型中,认为前定心面处内外变形一致,但要考虑其角向变形的影响;② 后定心面的接触状态受弯曲载荷影响较大,在受载时,接触表面既有弹性变形又存在轴向滑移,其法向接触刚度和轴向滑动摩擦力对其弯曲刚度有一定影响。

根据界面接触状态及轴段变形情况可知,前定心面径向变形协调,但可能存在角向变形不一致的现象,因此,应将前定心面处内外轴段的连接方式简化为铰接。后定心面的变形情况受接触状态及接触刚度的影响较大,其径向接触变形与轴向滑移是导致套齿连接结构发生刚度损失的主要原因,因此,应将后定心面处内外轴段的连接方式简化为可以轴向滑移的径向弹簧。

如图 4.33 所示,在实际套齿连接结构工作过程中,在弯曲载荷作用下,套齿内外轴段上下界面的法向接触应力呈现不均匀分布状态,由于内外轴段的角向变形不协调,定心面存在轴向滑移趋势。随着弯曲载荷的不断增大,内外轴段角向变形的差异增大,法向接触应力变化较大,这就会导致定心面内外轴段间最大静摩擦力呈现较大的离散性与波动性。当弯曲载荷超过一定范围时,轴段间的静摩擦力将无法抑制其滑移趋势,套齿配合界面发生轴向滑移。

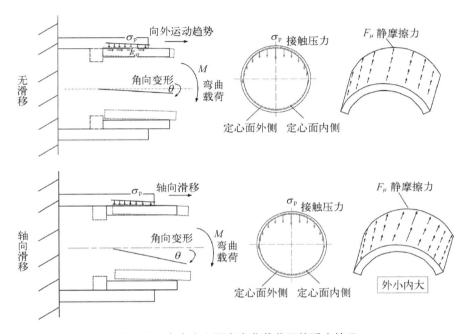

图 4.33　套齿定心面在弯曲载荷下的受力情况

通过上述分析可知,套齿连接结构发生弯曲刚度损失的主要原因是内外轴段间的轴向滑移,因此,在工程实际应用中,根据套齿连接结构弯曲刚度对转子系统动力学特性的影响,综合考虑接触面轴向滑移量的作用,在计算分析时可以采用接触力学与有限元方法,通过调整约束边界条件,考虑轴向滑移的影响。

除载荷参数外,工艺装配参数也会对套齿连接结构的刚度及接触状态产生影响。图 4.34 为涡扇发动机低压转子系统套齿连接结构试验件的横向等效刚度试验测试。

图 4.35 为带有套齿连接结构的转子轴段,在不同装配状态下转子横向等效刚度随横向位移的变化曲线。由图 4.35 可知,横向等效刚度随横向位移呈非线性变化,当变形量超过门槛值后,横向等效刚度随横向位移线性变化。

2. 变形协调性控制

转子的扭转载荷主要来自涡轮叶片受到的气动扭矩,该扭矩通过涡轮盘及连接结构传递到涡轮轴上,并驱动压气机转动。图 4.36 为盘-轴套齿连接结构传力路线。

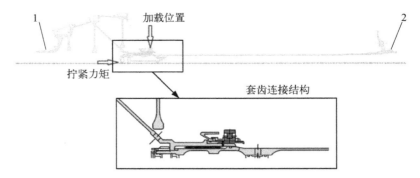

图 4.34 低压轴系及其套齿连接结构(1、2 为其支点位置)

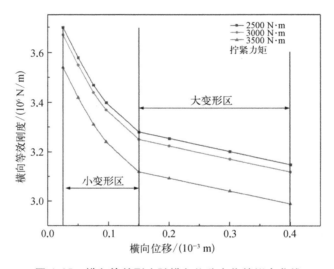

图 4.35 横向等效刚度随横向位移变化的拟合曲线

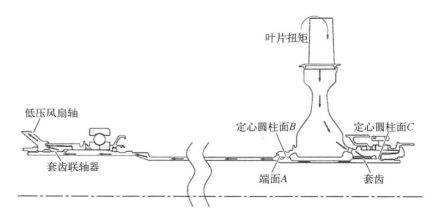

图 4.36 盘-轴套齿连接结构传力路线

涡轮叶片气动扭矩通过涡轮盘后轴颈的套齿连接结构传递到涡轮轴上。如图 4.36 所示,相对定心圆柱面 C,端面 A 和定心圆柱面 B 的接触面上会产生较大的周向相对滑移,从而需要重点考虑扭转载荷对该处界面的损伤。

图 4.37 为盘-轴套齿连接结构定心圆柱面在扭转力矩作用下的受力简图。从涡轮轮盘到轴的扭矩传递路线是,通过涡轮盘后轴颈的套齿连接结构传递给涡轮轴,再通过细长的涡轮轴传递到前端。需要注意,涡轮盘与涡轮轴的定心是通过涡轮盘前轴颈的止口与涡轮轴上的定心圆柱面配合实现的,传递扭矩是从涡轮盘的后轴颈,而定心则在涡轮盘的前轴颈。由于轴向尺寸的差异和细长涡轮轴扭转变形的影响,在工作过程中,前轴颈定心圆柱面由于没有周向限位,在扭矩作用下会产生一定的周向滑移。

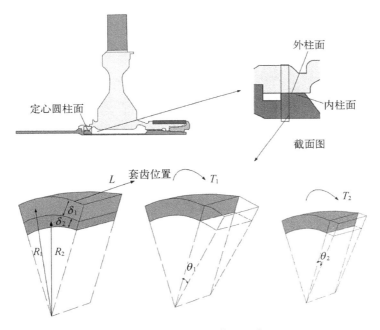

图 4.37 定心圆柱面截面示意图

轮盘和转轴扭转变形的不协调易造成端面和定心圆柱面滑移,根据接触应力和滑移量的不同可能产生接触磨损或接触疲劳损伤,损伤积累会造成轴向压紧力和定心圆柱截面紧度的减小。当接触面积低于某个门槛值时,会造成配合面定位/定心失效。

因此,对于盘-轴套齿连接结构而言,应考虑其传力路线及结构设计对扭转变形协调的影响。应尽量保证定心面间的周向变形协调,从而抑制界面损伤,提高套齿连接结构的稳健性。

　　此外,在转子高速旋转工作时,质量大的涡轮盘会产生较大的离心载荷与弯曲载荷,由于盘-轴间结构与材料存在差异,盘-轴连接界面上也可能产生径向变形不协调。

　　如图4.38所示,对于盘-轴套齿连接结构而言,其轮盘和转轴连接处在几何构型上的差异,使得在离心载荷作用下,轮盘定心面所在轴颈处存在向外变形趋势。离心载荷较小时,端面摩擦力及定心面装配紧度(若存在)在一定程度上对轴颈变形起到抑制作用。但随着离心载荷的不断增大,前定心面发生径向变形不协调现象。如图4.39所示,在离心载荷作用下,套齿连接结构的定心圆柱面的轮盘和转轴位置出现不同程度的径向变形不协调,涡轮轴颈处角向张开、脱落,失去了定心作用。盘-轴连接界面处的径向变形可能引起圆柱面的定心能力失效,并对转子系统的动力学特性产生影响。涡轮盘自身的离心载荷可能会造成轴向正泊松比材料的收缩效应,从而降低端面压力及其摩擦力,这会导致定心面间的分离效应进一步加大,定心面位移约束失效,影响套齿连接结构的稳健性。

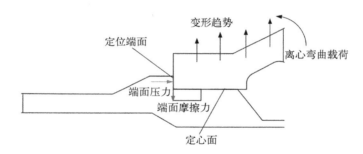

图4.38　盘-轴套齿连接结构定心圆柱截面受力简图

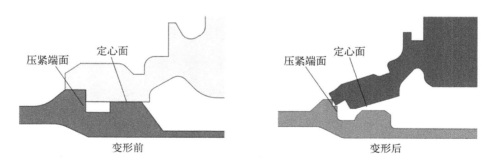

图4.39　离心载荷下前定心面的径向变形

　　对于盘-轴套齿连接结构的稳健设计,由于连接结构在几何构型上具有巨大差异,重点是要保证接触界面的变形协调性,相应设计工作为:① 扭矩传力路线设计方法会对接触界面的扭转变形协调产生影响,应对传力路线进行合理设计,尽量减小周向变形不协调;② 涡轮盘较大的离心载荷所引起的盘-轴间径向和角向变形不协调使得圆柱面产生分离趋势,易造成界面间的滑移损伤与定心、定位失效,应采取合理的结构设计方法减小离心载荷对定心面处径向变形的影响,提高连接结构的稳健性。

3. 连接界面接触损伤控制

盘-轴套齿连接结构的稳健设计主要是通过传扭路线优化及局部结构设计抑制套齿各接触界面的周向与径向变形不协调,减小套齿连接结构工作状态下的位移约束失效,保证圆柱面及端面的定心、定位能力,提高盘-轴套齿连接结构的稳健性。

根据结构几何构型对内外轴段变形协调性及界面接触状态的影响规律,对于连接结构稳健设计,可以将套齿连接位置移至涡轮盘前轴颈。由于定心圆柱面靠近套齿连接,扭矩不会在定心圆柱面上产生损伤;还可以削弱前轴颈的弯曲刚度以减小涡轮盘径向变形对连接界面接触状态的影响,有利于保证定心面的定心能力。改进方案示意图如图 4.40 所示。

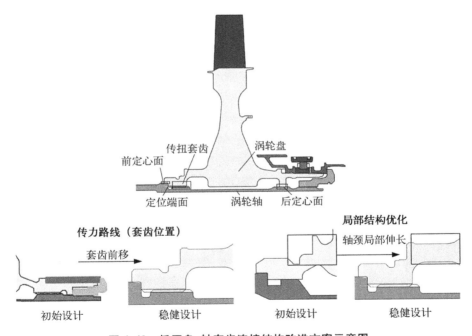

图 4.40　低压盘-轴套齿连接结构改进方案示意图

如图 4.41 所示,套齿结构布置于前轴颈位置,后定心面不承受扭矩,前定心面距套齿较近,且前后定心面一同布置于涡轮定位环上,套齿连接结构各配合界面的周向变形协调性较好,有利于控制连接界面损伤,提高连接结构的稳健性。

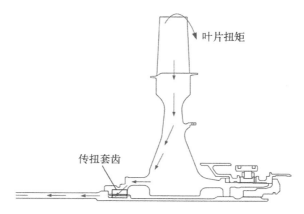

图 4.41　稳健设计方案扭矩传力路线

4.3　转子系统稳健设计

　　转子系统稳健设计的表征主要是指在全转速工作载荷环境下,转子系统状态变化对转子系统动力学特性的影响敏感度。由于不同类型的发动机转子-支承结构特征和工作转速范围具有很大的差异,所以,对转子系统共振转速特性进行分析时,需要根据转子系统的支承方案和模态振型的不同,进行各支点支承刚度和关键连接结构弯曲刚度敏感度的分析与优化设计,以降低各阶临界转速对工作载荷环境影响的分散度。对于转子系统动力响应,则需计算分析在工作转速范围内,支点动载荷对转子系统工作状态变化的影响敏感度及区间变化范围。

　　转子系统模态动力学特性稳健设计的本质是在转子工作转速范围内,降低动力学特性参数对轴段弯曲刚度、支承刚度、不平衡量分布等参数的敏感性和分散性。为了提高转子系统动力学特性的稳健性,需要筛选对转子系统动力学特性敏感度高的设计参数,通过降低敏感度或限制其区间变化范围,保证转子系统动力学特性的分散度在允许范围内。

　　对于符合结构连续性假设的转子系统,其各阶共振转速随转速变化,并具有确定的共振转速特性。由于航空发动机转子结构的转速变化大,环境温度高且多变,当转子结构的质量/刚度分布和支承方案确定后,由于转子状态变化(主要是弯曲变形)、惯性力矩效应和转子结构刚度特性之间具有交互影响作用,因此,对比不同的转子结构,在不同转速区域内,转子共振转速对支点支承刚度的敏感度有较大差异。在满足转子临界转速安全裕度的前提下,降低临界转速对支点支承刚度的敏感度,可以降低在装配和使用过程中支承刚度分散性的影响,从而提高转子系统模态动力学特性对结构及其使用载荷环境的稳健性。

4.3.1 转子结构对动力特性的影响

转子结构对动力学特性的影响主要通过以下几方面：支点约束特性（包括支承刚度、支点位置等）和惯性结构单元的旋转惯性力矩。以航空发动机中典型的两支点转子系统为例进行说明，如图 4.42 所示。

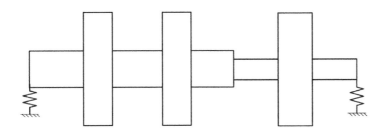

图 4.42 典型两支点转子系统结构示意图

按转子振动模态特征，转子系统共振转速可分为刚体振型共振转速和弯曲振型共振转速，其中刚体振型共振转速包括平动振型（转子前、后端相位相同）和俯仰振型（转子前、后端相位相反），如图 4.43 所示。

(a) 平动振型 (b) 俯仰振型 (c) 弯曲振型

图 4.43 转子临界转速振型

对于刚体振型共振转速，由于转子横向有两个自由度——平动、俯仰，在转子动力学特性设计中，只需要考虑支点位置和支承刚度的影响。对于平动振型共振转速，由于轮盘在振动中的倾斜不大，陀螺效应的影响有限，主要影响因素是转子结构质量特性，即转子质量轴向分布；对于俯仰振型共振转速，由于轮盘在振动中的倾斜不可忽略，转子结构质量特性中不仅要考虑转子质量轴向分布，还要考虑转子转动惯量分布和主惯性轴位置的影响。

对于弯曲振型共振转速，转子在振动中的弯曲变形以及轮盘的倾斜均不可忽略，因此，弯曲振型共振转速的主要影响参数为转子的质量（质心位置）、转动惯量分布（主惯性轴位置）、转子的弯曲刚度以及支点位置、支承刚度。

典型两支点转子系统临界转速及振型随支承刚度的变化如图 4.44 所示，随着支承刚度的增加，转子各阶临界转速均有上升趋势（仅考虑正进动），且其对应的模态振型也发生改变。

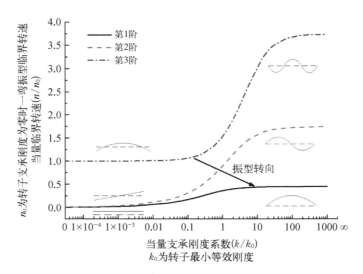

图 4.44　支承刚度对转子系统临界转速及振型的影响

如图 4.45 所示,对于支承刚度较低时的一弯振型,转子两端的振动位移与转子中部的位移相位相反。当支承刚度很大时,只有当转子两端的位移与转子中部的位移相位相同时才能满足转子惯性力和弹性恢复力相平衡的要求。此时,相当于转子的振动节点从支点之间移动到了支点两端,因此,转子一弯振型临界转速降低。应该指出,这种转子临界转速并非单调变化的,对于弯曲振型临界转速,支承刚度由小到大变化时,转子弯曲模态频率会呈现出先增加再降低的变化,这是因为当支承刚度小于转子弯曲刚度时,支点对转子的角向变形具有一定的约束,可以提高转子的等效刚度,当支承刚度大于转子弯曲刚度时,支点位置转化为转子弯曲变形的节点,增加了转子的有效长度,使刚度和弯曲模态频率下降。

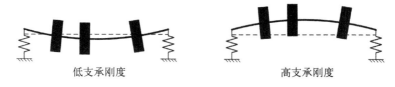

图 4.45　不同支承刚度下的转子一弯振型

图 4.46 为支点位置对转子弯曲振型临界转速的影响。由于在航空发动机转子系统设计中,支承结构的支承刚度通常低于转子最小等效刚度(通常小一个量级),支点约束作用对转子弯曲振型模态节点位置的影响较小。当支点位置靠近转子自由模态(即无支承)的振型节点(图中位置 3)时,由于支点位置处在弯曲振型中,几乎没有位移,支承不对转子产生约束作用,此时转子的弯曲振型临界转速最

低。反之,当支点位置远离弯曲振型节点时,支承会对转子产生约束作用,使得转子的弯曲振型临界转速增大。显然,随着支点位置弯曲远离振型节点,支承对节点的约束力矩增大,约束转子产生弯曲变形的作用增强,转子的弯曲振型临界转速增大。

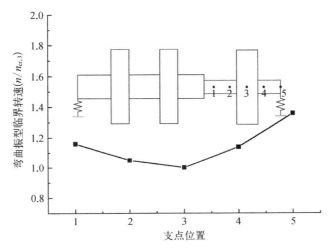

图 4.46 支点位置对转子弯曲振型临界转速的影响

支点位置 3 靠近转子自由模态振型节点

值得注意,转子一弯振型共振转速随转速的变化明显大于转子平动、俯仰振型共振转速。在转子平动振型中,轮盘的倾斜角度不大,陀螺力矩很小,因此,下面重点对比陀螺力矩对俯仰振型和一弯振型共振转速的影响。如图 4.47 所示(M_p 是极转动惯量产生的陀螺力矩,M_d 是直径转动惯量产生的陀螺力矩),对于俯仰振型共振转速,虽然各级轮盘极转动惯量所产生的陀螺力矩同向,但是这时整个转子的直径转动惯量也很大,并且其与极转动惯量的作用方向相反,因此,俯仰振型共振转速随转速提高并不大;对于弯曲振型共振转速,由于作用于压气机转子和涡轮转子的陀螺力矩方向相反,对转轴的弯曲刚性具有较大的加强,弯曲型共振转速随转速大幅度提高。

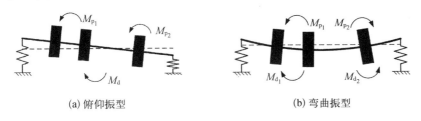

(a) 俯仰振型   (b) 弯曲振型

图 4.47 轮盘陀螺力矩对不同振型转子共振转速的影响

需要说明,旋转惯性力矩作用对于不同的转子变形具有不同的影响效果。由理论力学基础可知,转子旋转惯性力矩与自转转速 ω、进动转速 Ω 和倾斜角 θ 相关,并且轮盘的极转动惯量和直径转动惯量会产生相反的惯性力矩。在俯仰和弯曲两种振型下,虽然转子极转动惯量没有变化,但弯曲变形时相应的直径转动惯量会大幅减小,因此其陀螺力矩效应加大,此外,弯曲共振转速较高也是陀螺力矩效应较大的一个重要因素。

4.3.2 连接结构刚度损失对稳健性的影响

航空发动机转子的连接结构,如止口、螺栓等,均是多个构件在预紧力作用下通过连接界面连接形成的承力结构组件,在工作过程中连接结构承受离心载荷、扭矩载荷和弯曲载荷并提供相应的强度和刚度特性。由于连接界面只能承受压力而不能承受拉力,转子系统在弯曲载荷作用下连接界面可能会产生刚度损失。

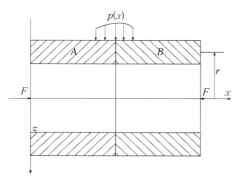

图 4.48   带连接界面的非连续鼓筒结构转子

下面以带有连接界面的非连续鼓筒结构转子为例(图 4.48),对其受力状态和弯曲刚度特性进行分析。在弯曲载荷作用下连接界面的应力分布见式(4.8):

$$\begin{cases} \tau_{xz} = G \cdot [\, 2\alpha'(x) + \beta'(x) \cdot (C^2 - z^2)\,] \\ \sigma_x = \begin{cases} E \cdot \left[\alpha''(x) \cdot z - \dfrac{z^3 \beta''(x)}{3} + \dfrac{F}{EA} \right], & \varepsilon_x > 0 \\ 0, & \varepsilon_x < 0 \end{cases} \end{cases} \qquad (4.8)$$

由式(4.8)可知,在弯曲载荷作用下,在拉应力大于预紧压应力的区域上,连接界面间将失去力的相互作用,即连接界面的应力分布与弯曲载荷密切相关。在转子产生弯曲变形时,连接界面间由于变形差异和受力状态的变化,会发生滑移的产生约束失效,造成连接结构的弯曲刚度损失,对转子系统的刚度特性及动力学特性产生影响。

由于连接界面只能承受压力而不能承受拉力,在外载荷作用下其力学特征为:界面处有效接触面积不连续、界面应力分布非均匀及界面间因分离产生相对转角,这些均会导致连接界面的抗弯刚度小于该截面为固接时的抗弯刚度,产生刚度损失。可通过刚度修正系数 η 定量描述刚度损失,修正系数 η 由三方面组成:

$$\eta = \eta_1 \cdot \eta_2 \cdot \eta_3 \qquad (4.9)$$

式中，η_1 为界面接触面积修正系数；η_2 为界面应力修正系数；η_3 为界面弯曲变形修正系数。该刚度修正系数可以通过接触应力仿真计算或相应的试验数据近似得到。

对于带有连接界面的非连续转子结构系统，若连接结构在工作循环中存在较大的弯曲变形，则应考虑连接结构刚度损失对转子系统动力学特性的影响。由于应变能的大小可准确定量地反映结构的弯曲变形程度，因此在转子动力学设计中应尽量降低连接结构处的应变能分布，抑制连接结构刚度损失及其对转子系统动力学特性的影响。

图 4.49 为三级轴流压气机试验器转子结构，转子采用大跨度两点支承，并带有多个止口连接结构。

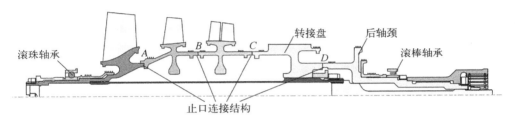

图 4.49 三级轴流压气机试验器转子结构图

基于上面定义的刚度修正系数，采用修正弹性模量的方法考虑连接结构刚度损失对转子系统动力学特性(临界转速)的影响，计算结果见表 4.2。结果表明：连接结构刚度损失对刚体振型临界转速(平动和俯仰)影响较小，对弯曲振型临界转速影响较大。连接结构刚度损失可使转子弯曲振型临界转速下降约 22%。

表 4.2 连接结构刚度损失对转子系统临界转速的影响

连接状态	平动振型临界转速/(r/min)	变化率	俯仰振型临界转速/(r/min)	变化率	弯曲振型临界转速/(r/min)	变化率
不考虑刚度损失	8640		16 140		55 020	
考虑刚度损失	8 460	↓2%	15 720	↓3%	42 915	↓22%

连接结构处是否产生刚度损失与转子弯曲变形有密切关系，如果转子在工作过程中没有弯曲变形，则不需要考虑连接结构弯曲刚度损失问题。而随着转子工作转速的提高，转子的最大工作转速与弯曲振型临界转速之间的裕度越来越小，使得转子在工作中会产生一定的弯曲变形，这就必须考虑连接结构弯曲刚度损失及其对转子弯曲振型临界转速的影响。止口连接结构产生弯曲刚度损失的主要原因是：当转子产生弯曲变形时，连接界面上的应力分布发生变化，抗弯曲变形能力减

小,在角向变形上具有阶跃(挠角不连续)特性,产生一定的角向约束刚度的下降。理论计算分析和试验验证结果表明,由于在刚体振型临界转速下,转子的弯曲变形很小,连接结构弯曲刚度损失及其影响很小,可以不考虑其影响,而对于弯曲振型临界转速的影响则必须考虑,即连接结构弯曲刚度损失对外部载荷环境十分敏感。

4.3.3　共振转速分布

航空发动机转子动力学设计中,以"避开共振"理论为基础的安全裕度设计是转子动力学设计的基础,对于多支点柔性转子系统,在设计时需要考虑支点数目、支点位置和支承刚度对转子系统动力学特性的影响。

下面以涡扇发动机的低压转子系统为例,分析多支点柔性转子系统各阶共振转速的分布特性。图4.50为典型低压转子系统结构示意图,转子采用0-3-0支承方案,在动力学设计中,需要考虑工作转速范围内各阶共振转速的分布,以及在不同转速下各支点动载荷的变化及其外传振动响应。

图4.50　低压转子系统结构示意图

通过建立有限元模型,计算得到三支点低压转子系统各阶共振转速的分布及对应振型,如图4.51所示。

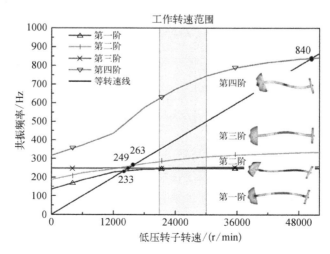

图4.51　低压转子系统各阶共振转速分布及对应振型(三支点)

转子系统共振转速图表明,柔性转子系统的前三阶共振转速对应的振型分别为:整体一弯、整体二弯和涡轮轴弯曲。弯曲变形使得风扇和低压涡轮盘的陀螺力矩效应加大,通过转子结构和支承约束特性的设计,前三阶临界转速交汇在 13 980~15 780 r/min 转速范围内,不仅使转子系统的工作转速具有一定的安全裕度,还可以使转子加速通过三阶临界转速时,减小振动响应。

总之,在转子系统尤其是柔性转子系统的动力学设计中,支承方案和支点位置的确定不能仅仅依靠临界转速及其安全裕度。第 2 章所介绍的采用两支点和三支点支承方案的转子系统,其临界转速都能有充足的安全裕度,但两种结构设计方案的各阶共振转速分布不同,会导致转子工作过程中的振动响应(转子变形和支点动载荷)不同,使得整机动力学特性、结构系统高周疲劳损伤和结构可靠性有所差异。

4.4　防 错 设 计

防错设计是机械设计中十分重要的一环。其在航空发动机上显得尤为重要,防错设计的优劣直接影响到发动机的性能和安全性,甚至影响乘坐人员的生命安全。一个好的防错设计能够大大节约装配、维修工时和使用成本,大大提高发动机的可靠性和安全性,也可大大提高发动机的可靠性和安全性。

4.4.1　机匣配合防错设计

机匣安装边的螺栓孔一般为均布的,可能造成机匣安装时的周向安装错误。一般采取一个或多个螺栓孔非均布,如图 4.52 所示的 A 处,同时为了方便周向精密定位,孔 A 可以设计为精密螺栓孔;周向设计非均布的销子孔,如图 4.52 所示的 B 处。

为保证发动机各部件间的安装方便、快捷,通常在各部件前后接口的安装边上采取防错凹槽设计,装配时只需对齐安装边上的槽口,即可保证装配正确,如图 4.53 所示。对于安装边上的连接孔周向均匀分布的情况,为防止出现装配错误,有时还会在防错凹槽的基础上再设计一个特殊角向位置的孔,如图 4.54 所示。

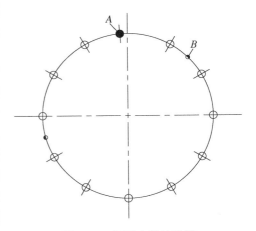

图 4.52　机匣安装边防错

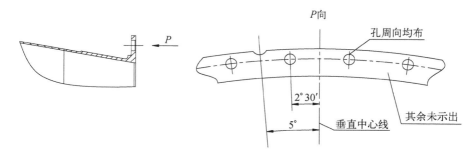

图 4.53 安装边防错凹槽设计图例

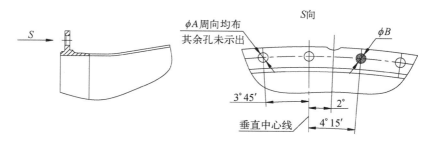

图 4.54 安装边防错凹槽+防错孔设计图例

高压压气机各级轮盘为单体结构,部分轮盘之间通过止口配合连接,例如,轮盘处于中间级,前后均需与其他级止口配合时,为防止出现轮盘安装反向的问题,需采用防错设计。设计时,将轮盘前、后两个止口的尺寸设计为不同值,且存在一定差值(如图 4.55 中的尺寸 A、B)。这样在任何方式下也不会出现错误装配。

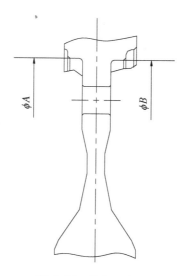

图 4.55 轮盘示意图

4.4.2　偏心防错安装结构

在传统结构中,发动机传感器附件主要使用安装螺栓穿过附件的两个安装耳孔与机匣安装座进行连接固定,此种结构由于缺少结构防错设计,容易出现安装错误,导致附件功能无法实现,引起发动机故障。

偏心防错安装结构是将附件中心与安装孔连线偏置距离 D 以起到防错效果,结构示意如图 4.56 所示。

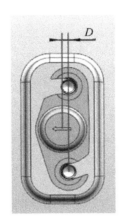

图 4.56
偏心防错设计图

偏心防错安装结构通过将附件、机匣安装座的中心与安装孔偏置,可实现100%的有效防错。如附件安装错误,由于偏心的存在,两个安装螺栓将无法同时拧入固定,防错效果如图 4.57 所示。

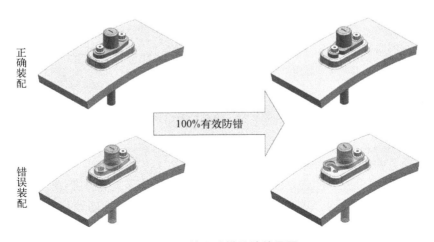

图 4.57　偏心防错设计效果图

4.4.3　安装座防错设计

对于仅有两个安装螺栓的安装座的防错设计,可以采用中心孔与固定螺栓孔不等距设计,如图 4.58 所示。

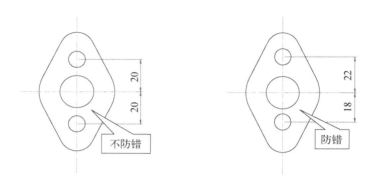

图 4.58　安装座防错设计图(单位: mm)

4.4.4　管路防错设计

外部管路设计时,将两根平行同一走向的管路设计成两根长短不同、接头位置不同的管路,以避免两条管路装错位置,如图 4.59 所示。

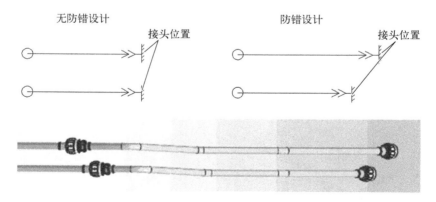

图 4.59　平行同一走向的管路防错设计

4.4.5　附件安装防错设计

附件安装座上安装附件的螺栓孔周向均布,虽然在装配图中明确了装配关系,但由于是盲装且无其他要求,所以附件安装角度不确定,属无防错设计。针对此类安装,制定防错措施时,可在安装座中增加定位销 $\phi4.2$ 防错,防止发生错误装配,如图 4.60 所示。

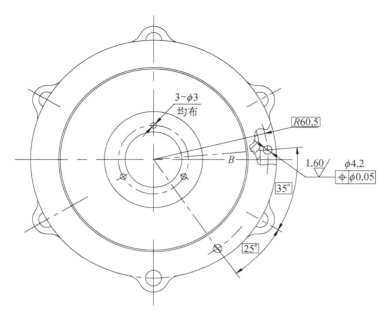

图 4.60 防错定位销(单位: mm)

第5章
整机单元体设计及重量控制

5.1 单元体设计概念及划分原则

5.1.1 概念

单元体(module)为发动机组成的一部分,是由结构和工艺保证,按照一定的设计要求所形成的在性能和结构上具有相对独立性的结构体。根据在设计和使用过程中单元体的特点,可分为基本单元体和维修单元体。基本单元体(basic module)为在结构设计中用作发动机结构装配和分解基础的单元体。维修单元体(maintenance module)为单元体内具有自身独立尺寸链以保证获得特殊的封闭尺寸和性能要求(如轴向间隙、啮合间隙等),并可在尺寸链中设置调整元件,在发动机上进行更换时不需要进行综合调整、平衡和试车的单元体。

采用单元体结构设计,在航空发动机研制、使用、维护过程中,可取得的收益主要表现为以下几方面:

(1)减少整机结构的设计匹配周期,改善整机装配性;

(2)单元体内部的零组件具备相似的工作环境和寿命,可以简化寿命管理的成本;

(3)在外场使用维护中,可实现对单元体的快速更换,减少整台发动机的备用数量,节省维修周期与成本,提高飞机出勤率;

(4)可按单元体对整台发动机的生产和运输进行分包,增加了生产和运输的便捷性,也减少了生产和运输的时间与成本。

在航空发动机研制过程中通过采用合理的单元体结构设计,对降低航空发动机的使用与维护成本,提高其经济性具有重要意义,值得深入研究。

5.1.2 单元体分类及划分原则

在航空燃气涡轮发动机单元体设计中,对于单元体划分,从不同角度可以有不同的划分标准,从维修性角度考虑,通常需满足以下设计原则:

(1)单元体作为一个独立的模块,不仅在功能上具有互换性,在结构上也具有互换性；

　　（2）单元体界面清晰、连接结构简单，便于维修与更换；

　　（3）单元体拆装可达性好，更换时不影响其他单元体的完整性；

　　（4）单元体内的转子可单独预调平衡，更换单元体时，发动机无须再次平衡；

　　（5）单元体内的零组件寿命尽可能接近，便于发动机的寿命控制与管理。

　　根据单元体设计的基本原则，航空发动机的单元体可以划分为具有独立功能部件的单元体、高精度装配组合件和以便于更换维修单元等。其中，具有独立功能部件的单元体有核心机、风扇、中压压气机、高压压气机、燃烧室、高压涡轮、中压涡轮、低压涡轮、加力燃烧室、排气装置、附件传动机匣、减速器、功率输出轴等；高精度装配组合件有中介机匣、中央传动装置、高压涡轮转子、高压涡轮静子等；便于更换的维修单元可以是发动机的功能性能部件并带有一些单独的零组件，或带有相邻功能性部件的装配组合件，如燃烧室进口带有高压压气机出口整流叶片而组成的燃烧室单元体，或燃烧室出口带有高压涡轮导向器的单元体。此外，在发动机中还可根据在使用中需要更换的若干个维修单元体，如压气机单元体分为压气机转子和压气机静子单元体。

　　在发动机总体结构设计中需要对单元体提出一些基本要求：① 除另有规定外，必须保证发动机处于垂直位置和水平位置时，都能拆装单元体；② 发动机的结构设计和更换单元体的方法，应保证在维修条件下能从发动机上拆装单元体；③ 应保证能将不需分开的一组（或若干组）单元体成套地装拆；④ 发动机在装机的情况下，应能更换那些容易拆卸的单元体。

　　对单元体结构设计的要求如下：① 基本单元体必须具有最高的结构稳定性、可靠性和耐久性；② 单元体的结构设计必须保证发动机和该单元体能按技术状态的要求使用；③ 单元体在发动机上的安装位置有确定的要求时，在结构上应采取防错措施，以排除不正确安装的可能性；④ 维修单元体的连接处，允许使用补偿元件（环、偏心轴套等），来保证转子支承的同轴度，补偿元件应作为单元体的组成部分，在单元体修理时，用来恢复其几何互换性；⑤ 单元体的结构必须保证易于将单元体从结合处脱开，如在安装边上设有顶丝孔或在外缘设计较大的倒角等；⑥ 单元体在发动机上对接时，其流道部分应保证平滑过渡；⑦ 导管和导线的连接处应设置在单元体对接的平面附件上；⑧ 单元体结构应能分成若干个维修单元体，以便能用最少的工时和器材恢复其工作能力，在风扇、压气机等单元体结构中，必须考虑到在外场维修时更换故障叶片的可能性；⑨ 单元体上应留有能方便、可靠地固定吊具和支撑的结构；⑩ 在更换单元体时，发动机转子的支承轴承应保持其本身的成套性；⑪ 风扇转子、压气机转子和涡轮转子的平衡精度和平衡方法应保证在更换单元体后不需要进行平衡；⑫ 单元体中对发动机性能影响较大的因素，如叶片型面、气流通道型面、发动机喉道面积等，必须有较高的精度等级。

5.1.3　典型示例分析

单元体设计有诸多优点,目前国外成熟民用航空发动机,如 RB211、PW4000、CFM56 等无一例外地采用了单元体设计,其设计技术方法与流程已趋于成熟,并经过了大量实践验证。

1. RB211 发动机

RB211 发动机是罗罗公司于20 世纪60 年代开始研制的第一款三转子高涵道比涡轮风扇发动机,并于 1972 年开始服役于洛克希德公司的 L‒1011 客机,目前主要配装在波音 747/767、空客 A330 等飞机上。其单元体划分方案如图 5.1 所示。

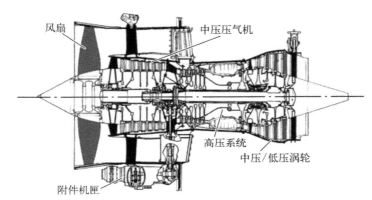

(a) 发动机总体结构简图

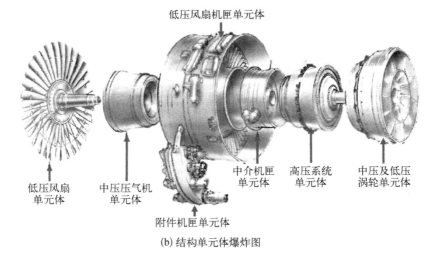

(b) 结构单元体爆炸图

图 5.1　RB211 发动机单元体划分示意图

从图 5.1 的单元体划分可以看出,RB211 发动机总体结构设计方案中,主单元体划分为 7 大部分,包括低压风扇、中压压气机、低压风扇机匣、中介机匣、高压系统(含燃烧室)、中压/低压涡轮、附件机匣。

从其单元体划分情况看,主要考虑了以下几方面内容:① 主单元体的划分保证了各部件的功能性,可以实现功能互换;② 单元体尺寸结构具有互换性,转动件更换前经过平衡,更换后发动机转子不用再进行平衡,为此对单元体中的零件进行详细要求,如对更换的风扇叶片有重量规定和沿叶高的重量分布要求;③ 单元体界面清晰可达,连接结构简单,便于分解和装配;④ 为便于外场更换单元体,转子间连接均采用了容易拆装的圆弧端齿联轴器,可实现在飞机上进行单元体更换,其他公司的发动机一般不能在飞机上进行单元体更换。

2. PW4000 发动机

PW4000 发动机是普惠公司于 1982 年启动研制的民用高涵道比双转子涡扇发动机,主要用于替代 JT9D 发动机,配装在波音 747/767、麦道 MD-11、空客 A300/310 等飞机上。其单元体划分方案如图 5.2 所示。

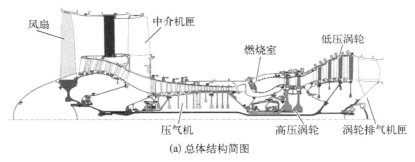

(a) 总体结构简图

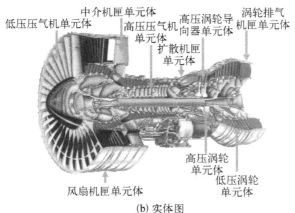

(b) 实体图

图 5.2　PW4000 发动机单元体划分示意图

从图 5.2 的单元体划分可以看出,PW4000 发动机总体结构设计方案中,维修单元体有 11 部分,包括低压压气机、风扇机匣、中介机匣、高压压气机、扩散机匣、高压涡轮导向器、高压涡轮、低压涡轮、涡轮排气机匣、主齿轮箱和角齿轮箱。相对独立的零件有整流罩、风扇叶片、短轴、轴承/轴承支承/封严件、外部管路等。

从其单元体划分情况看,主要考虑了以下几方面内容:① 维修单元体划分得更为详尽,提高了生产、组织与运输的便捷性;② 各单元体界面清晰可达,连接结构简单,便于分解和装配,且单个单元体的拆装不影响其他单元体;③ 将维修频次相近和使用寿命相近的相邻部件划分为一个单元体;④ 每个单元体有独立的定位基准,保证了单元体内转静子的相对位置正确。

3. CFM56 系列发动机

CFM56 发动机是 CFMI 国际公司于 20 世纪 70 年代开始研制的双转子高涵道比涡轮风扇发动机,并于 1979 年开始服役于麦克唐纳-道格拉斯公司的 DC‑8 客机,主要配装在波音 737、空客 A320/319/321/340 等飞机上。其单元体划分方案如图 5.3、图 5.4 所示。

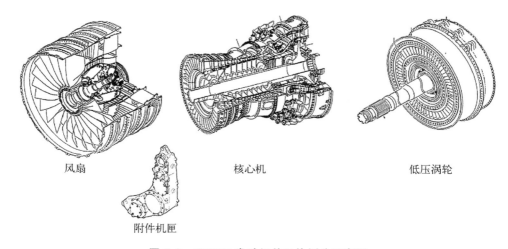

风扇　　　　　　　　核心机　　　　　　　　低压涡轮

附件机匣

图 5.3　CFM56 发动机单元体划分示意图

由图 5.3 的单元体划分可以看出,CFM56 发动机在总体结构设计方案中,主单元体划分为 4 大部分,包括风扇、核心机、低压涡轮和附件机匣。由图 5.4 的维修单元体划分可以看出,4 个主单元体包含 17 个维修单元体,即风扇包括风扇与增压级、No.1/No.2 轴承支承、中央传动齿轮箱及 No.3 轴承支承、风扇机匣;核心机包括高压压气机转子、高压压气机前段静子、高压压气机后段静子、燃烧室机匣、燃烧室火焰筒、高压涡轮导向器、高压涡轮转子、低压涡轮第一级导向器;低压涡轮包括低压涡轮机匣、低压涡轮轴、低压涡轮转子/静子。

从其单元体划分情况看,主要考虑了以下几方面内容:① 根据使用/维修经验更为灵活地组合各维修单元体,提高维修性;② 主单元体的划分兼顾其承制商分

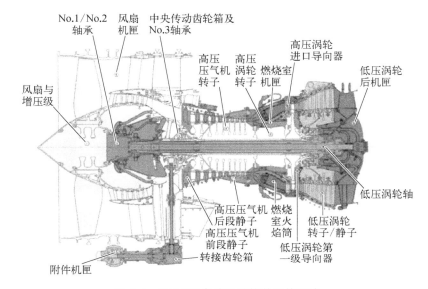

图 5.4　CFM56 发动机结构单元体组成

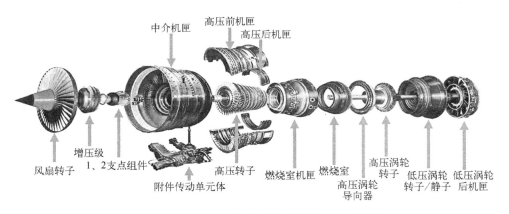

图 5.5　CFM56 - 2 发动机结构单元体划分示意图

工(核心机主单元体由通用公司承制,风扇增压级和低压涡轮主单元体由 SNECMA 公司承制),提高了设计、生产、制造等的效率,节省了整机拆装、分解时间,便于使用和维修;③ 为便于拆装与维修,主单元体可按照实际装配关系尽可能划分为若干小的维修单元体;④ 各单元体界面清晰,连接结构简单,单元体内零件数量少,便于拆装与维修。

由图 5.5 可以看出,从单元体划分情况看,主要考虑了以下几方面: ① 对返修率较低的零组件划分单独的维修单元体,如风扇静子组件划分为单独的单元体,可留在飞机上维修;② 根据发动机结构尺寸、结合拆装、运输便捷性进行划分;③ 考虑实际的装配状态,形成维修性更好的单元体组合。

5.2　整机装配设计

5.2.1　整机装配规划

1. 装配规划原则

设计发动机时,从结构观点出发,按各组、部件在发动机中所起的作用及其功能特性划分为压气机、燃烧室、涡轮、附件传动机匣、减速器、加力燃烧室、反推力装置等。从装配工艺观点来看,这些结构组、部件不一定都是装配组、部件(工艺部件),设计装配工艺规程时,根据发动机的结构和装配工艺特点把发动机划分成若干装配单元(工艺部件)。装配单元的划分原则包括以下几项:

(1) 每一个装配组、部件能够独立地进行装配,并形成一个独立装配单元,总装配时,组、部件的连接不互相干扰;

(2) 发动机总装配主要是各组、部件的连接和各系统零件的装配工作,直接参加总装配的零件数量应减至最少;

(3) 零件选配、调整、修配等工作尽可能地在独立装配单元(工艺部件)中完成;

(4) 每个独立装配单元装配完成的时间尽可能相等,使装配工作均匀地进行,以便有节奏地组织生产;

(5) 必须具有采用合理的装配程序达到规定装配精度和技术要求的方法;

(6) 在尽可能的条件下,加大工作密度,以便缩短装配周期;

(7) 每个独立装配单元在装配完后能够安排检验和验收工序;

(8) 独立装配单元按其技术要求能做必要的试验工作。

2. 装配组件、部件、单元体

从装配工艺观点来看,发动机结构系统是由零件、组件、部件、单元体、成品件和附件组成的。

1) 发动机零件的分类

发动机全部零件的分类见表5.1。

表 5.1　发动机零件分类表

分　类	名　称	含　义　与　实　例
按零件 作用分类	主要零件	构成发动机最主要的单元,包括压气机、涡轮的叶片、盘、轴、机匣壳体等
	传动零件	构成传动系统的基本单元,包括传动轴、杆、齿轮、联轴器等
	紧固零件	固紧各种连接件的基本件,包括螺桩、螺栓、螺钉、螺母等

续　表

分　类	名　称	含　义　与　实　例
按零件 作用分类	锁紧零件	锁紧各种连接件的基本件,包括弹簧垫、开口销、各型锁片、自锁螺母、锁丝等
	封严零件	封严各种连接件防止泄漏的基本件,包括各型石棉垫、胶圈、铜垫、铝垫、封严帽、封严环等
按实施 特性分类	单元体	是航空产品实施特性分类的基本单元,包括零件、固定连接件,不可分的初级装配件,外购成件(轴承、接插件)
	关键件	具有关键特性的零件(设计图样中标注关键特性符号)
	重要件	具有重要特性的零件(设计图样中标注重要特性符号)
	一般件	具有一般特性的零件(设计图样中无特性符号)
按外购分类	成品件	承制厂不制造的外购件,包括轴承、防波管、接插件、电线、橡胶件、塑料件等
	成附件	组成发动机电气、燃油、滑油、调节、操纵等系统的外购成品件,包括起动机、发电机、点火线圈、电磁阀、控制盒、状态操纵器、油泵、调节器、增压泵、燃滑油附件等

2)装配工艺组件、部件

从装配工艺观点分析,组成发动机的工艺组件、部件分为以下几大类。

(1)机械组合件:由若干个零件组成,这些零件必须一起进行加工,如压气机转子、压气机机匣、涡轮转子、导向器等。

(2)焊接组合件:由若干个零件用焊接接合的方法组成,如火焰筒、加力燃烧室筒体、扩散器壳体、稳定器、点火器等。

(3)交接组合件:由若干个零件用特种交接的方法组成,如复合材料外涵机匣。

(4)装配组合件:零件、机械组合件、焊接组合件、交接组合件直接由装配工作过程组成具有独立性质的装配单元,如扩散器。

(5)装配部件:两个或更多的零件直接由装配工作过程组成的装配单元,如附件机匣等。

(6)单元体:完全互换的结构与工艺统一的单元。在发动机独立完成一个使命时,不需要特殊调整试验就能更换,更换时一般只用通用工具,不用专用工具,单元体是为完成统一使命在结构上组合成一体的一套协同工作的零件,如压气机、涡轮等。

3)装配路径设计

对于采用单元体设计的航空发动机,其装配流程可主要划分为维修单元体装配、主单元体装配、整机装配、发动机试车以及发动机拆卸/分解/检查 5 大过程,典型装配流程如图 5.6 所示。

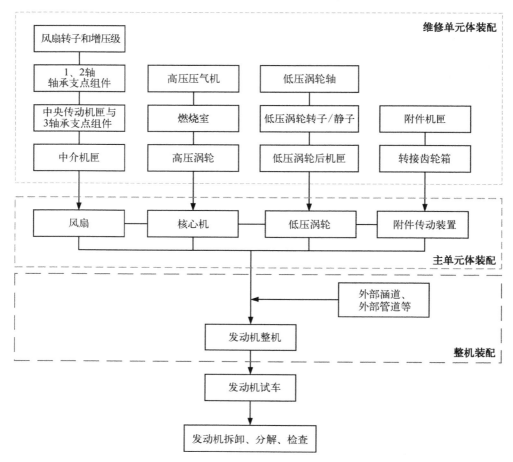

图 5.6　基于单元体设计的涡扇发动机典型装配流程

（1）维修单元体装配:主要是将零件、组件按照正确的相对位置、规定的精度与配合,通过可靠的连接装配成轴承支点、中介机匣、高压压气机、燃烧室等维修单元体。

（2）主单元体装配:将维修单元体进行组装,完成风扇、核心机、低压涡轮和附件传动装置等主单元体的安装、连接,安装过程中支点同心度和转子轴向活动量的测量,以及转子、静子机匣间隙的测量和调整等。

（3）整机装配:将各主单元体进行连接,并完成外部涵道、组件(附件传动机匣、扩散器、喷口等)、外部管道、电气系统、调节和操纵系统及附件的安装、连接、调整和试验,形成完整的涡扇发动机。

（4）发动机试车：航空发动机装配完成后，为磨合发动机零组件、部件，检查各附件的工作情况和装配质量，以及按技术条件调整性能参数，应进行发动机试车。

（5）发动机拆卸、分解、检查：航空发动机在试车过程中或过程后需要分解、检查和排除故障时应进行拆卸、分解、检查，一般包括高压及低压涡轮滚子轴承径向活动量、高压及低压压气机转子轴承径向活动量、低压压气机转子叶片活动量、封严圈间隙测量以及零组件外部检视等内容。

4）整机装配主要工艺

航空发动机装配工艺过程采用了多种连接方式，如螺纹连接、键连接、各种配合连接、轴承连接、焊接及黏接等，总结起来可分为可拆卸连接、不可拆卸连接及活动连接，因连接方式的不同，其装配工艺也不同。

5.2.2　典型示例分析

1. 螺纹连接

螺纹连接是航空发动机结构系统各组成部分固定在一起最常见的连接方式，是一种可拆卸连接方式。螺纹连接一般是在螺杆和螺母上采用螺纹进行压紧以产生预紧力，根据结构形式不同可分为法兰-短螺栓、法兰-长螺栓连接和在转轴上通过大螺母压紧连接固定和传递载荷，此外，在封严圈、盖板、管路和附加固定上还常采用螺钉固紧。需要注意的是，在航空发动机上，所有螺纹连接均需要做防松脱设计。

无论连接结构的配合形式如何，采用螺纹连接时应满足以下要求：

（1）利用螺栓连接的零件，其结合处在工作载荷的作用下应保持牢固；

（2）在有交变载荷时，螺纹连接元件应有足够的持久强度；

（3）受液体或气体作用的结合处应是密封的；

（4）螺纹连接的零件不应有任何松动（或拧出）。

2. 各种配合连接的装配

配合是指基本尺寸相同的、相互结合的孔和轴公差带之间的关系。根据孔、轴公差带之间的相互位置关系和配合性质可将配合分为间隙配合、过盈配合和过渡配合三大类，如图 5.7 所示。

1）过盈配合连接

过盈配合连接是利用材料本身的弹性，使被连接件在一定装配过盈量下套装起来的一种连接形式，这种连接也叫干涉配合连接或紧配合连接。在航空发动机中有不少这样的连接，在这种连接中，零件之间的接合是靠摩擦，即零件之间的紧度过盈量来实现的，如压气机轮盘之间、涡轮轴与轮盘以及滚动轴承内环与轴的连接等，如图 5.8 所示。过盈配合连接的装配方法有压入法和涨缩法。

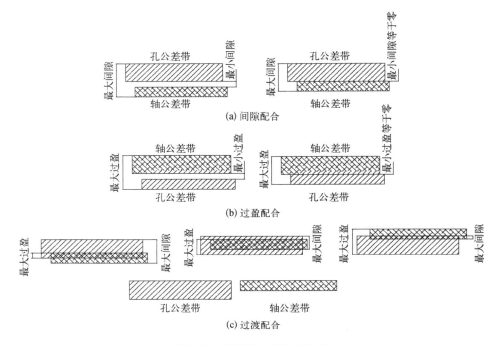

图 5.7　零部件三类配合关系

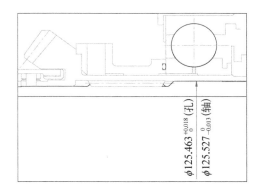

图 5.8　零部件过盈配合示意图

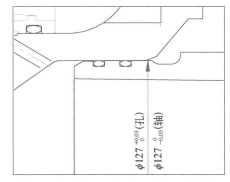

图 5.9　零部件过渡配合与间隙配合示意图

2）过渡配合与间隙配合连接

对于间隙配合,由于两配合件之间存在间隙,装配时比较容易,可以自由拆装,而不需要特殊工具。过渡配合是一种介于间隙配合与过盈配合之间的配合,有些配合件之间可以直接装配;另外一些配合件之间有一定过盈的配合,一般用于为了消除振动的影响、比较紧密配合的地方。如滚动轴承的精密定位,传递力比较大时常采用这种配合方式,或大功率且有冲击、振动的传动零件的配合(如齿轮等),这种过渡配合需要一定的外力,如图 5.9 所示。

3. 转动件平衡

如果在工作转速范围内,工况变化(如工作转速或温度场改变)引起的结构单元相对位置改变不会显著影响转子状态,即可称该转子为恒定状态转子,简称恒态转子。恒态转子在不同工况下的质量分布特性均可用转子整体惯性主轴的初始偏斜表征,在工程上则往往用两个或多个平面内的不平衡量进行等效。一般来说,当转子工作转速范围远低于其弯曲模态时,可以将其视为恒态转子。

对于质量分布确定的恒态转子,其质心偏移和惯性主轴倾斜恒定。如果采用不同的测试截面和表示方法,所得的不平衡结果可能会有很大差异,这种差异是数学描述和分析角度不同所产生的。

1) 不平衡描述

在工作转速范围内,恒态转子工作过程中由质量分布所产生的力学效果可通过转子的质心偏移和惯性主轴倾斜来完整表征(后面合称为惯性主轴偏斜)。

图 5.10 为恒态转子惯性主轴偏斜状态及其描述方法。在垂直于转子旋转轴的平面内建立随转子一起旋转的极坐标系,并将转子质心和惯性主轴投影至该平面内,则质心偏移的幅值 M_e 为转子质量与偏移距离 e 的乘积,单位为 g·mm,质心偏移相位角为转子质心-旋转惯性轴连线在极坐标系中的夹角 φ_e;惯性主轴倾斜的幅值为转子转动惯量与其倾斜角的乘积 I_θ,单位为 g·mm^2,惯性主轴倾斜的相位角为惯性主轴投影在极坐标系内的夹角 φ_I。因此转子质心偏移的完整表述为 $M_e \angle \varphi_e$,惯性主轴倾斜的完整表述则为 $I_\theta \angle \varphi_I$。

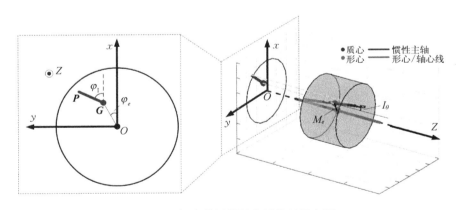

图 5.10 恒态转子惯性主轴偏斜示意图

根据转子质心偏移和惯性主轴倾斜量的大小,可以将恒态转子的不平衡状态分为静不平衡、偶不平衡和动不平衡。

静不平衡(static unbalance),即转子惯性主轴仅平行偏离于转子轴线的不平衡状态,处于该状态下的转子仅有质心偏移,转子旋转时仅会受到旋转惯性力的作用。

偶不平衡（couple unbalance），即旋转惯性轴与轴线在质心相交的不平衡状态，处于该状态下的转子仅有惯性主轴倾斜，转子旋转时仅会受到旋转惯性力矩的作用。

动不平衡（dynamic unbalance），即转子旋转惯性轴相对于转子轴线处于任意位置的状态，处于该状态下的转子同时有质心偏移和惯性主轴倾斜，转子旋转时会同时受到旋转惯性力和旋转惯性力矩的作用。

为了方便不平衡量的测量以及低速平衡，在工程中对恒态转子的不平衡状态进行定量描述时，往往会使用两个或多个平面上的不平衡矢量来对恒态转子的质量分布不对称状态进行力学等效。等效后，不平衡矢量组成的合成不平衡与转子质心偏移相同，同时不平衡矢量相对质心平面的合成矩不平衡与转子惯性主轴倾斜相同。

不平衡量是表征转子在特定横截面内的质量分布相对其旋转中心不对称程度的物理量，单位为 $g \cdot mm$。当转子旋转时，该平面 $M_e \ g \cdot mm$ 不平衡量所产生的旋转惯性力幅值等效于在该平面内相距旋转中心单位距离的位置放置质量为 $M_e \ g$ 的物体。

不平衡相角是在位于转子横截面内并随转子一起旋转的极坐标系中，该平面内的不平衡量位于该坐标系中的极角。

不平衡矢量即大小为不平衡量、方向为不平衡相角所构成的矢量。

合成不平衡（resultant unbalance），即沿转子分布的所有不平衡矢量的矢量和，单位为 $g \cdot mm$（在工程应用中，一般称其为转子的静不平衡量）。

合成矩不平衡（resultant moment unbalance），即沿转子分布的所有不平衡矢量对合成不平衡平面的矩的矢量和，单位为 $g \cdot mm^2$。合成矩不平衡与所选择的基准截面在转子轴向的位置有关，在工程应用中，一般可以通过基准截面位置的需求，得到在两个不同的横截面内的一对大小相等、方向相反的不平衡矢量，并称其为转子的偶不平衡量。具体的计算公式为

$$P_r = \sum_{k=1}^{K} (z_k - z_{U_r}) \times U_k \tag{5.1}$$

式中，P_r 为合成矩不平衡，$g \cdot mm^2$；U_k 为第 k 个不平衡矢量，k 为 $1 \sim K$；z_k 为从一基准点到 U_k 平面的轴向位置的矢量；z_{U_r} 为从同一基准点到合成不平衡 U_r 的轴向位置的矢量。

需要注意：虽然合成矩不平衡与惯性主轴倾斜的单位相同，所产生的力学效果也互相等效，但是两者的内在物理意义有本质区别：惯性主轴倾斜的单位中，$g \cdot mm^2$ 表示转子的转动惯量；而合成矩不平衡的单位中，$g \cdot mm$ 为转子某一平面的

不平衡量,第二个长度单位 mm 则指的是该平面与合成不平衡平面之间的距离。

2) 转子不平衡设计要求

航空发动机典型转子结构中,高压转子的弯曲刚性较大,工作转速一般在弯曲振型临界转速以下,但由于随着转子长径比和最大工作转速的提高,在工作转速范围内,转子会产生一定的弯曲变形,在一定条件下,也会对转子系统的振动响应特性,尤其是支点动载荷产生较大影响。

参考航空发动机的设计标准和实际工作经验,并考虑在加工、装配过程中的实际操作,可将航空发动机的转子平衡控制分为初始不平衡量控制和许用剩余不平衡量控制两部分。其中,初始不平衡量是指转子装配过程中,平衡前转子上存在的不平衡量;剩余不平衡量是指通过平衡工艺调整后的转子不平衡量;而许用剩余不平衡量是指恒态转子在平衡后对某平面(参考平面、测量平面或校正平面)规定的不平衡量的最大值,只有低于该值时,转子不平衡的状态才被认为是合格的。

其中,根据现代航空发动机整机振动特点及其对结构可靠性的影响,转子许用剩余不平衡量的平衡品质等级一般选择为 G1 ~ G2.5。而对于转子构件的初始不平衡量的控制,可按照推荐平衡品质等级确定的许用剩余不平衡量的 3 ~ 5 倍选择。

通过确定典型涡扇发动机不同结构单元的许用剩余不平衡量,实现对其质心偏移的控制。根据平衡允差的确定公式,分别选择平衡品质等级 G1、G1.6、G2.5 时,计算典型涡扇发动机高低压转子发生质心偏移时的许用剩余不平衡量 U_{per} 和许用剩余不平衡度 e_{per}。对于低速平衡的转子,往往需要将转子的平衡允差分配到两个允差平面内。

如图 5.11 所示,转子许用剩余不平衡量 U_{per} 按质心到另一侧允差平衡的距离进行分配。在支承平面 A、B 上,按式(5.2)进行分配:

$$\begin{cases} U_{perA} = \dfrac{U_{per} \times L_B}{L} \\[2mm] U_{perB} = \dfrac{U_{per} \times L_A}{L} \end{cases} \tag{5.2}$$

由式(5.2)可以看出,许用剩余不平衡量 U_{per} 向两个允差平面的分配主要取决于质心的位置。如果质心位于允差平面的中心,则两个允差平面平分许用剩余不平衡量 U_{per}。但是对于轮盘偏置转子,转子质心靠近某一支承平面,对该支承平面计算出的允差值会相对较大,接近于 U_{per} 的值,而远离质心的另一个支承平面的允差值就变得很小,接近于零。为了避免极端允差状态,需要对两个允差平面进行限定:较大的允差值不宜大于 $0.7U_{per}$;较小的允差值不宜小于 $0.3U_{per}$。

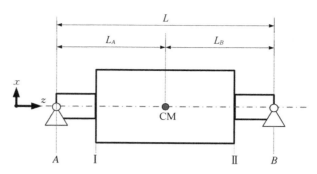

A,B -支承平面；I，II -校正平面；CM -转子质心

图 5.11 内质心转子结构特征参数

按照上述要求，对典型涡扇发动机高压转子的许用剩余不平衡量进行分配，其结果如表 5.2 所示。

表 5.2 典型涡扇发动机高压转子的许用剩余不平衡量分配

转子	平衡品质等级 G	许用剩余不平衡度 e_{per} /μm	许用剩余不平衡量 U_{per} /(g·mm)	两支承平面间距离/mm	支承平面至质心的距离/mm		许用剩余不平衡量/(g·mm)	
				L	L_A	L_B	U_{perA}	U_{perB}
高压压气机转子	G1	0.67	100	800	320	480	60	40
	G1.6	1.07	160				96	64
	G2.5	1.67	250				150	100
高压涡轮转子	G1	0.67	107	250	110	140	60	47
	G1.6	1.07	171				96	75
	G2.5	1.67	268				150	118
高压转子	G1	0.67	230	1050	680	370	81	149
	G1.6	1.07	368				130	238
	G2.5	1.67	275				97	178

对于惯性主轴与形心轴不重合的转子系统，在低转速工作时，转子绕自身形心轴自转，当工作转速逐渐升高时，转子惯性主轴相对于旋转中心轴（这时为形心轴）偏斜所产生的惯性力矩会使转轴发生弯曲变形。在工作转速一定时，旋转惯性载荷会使转子旋转中心轴由形心轴转向惯性主轴，类似于"超临界时的质心转向"，而转轴由此产生的弯曲变形反映到转子系统中，会使转子支点动载荷增加。

　　因此,对于高速转子系统,除需要控制转子质心偏移外,还需要控制转子结构惯性主轴相对形心轴的倾斜,保证转子在高转速区具有良好的动力响应特性。

　　图 5.12 为具有惯性主轴偏斜的转子在旋转过程中产生的旋转惯性载荷及其对支点动载荷的影响,假设质心偏移量在 xOz 平面的投影为 e_x,惯性主轴倾斜角在 xOz 平面内的投影为 θ_x,则此时转子支点位置(A、B)的受力 $F_{A,x}$ 和 $F_{B,x}$ 可以表达为

$$\begin{cases} F_{A,x} = \dfrac{L_B}{L_A + L_B} m e_x \omega^2 - \dfrac{1}{L_A + L_B}(I_d - I_p)\theta_x \omega^2 = F_{Ae,x} + F_{A\theta,x} \\[3mm] F_{B,x} = \dfrac{L_A}{L_A + L_B} m e_x \omega^2 + \dfrac{1}{L_A + L_B}(I_d - I_p)\theta_x \omega^2 = F_{Be,x} + F_{B\theta,x} \end{cases} \tag{5.3}$$

式中,$F_{Ae,x}$ 和 $F_{Be,x}$ 为质心偏移产生的旋转惯性载荷分别在支点 A 和支点 B 位置产生的支反力幅值;$F_{A\theta,x}$ 和 $F_{B\theta,x}$ 则为惯性主轴倾斜产生的旋转惯性载荷分别在支点 A 和支点 B 位置产生的支反力。式(5.3)可以化简为

$$\begin{pmatrix} F_{A,x} \\ F_{B,x} \end{pmatrix} = \omega^2 \begin{pmatrix} \dfrac{L_B}{L_A + L_B}m & -\dfrac{1}{L_A + L_B}(I_d - I_p) \\[3mm] \dfrac{L_A}{L_A + L_B}m & \dfrac{1}{L_A + L_B}(I_d - I_p) \end{pmatrix} \begin{pmatrix} e_x \\ \theta_x \end{pmatrix} \tag{5.4}$$

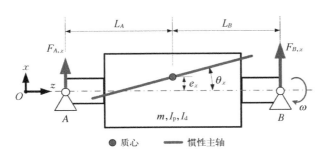

图 5.12　惯性主轴偏斜转子受力分析(xOz 平面)

　　因此,可以通过转子在旋转状态下支点平面内的受力状态获得其质心偏移和惯性主轴倾斜情况,即

$$\begin{pmatrix} e_x \\ \theta_x \end{pmatrix} = \dfrac{1}{\omega^2} \begin{pmatrix} \dfrac{L_B}{L_A + L_B}m & -\dfrac{1}{L_A + L_B}(I_d - I_p) \\[3mm] \dfrac{L_A}{L_A + L_B}m & \dfrac{1}{L_A + L_B}(I_d - I_p) \end{pmatrix}^{-1} \begin{pmatrix} F_{A,x} \\ F_{B,x} \end{pmatrix} \tag{5.5}$$

　　类似地,可以得到质心偏移量和惯性主轴倾斜角在 yOz 平面内的投影:

$$
\begin{pmatrix} e_y \\ \theta_y \end{pmatrix} = \frac{1}{\omega^2} \begin{pmatrix} \dfrac{L_B}{L_A + L_B} m & -\dfrac{1}{L_A + L_B}(I_d - I_p) \\ \dfrac{L_A}{L_A + L_B} m & \dfrac{1}{L_A + L_B}(I_d - I_p) \end{pmatrix}^{-1} \begin{pmatrix} F_{A,y} \\ F_{B,y} \end{pmatrix} \tag{5.6}
$$

并且有

$$
\begin{cases} e^2 = e_x^2 + e_y^2, & \varphi_e = \arctan(e_y/e_x) \\ \theta^2 = \theta_x^2 + \theta_y^2, & \varphi_\theta = \arctan(\theta_y/\theta_x) \end{cases} \tag{5.7}
$$

式中, e 和 θ 分别为质心偏移和惯性主轴倾斜的幅值; φ_e 和 φ_θ 则为质心偏移和惯性主轴倾斜的相位。

从上面的推导可知, 支点动载荷中惯性主轴倾斜引起的载荷幅值和由质心偏移引起的载荷幅值之比, 可以作为限制惯性主轴倾斜的定量评估标准。另外, 根据惯性主轴倾斜和质心偏移往往位于不同平面内的特点, 通过控制前后支点平面不平衡量的相位差可以间接控制惯性主轴倾斜。

如图 5.13 所示, 支点位置的载荷为转子质心偏移产生的旋转惯性载荷 F_e 和转子惯性主轴倾斜产生的旋转惯性载荷 F_θ 的矢量和, 两者之间的相对幅值比 R_s (后面称为惯性主轴倾斜相对系数) 为

$$
R_s = \frac{F_\theta}{F_e} = \frac{1}{L_A + L_B} \cdot \frac{(I_d - I_p)\theta}{me} \tag{5.8}
$$

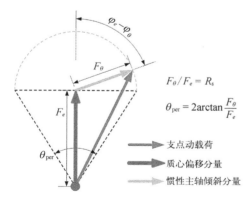

图 5.13 质心偏移和惯性主轴倾斜对支点动载荷幅值/相位的影响

R_s 表征了由惯性主轴倾斜在支点位置产生的支点动载荷幅值和由质心偏移造成的支点动载荷幅值的比值(图 5.13)。显然, 该相对系数越小, 说明惯性主轴倾斜导致的支点动载荷分量越小。

同时, 由于惯性主轴倾斜平面与质心偏移平面之间往往存在夹角, 所以支点载荷中的质心偏移分量和惯性主轴倾斜分量之间存在一定的角度差 $\varphi_e - \varphi_\theta$, 且使支点动载荷的相位发生偏移, 该偏移在 $|\varphi_\theta - \varphi_e| = \pi/2$ 时达到最大, 为

$$
\theta_{per} = 2\arctan \frac{F_\theta}{F_e} = 2\arctan R_s \tag{5.9}
$$

因此, 如图 5.14 所示, 在转子平衡过程中, 可以通过控制支点平面内的不平衡

量幅值来抑制转子的不平衡量,通过控制校正平面上不平衡量的相位可以有效抑制结构单元的惯性主轴倾斜(即不平衡量应位于阴影区域内)。θ_{per} 与惯性主轴倾斜相对系数 R_s 的对应关系如表 5.3 所示。可以假定,当惯性主轴倾斜引起的支点动载荷低于质心偏移引起的支点动载荷一个量级时($R_s \le 0.1$),结构单元惯性主轴倾斜不会在高转速状态下造成转子的振动问题,因此 θ_{per} 应小于 11.4°。应该注意到,上述对于不平衡量相位的分布要求不会随着测量平面的改变而改变。

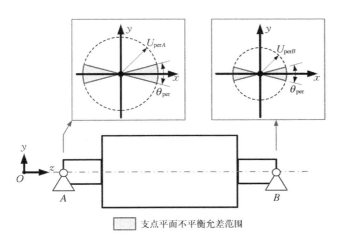

图 5.14 基于不平衡量与惯性主轴倾斜控制的转子不平衡设计要求

表 5.3 θ_{per} 与 R_s 的对应关系

R_s	0.25	0.1	0.05
$\theta_{per}/(°)$	28.0	11.4	5.7

因此,按照 G1 等级以及相对系数 $R_s \le 0.1$,并基于控制质心偏移中对许用剩余不平衡量的要求,将典型涡扇发动机各转子支点平面的许用剩余不平衡量转换到校正平面上,可以得到如表 5.4 所示的典型涡扇发动机各结构单元在校正平面内的平衡允差。

表 5.4 典型涡扇发动机高压转子在校正平面内的平衡允差(G1)

转　子	前修正面 U_{perA}/ (g·mm)	后修正面 U_{perB}/ (g·mm)	相　位
高压压气机转子	60	40	−11.4°~11.4° 或 168.6°~191.4°
高压涡轮转子	60	47	
高压转子	81	149	

基于转子在不同工作转速下体现出的力学特性,转子可分为恒态转子和非恒态转子。由于航空发动机转子系统的工作转速高、环境温度变化大,在工作状态下各构件之间会不可避免地发生相对位移,整体上不能视为恒态转子。因此,在不平衡控制上需要采取分步平衡的方法,即对转子局部组/构件按照恒态转子进行平衡,转子整体则采用同轴度、不平衡量分布综合平衡的方法。

5.3 尺 寸 控 制

航空燃气涡轮发动机总体结构设计中的相关尺寸,包括定位基准、同轴度、间隙、接口尺寸等都会对整机结构稳定性及性能产生重要的影响。因此,在总体结构设计中要重点开展上述相关尺寸的控制工作,并设计尺寸补偿结构,满足结构稳定性和性能的要求。

本节重点介绍定位基准、同轴度、间隙计算中涉及的变形分析考虑因素和方法,以及尺寸的变形协调和补偿结构的设计。同时,接口尺寸作为总体结构设计中的重要控制尺寸,也在本节最后一并介绍。

5.3.1 定位基准

定位基准主要指航空发动机总体结构设计过程中所要考虑的设计基准。

基准是指图纸或零件上用来确定几何关系所依据的那些点、线、面。按照功用的不同,基准分为工艺基准和设计基准,工艺基准又分为加工基准、装配基准等。设计基准,通常指零部件图上用来确定其他点、线、面位置的基准。工艺基准,是加工、装配等过程中使用的基准,也称为制造基准。工艺基准中的加工基准,是用来确定加工表面位置的基准,与加工表面有尺寸、位置要求。工艺基准中的装配基准,是装配过程中用以确定零部件在产品中位置的基准。

1. 定位基准的影响

定位基准在航空发动机总体结构设计中至关重要,定位基准是否合理直接影响了零部件的加工难度和加工结果,同时也对发动机在装配过程中的同轴度控制以及零部件配合紧度或间隙等方面有着重要的影响。

航空发动机的零部件结构复杂,加工精度要求较高,加工难度较大。零部件加工质量的优劣直接影响整机装配性、整机性能,甚至影响可靠性和安全性等。为减小加工误差,确保加工质量,加工时所选加工基准一般与设计基准重合。因此,在发动机设计过程中选择定位基准时,应充分考虑对零部件加工制造质量的影响。合理的定位基准,使在现有加工工艺水平下,零部件的相关尺寸能够达到图纸设计要求,得到较为满意的加工结果。反之,定位基准选择不当,会带来加工制造困难、加工公差累积过大等诸多问题,使零部件的设计要求无法保证,也使装配后的结果无法满足整机设计要求。

航空发动机在装配过程中,其整机装配基准的选择一般与总体结构设计过程中的定位基准相一致。若总体结构设计中的定位基准选择合理,以此作为装配基准,将有利于装配中的转静子轴向间隙的测量,以及部件某些装配尺寸的保证。反之,如果定位基准选择不当,将带来部件或整机装配难度增加、无法准确定位、装配尺寸要求无法保证等问题。

除加工、装配以外,定位基准的选择还对同轴度有一定影响。在航空燃气涡轮发动机中,压气机(或风扇)转子与涡轮转子以及连接它们的零件、组件,组成了发动机的转子(单转子发动机)或发动机的高、低压转子(双转子发动机)或发动机的高、中、低压转子(三转子发动机)。转子零部件之间涉及较多的连接结构,不利于转子同轴度的保持。尤其对于双转子发动机,其转子支点跨度大、低压轴细长、刚性相对较差,同轴度的问题更加凸显。

在静子结构方面,发动机机匣的不同轴主要影响转子的同轴度。由于在总体结构设计中,无法预先设置机匣同轴度的调整环节,只能用提高设计精度、减小公差累积以及提高机匣结构的稳定性来保证。根据静子支点同轴度计算可知,机匣安装边定位止口端面的垂直度对机匣同轴度的影响较大。

总之,无论对于转子还是静子,分析确定合理的定位基准是同轴度得以控制的基础。

2. 定位基准的选取

总体结构设计中,定位基准通常包括一个主定位基准和若干个辅助定位基准,如图 5.15 所示。通常选择中介机匣后端与推力轴承座安装边作为主定位基准,其余各机匣安装边为辅助定位基准。各定位基准的设计要综合考虑能够达到较好的加工、装配、同轴度、间隙结果。

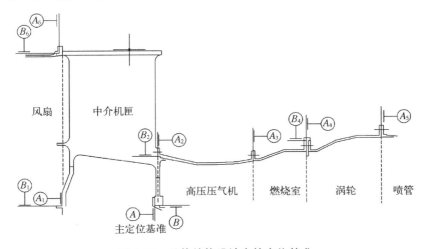

图 5.15　总体结构设计中的定位基准

1）加工方面

从整机角度出发,通过识别总体结构设计中关键的、重要的尺寸,考虑零部件公差累积,结合加工工艺水平,设计合理的定位基准。通常,各机匣安装边止口处的相关轴向尺寸、径向尺寸控制着整个部件的长度、径向高度等,同时也是各部件之间配合的重要尺寸。从对加工的影响方面考虑,将主、辅定位基准选在各机匣安装边处是较为适宜的。

2）装配方面

定位基准所在部件或位置应具有足够的刚性,以适应装配过程中发动机(尤其是垂直装配发动机)的来回翻转装配和测量,且应具有可靠、方便的装配支撑装置安装位置。

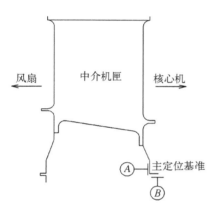

图 5.16　主基准的选择

总体结构设计的主定位基准一般设置在发动机主承力框架上。该基准是发动机整机转静子轴向尺寸和径向尺寸控制的基准位置,也是主推力轴承的定位位置。涡扇发动机的主承力框架一般为中介机匣,主定位基准设计在中介机匣上,如图 5.16 所示。风扇增压级、高压压气机、燃烧室、高压涡轮、低压涡轮、附件传动装置、尾喷管、前后吊点等发动机的其他零部件以此定位基准作为装配基准,完成整机组装。

除了整机装配,在发动机风扇、核心机、低压涡轮等部件内部的零件组装过程中,定位基准的设计也应考虑满足装配性要求。考虑到单元体设计,使其便于整机装配,并获得较好的装配质量,通常将风扇、高压压气机、燃烧室、高压涡轮、低压涡轮单元体界面位置的机匣安装边止口设计为辅助定位基准。

3）同轴度方面

基于发动机转子的结构特点,对于转子之间的连接结构,将定位基准设计在止口圆柱面上,通过小紧度圆柱面配合、精密螺栓连接、摩擦传扭,使转子结构具有较好的稳定性,从而利于转子同轴度的保持。对于静子结构,将定位基准设计在安装边止口位置,可在一定程度上减少公差累积。

4）间隙方面

间隙除受上述加工、装配、同轴度的影响外,工作过程中还主要受温度载荷、离心载荷、气动载荷、机动飞行载荷等作用,使零部件产生变形,进而影响零部件之间的间隙。基于上述情况,定位基准选在承力框架上,因其具有足够的刚度和强度,高温条件下具有良好的变形协调能力,利于保证转静子间的工作间隙。中介机匣作为发动机主承力框架,常被选作发动机的主定位基准。而压气机机匣、涡轮机匣等其余静子机匣也为发动机重要的承力结构,其安装边位置常被选为发动机的辅助定位基准。

5.3.2　整机同轴度

同轴度是评价旋转部件的一项重要技术指标,现代航空燃气轮机的主要部件均为旋转体,部件自身的同轴度以及各部件之间连接带来的同轴度的累加结果都将影响最终装配质量。因此,同轴度成为燃气轮机装配、使用过程中重点关注和控制的参数之一。同轴度的大小直接影响了航空燃气轮机的转静子间隙,偏差较大时,转静子间隙将出现周向不均匀,使得工作效率降低,严重时可能导致转静子之间异常摩碰,引起结构损伤、振动等问题,甚至会威胁到使用安全。

1. 同轴度公差

同轴度是一种定位公差,理论正确位置即为基准轴线。由于被测轴线对基准轴线的不同位置可能在空间的各个方向上出现,故其公差带为一个以基准轴线为轴线的圆柱体,公差值为该圆柱体的直径,在公差值前加注符号"ϕ"。同轴度公差用来控制理论上应同轴的被测轴线与基准轴线的不同轴程度。公差带为直径等于公差值 ϕd 的圆柱面所限定的区域,该圆柱面的轴线与基准轴线重合。同轴度公差的一般标识方法如图 5.17 所示。

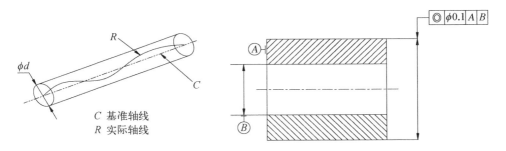

图 5.17　同轴度公差标识

大圆柱面的提取(实际)轴线应限定在直径等于 $\phi 0.1$、以垂直于基准平面 A 的基准平面轴线 B 为轴线的圆柱面内。

同心度是同轴度的特殊形式,同轴度误差反映在截面上的圆心的误差即为同心度,同心度误差即为圆心的偏移程度,示意如图 5.18 所示。

2. 同轴度影响因素

航空发动机的同轴度一般考虑的是整机支点同轴度,整机支点同轴度是航空燃气轮机转子支点间定位的一种相对关系,能够反映出发动机转子的偏移和工作

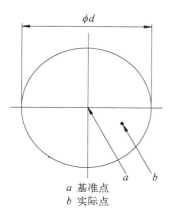

ϕd

a 基准点
b 实际点

图 5.18　同心度

状态,当支点同轴度不好时,由于转子转速较高,同轴转子绕不同轴的机匣旋转,使得转静子间的径向间隙遭到破坏,在间隙减小的一边,发生磨损或摩碰,进而引起振动过大;在间隙增大的一边,封严效果变差,漏气量增加,导致发动机性能下降,因此在装配过程中需要合理控制整机支点同轴度。尤其对于多支点航空燃气轮机,支承转子的各支点同轴度要控制在合理范围内,以保证联轴器套齿、滚棒轴承等支承结构的可靠工作。

整机支点同轴度表示因机匣、轴承座配合公差累积带来的轴线偏移,受到设计公差分配、制造加工质量、装配精度和误差累计、工作载荷和变形情况以及结构稳定性等因素的综合影响。在结构设计中,通常使用提高设计精度、减小公差积累以及提高机匣结构的稳定性来保证各支点同轴度。

造成支点不同轴的各种偏差有机匣前后安装端面跳动所引起的相连机匣的轴线偏斜偏差、机匣前后安装柱面或定位销的加工过程中造成的轴线平移偏差、两个机匣的连接造成的轴线平移偏差。

3. 同轴度计算

1) 整机支点同轴度

(1) 机匣安装边端面跳动的影响。

机匣 i 后端面对基准面 A、B 的跳动直接造成机匣 $i+1$ 的轴线与机匣 i 的轴线不重合,其夹角 α 的大小与配合柱面的直径 D_i 成反比,而机匣 $i+1$ 后安装边的柱面跳动 e_{i+1} 与机匣 $i+1$ 的轴向长度 L_{i+1} 成正比,如图 5.19 所示。

$$\tan \alpha = \frac{\Delta_i}{D_i} \tag{5.10}$$

$$\Delta Y_{i+1} = L_{i+1} \sin \alpha \tag{5.11}$$

$$\Delta Y_{i+1} = \frac{1}{2} e_i \tag{5.12}$$

对于 n 个机匣的组合件,最后一个安装边轴线的总偏移量为

$$\Delta Y_1 = \sum L_{i+1} \sin \left(\sum \arctan \frac{\Delta_i}{D_i} \right) \tag{5.13}$$

式中, Δ_i 为端面跳动值; D_i 为配合柱面的直径; L_{i+1} 为机匣 $i+1$ 的长度。

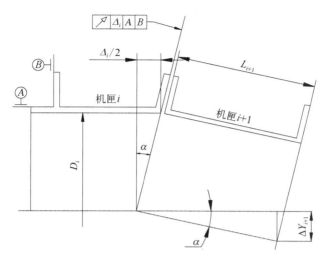

图 5.19　端面跳动的影响

（2）机匣安装边柱面跳动的影响。

当机匣 i 后安装边配合柱面与基准柱面轴线不同轴，即由柱面跳动引起的同轴度偏差。它直接影响机匣 $i + 1$ 的轴线对基准轴线的偏移，如图 5.20 所示。

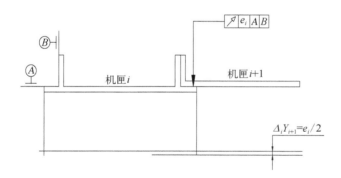

图 5.20　柱面跳动的影响

对于几个机匣的组合件，最后一个安装边轴线的总偏移量为

$$\Delta Y_2 = \frac{1}{2} \sum e_i \tag{5.14}$$

式中，e_i 为柱面跳动值。

（3）配合柱面尺寸公差的影响。

若连接面不用精密螺栓定位，而用柱面定位，则配合柱面的尺寸公差也直接影响装配精度。例如，机匣采用止口定心并选用间隙配合时，两个机匣的轴线会出现

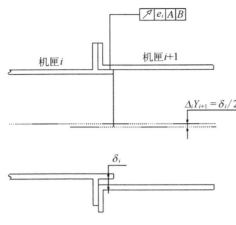

图 5.21　配合柱面尺寸公差的影响

不同轴的情况,如图 5.21 所示。

$$\Delta Y_{i+1} = \frac{1}{2}\delta_i \qquad (5.15)$$

$$\Delta Y_3 = \frac{1}{2}\sum \delta_i \qquad (5.16)$$

式中, δ_i 为柱面尺寸公差。

支点对基准轴线的总偏移量为

$$\Delta Y = \Delta Y_1 + \Delta Y_2 + \Delta Y_3 \quad (5.17)$$

2) 轴承径向游隙

在转子同轴度计算中,还需考虑轴承径向游隙的影响,假设 No.1 支点相对发动机主基准的间隙总和为 U_1,No.2 支点相对发动机主基准的间隙总和为 U_2,则由间隙导致的两支点间的同轴度为 $\frac{1}{2}|U_1 - U_2|$,轴承的径向游隙与上述道理相同,轴承径向游隙导致的两支点间的同轴度为 $\frac{1}{2}|\delta_1 - \delta_2|$,其中 δ 代表轴承的径向游隙。

4. 同轴度控制

1) 提高设计精度,减小公差积累

机匣安装边定位止口端面的垂直度对机匣同轴度的影响比柱面同轴度的影响大得多,因此对安装边的端面跳动值提出如下要求:

(1) 直径 $<\phi 600$ mm,端面跳动 ≤ 0.03 mm;

(2) 直径 $>\phi 600$ mm,端面跳动 ≤ 0.05 mm;

(3) 柱面跳动 ≤ 0.05 mm。

对于刚性较差的机匣,上述跳动值允许在机床上检查。

2) 组合加工

对于机匣数量多,各组件提高加工精度仍无法达到积累公差要求时,可以采用逐级组合加工,或整个机匣组装,对最终定位面进行组合加工,以消除中间各级机匣的积累误差,机匣的定位精度取决于最后组合加工的精度,但组合加工后的机匣失去了互换性。

3) 使用精密螺栓/定位销

精密螺栓/定位销结构可以保证两机匣定位精确,使用前,需两个机匣组合加工出精密孔;分解后再次装配时,原有精密孔无法实现顺利装配,需在组合状态下对原有精密孔进行扩孔,更换相应规格的精密螺栓/定位销进行装配。精密孔组合加工时,需根据两机匣同轴度的实测情况定位两机匣,因此,每次装配都能保证较好的同轴度水平。

4)更换机匣

对于批产发动机,由于机匣组件台份较多,在正式装配前,先将机匣预装,用专用测具对定位面的同轴度进行预测,并可用其他台份进行串装,利用各台之间的公差来调整和满足总的同轴度要求。

5)补加工

对于返修发动机,工作时间较长,机匣变形大,必然破坏原始的定位精度,若用新件串装,不仅成本高,而且各部件间的剩余寿命相差很大,可以用补加工的方法进行修复。

6)楔形垫片

对于低温低压部件,封严要求不高的结合部位,加装楔形垫片,可以调整机匣同轴度。在两个机匣安装边之间增加楔形垫片,如图 5.22 所示,楔形垫片同时与

两个安装边的端面配合,可以调节静子结构前后两端定位柱面之间的同轴度。楔形垫片的偏斜量通常根据装配中的同轴度实测值与目标值的差值确定,在事先加工好的不同偏斜量的垫片中选配,垫片安装的角向位置与实测同轴度的偏离方向相对应。这种情况下,偏心调节可以达到较大的范围,相关零件的尺寸偏差控制可适当放宽要求。

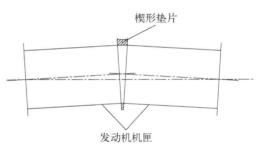

图 5.22　机匣安装边间楔形垫片

7)采用偏心的轴承衬套

对于带有轴承衬套的支承结构,若支点偏心量不大,则可以更换轴承衬套,利用衬套的公差带进行调整,也可以对衬套在小范围内进行补加工,在偏心处就地修正,这对航空燃气轮机内部结构的影响最小。

8)排除人为因素

同轴度的偏差可能由各安装边的装配间隙和连接紧固件的拧紧力不均衡等问题导致,应在装配时排除这种误差,具体方法为:卸开机匣安装边之间的连接紧固件,机匣壳体各结合安装边应清洁,无划痕、压伤及任何机械损伤,故障排除后重新装配并进行机匣同轴度检查,检查中应排除测量手法、读表误差等外在因素的影响。

5.3.3　整机间隙

间隙对发动机的效率和安全性有着十分重要的影响。随着航空燃气涡轮发动

机的发展,现代发动机追求良好的性能、高的推重比,当气动性能指标要求越来越高时,间隙设计与控制越来越受到重视,尤其是叶尖间隙。减小压气机和涡轮的叶尖间隙能大幅改善发动机的性能,降低燃油消耗率,降低排气温度,提高可靠性,延长发动机的在翼寿命,同时扩展压气机的喘振边界。研究表明,对于民用发动机来说,高压涡轮叶尖间隙减小 0.25 mm,则涡轮效率提高 1%,发动机排气温度降低 10℃,燃油消耗率降低 1%。一般来说,由于军用发动机的转速和使用温度比民用发动机高,所以军用发动机的高压涡轮叶尖间隙对燃油消耗率和排气温度的影响会更为显著。在寿命周期费用方面,减小高压涡轮叶尖间隙所得到的收益是减小低压涡轮叶尖间隙所得到的收益的 4 倍,是减小高压压气机叶尖间隙所得到的收益的 2 倍。

虽然小的间隙设计对发动机效率带来极大的益处,但并不意味着在结构设计中可以无条件地进行减小间隙的设计。间隙过小,由于振动、喘振、机动飞行以及过临界而引起间隙丧失,以致发生转静子之间的摩擦、磨损,进而改变转子的动力特性甚至引起部件损坏,发生故障。因此,需对间隙进行有效控制,使其在任何工作状态下都保持最佳值。

1. 间隙类别

发动机间隙包括轴向间隙和径向间隙。按照不同结构位置和功能,轴向间隙又分为转静子轴向间隙和转子间的轴间间隙,径向间隙又分为封严间隙和叶尖间隙。

1)轴向间隙

轴向间隙是发动机安全工作所必须要求的,在发动机工作包线内,必须保证转静子不发生任何轴向摩擦、摩碰。轴向间隙主要是指转子与相近静子结构、两相近静子结构之间以及转子间的轴向距离,主要受到转静子工作中的变形的影响,因此要严格限制轴的变形量,避免轴向摩碰。轴向间隙主要包括封严件的轴向搭接、滚棒轴承的轴向错度、F 型密封环转静件间的轴向距离以及转静子叶片之间的轴向距离等。

2)径向间隙

径向间隙对航空燃气涡轮发动机的效率和安全性都有影响。在发动机工作过程中,径向间隙的漏气损失会造成部件效率和发动机循环效率降低,因此间隙不能过大,同时为保证发动机的运转安全性,间隙也不能过小,以免转静子工作中发生摩碰。

径向间隙按照不同的工作位置又分为封严间隙和叶尖间隙。封严间隙主要包括发动机内腔封严间隙,主要用于调整内腔的气流量,进而调节内腔的压力、温度。叶尖间隙主要包括压气机、涡轮转静子叶片叶尖与机匣之间的间隙,主要用来减小气流泄露,提高部件效率。

由于轴向间隙设计的目标是保证发动机安全工作,其工作中的间隙变化影响因素较少,因此通常采用冷热态尺寸链计算的方式来校验冷态设计结果和评估热态安全工作状态。而径向间隙设计的目标是不仅要保证结构安全性,还要提高部件效率和整机的性能,同时其工作中的间隙变化受到了多种载荷的影响,因此通常需要采用仿真分析和试验结合的方式进行验证。

2. 间隙影响因素

发动机工作过程中的转静子间隙受到间隙设计初始值、发动机工作载荷和飞行载荷的影响,由零件设计加工尺寸、装配状态以及工作中的静子变形、转子变形共同决定。按照叶尖间隙的变化机理可分为两大类,即受载荷影响的间隙变化和受发动机热态影响的间隙变化。引起叶尖间隙变化的载荷有 2 类:发动机载荷和飞行载荷。发动机载荷包括离心载荷、热载荷、发动机内部压力和推力载荷;飞行载荷包括惯性载荷、气动载荷和陀螺载荷。图 5.23 示出了叶尖间隙在上述载荷作用下的变化机理。

1. 发动机载荷（离心载荷、热载荷、发动机内部压力和推力载荷）
2. 飞行载荷（惯性载荷、气动载荷和陀螺载荷）

轴对称间隙改变
- 离心载荷、热载荷
  和发动机内部压力
  产生均匀的径向位移

非轴对称间隙改变
- 热载荷、推力载荷、惯性载荷
  和气动载荷
  产生不均匀的径向位移

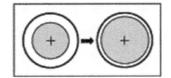 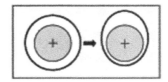

图 5.23　叶尖间隙变化机理

分别对可能引起静子变形、转子变形的因素进行全面分析。

1）静子变形影响因素

引起静子变形的载荷主要为稳态载荷,包括温度载荷、气动载荷、机动飞行载荷和其他载荷。

温度载荷:在发动机各种工作状态下,温度载荷将引起机匣零部件的热膨胀和变形,尤其是高压压气机机匣和涡轮机匣,这种变形是影响径向间隙十分重要的因素。

气动载荷:某些机匣组件内外壁的气动载荷压力差较大时,将使机匣存在一定的膨胀变形。

机动飞行载荷：飞机在机动飞行过程中，机动飞行载荷以及不对称的安装节反作用力会使机匣产生椭圆变形，椭圆变形程度主要取决于载荷大小和静子结构的周向比刚度。

其他载荷：发动机自重、阵风载荷以及其他未知因素也会引起机匣变形。

2）转子变形影响因素

引起转子变形的载荷分为稳态载荷和振动载荷，稳态载荷主要包括温度载荷、离心载荷、机动飞行载荷和重力载荷等，振动载荷主要包括不平衡载荷、喘振载荷、冲击载荷等。

温度载荷：在发动机各种工作状态下，温度载荷将引起叶片和轮盘的热变形，这种变形是影响径向间隙的重要因素。

离心载荷：在发动机各种工作状态下，随工作转速的不同，叶片和轮盘在离心力作用下沿径向伸长，在高速旋转机械中变形很大，这种变形也是影响径向间隙的重要因素。

机动飞行载荷：飞机在机动飞行过程中，由于转子的惯性和陀螺效应，发动机内部产生机动飞行载荷。陀螺效应使转子在支点位置承受力偶作用，进而产生弯曲变形。

其他载荷：发动机自身重量载荷引起的转子弯曲变形、气动载荷引起的轴向变形带来的径向位移分量、非轴对称热载荷带来的转子弯曲等。

不平衡载荷：转子不平衡量是指转子经动平衡后残余的最大不平衡量，加上由转子磨损、运行过程中装配紧度变化造成的允许恶化量。这些不平衡量应该由统计分析得到，并且认为不平衡量主要分布在各叶片级上，可以通过稳态谐响应分析得到转子的振动变形。

喘振载荷：压气机喘振不仅会产生很大的轴向力，同时由于喘振流场的非轴对称而对转子产生横向载荷。柔性转子系统对这些喘振载荷是特别敏感的，将产生振动变形。

冲击载荷：飞机在实际飞行中不可避免地会遇到一些突发情况，如叶片掉角、外物打伤等，将对转子系统产生冲击载荷。在冲击载荷作用下，转子系统的瞬态振动突然增大，可引发转静子部件严重摩碰、剐蹭起火、"抱轴"、发动机意外停车等损毁事故，严重影响飞机的飞行安全。在叶尖间隙的精确设计中，应当考虑冲击载荷的影响。

3）其他因素

转静子装配公差因素对叶尖间隙的影响很难通过数值计算准确获得，通常需要结合实际工艺水平通过测试并由统计分析得到，主要包括转子初始弯曲、转子热弯曲和轴承游隙等。

转子初始弯曲：转子因加工误差、装配不良、对中不好或工作中变形等原因常有初始弯曲变形。

转子热弯曲：发动机在停车后，热交换不均会使转子呈弯曲状态，这时起动发动机，转子以初始热弯曲状态工作，会产生较大的激振力，引起转子变形。

轴承间隙：指机加和装配造成的轴承径向游隙与偏心等。

3. 间隙设计

发动机在实际工作过程中，受各种因素的影响，叶尖间隙会出现不同程度的变化，图 5.24 给出了某民用发动机任务包线中所有的主要工作状态，即起飞、巡航、减速和加速工作状态下的转速-时间变化曲线和间隙-时间变化曲线。

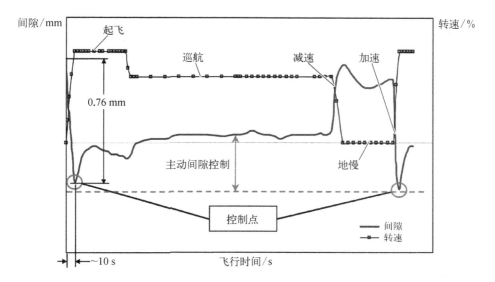

图 5.24　某民用发动机转速-时间变化曲线和间隙-时间变化曲线图

当发动机冷态起动时，随着转速的增加，涡轮盘和叶片直径随着离心力的增大而增大，而且叶片温度迅速升高，因为叶片是空心的且叶片较薄，叶片表面与燃气的换热系数大，热响应较快，所以转子沿径向迅速向外伸长，与此同时，机匣开始热膨胀，但其温度相对叶片温度水平较低，热变形量较小，从而使间隙减小，达到拐点。随着机匣的热膨胀速率不断提高，间隙就会有所增加。随后，涡轮盘的热膨胀速率开始提高，使得间隙再次减小。当发动机接近巡航状态时，机匣和转子达到了热平衡，叶尖间隙保持相对稳定状态。当发动机减速时，叶片迅速冷却收缩，而机匣冷却会产生热滞，间隙就会迅速增加。随后，机匣由于是薄壁件，热容量小，机匣直径随着内流气流温度的减小而迅速减小，同时涡轮盘的冷却收缩速率相对较慢，则叶尖间隙逐渐减小。在减速之后，若着陆失败，发动机再加速，则转子离心力增加，产生径向伸长，而转子和静子仍然处于热态，但大热容量涡轮盘的冷却速度比机匣的冷却速度慢，这样机匣比转子收缩得更快，会产生比起飞时更小的间隙，出现第二个拐点。

从图 5.24 可以看到,在飞行的大部分时间内,即巡航状态下,叶尖间隙有较大的水平,这对发动机燃油消耗率有着比较大的影响,这也正是叶尖间隙主要需要减小的状态。另外,在飞机加速起飞和减速着陆后再加速的状态下,叶尖间隙达到了两个极小值,对应这两个状态就需要确保叶尖间隙不能太小,以避免叶尖和机匣相碰。

1)间隙计算数学建模

针对影响间隙的主要因素,结合叶尖间隙的设计目标,发动机工作过程中叶尖间隙的情况可由式(5.18)计算:

$$C_p(t) = C_m + \delta_s(t) - \delta_r(t) - \delta_b(t) \pm \delta_y - \delta_z - \delta_t \qquad (5.18)$$

式中,$C_p(t)$ 为工作状态下的叶尖间隙;C_m 为设计间隙;$\delta_s(t)$、$\delta_r(t)$ 和 $\delta_b(t)$ 分别为机匣、轮盘和叶片在工作载荷作用下产生的径向变形量;δ_y 为转静子相对轴向位置变化引起的叶尖间隙的变化;δ_z 为支点径向位置变化引起的叶尖间隙的变化;δ_t 为加工制造公差引起的叶尖间隙的变化。

2)间隙设计方法

从间隙计算数学模型可以看出,间隙设计的目标就是使发动机在所有工作状态下的叶尖间隙 $C_p(t)$ 保持最小,且在正常飞行条件下不发生摩擦。因此,在整机结构方案设计阶段的间隙设计就是在风扇、低压压气机、高压压气机、高压涡轮、低压涡轮每一部件临界转速条件下,综合考虑上述因素对间隙的影响,确定所需的最小径向间隙,即为设计间隙 C_m。开展间隙设计就是分析发动机在飞行包线内不同工况的各种载荷下的变形情况,综合各变形结果,给定一个合理的冷态间隙设计值。

通常来说,采用整机模型计算转子不平衡响应、转子热弯曲和机动载荷引起的变形,采用部件局部模型计算热膨胀和热变形以及离心力载荷下的变形,综合获得设计间隙。

需要注意的是,这些影响因素和引起的变形不是简单的代数叠加,而是应该加以协调,并且在发动机研制的不同阶段、针对不同的部件,考虑的重点也应有所不同。在整机结构方案设计阶段,各部件间隙设计的考虑重点如下。

(1)对于风扇部件,因其属于发动机冷端部件,受叶尖间隙热不匹配作用的影响并不明显。同时,它的喘振裕度对叶尖间隙并不敏感。因此,根据整机模型计算的工作载荷作用下产生的径向变形量,应以避免叶片叶尖与机匣摩碰为目标,确定其设计间隙值。

(2)对于高压压气机,因其气动性能受叶尖间隙的变化影响最为敏感,特别是叶片高度较小的后几级高压压气机更为严重。同时,高压压气机受温度影响明显,叶尖间隙对热变形十分敏感。因此,要对高压压气机后几级叶尖间隙的外部载荷影响进行初步评估。可先确定总的目标最大间隙 δ_{max}/h，再将总和分配到各项影响因素中。例如，$\delta_{max}/h = 5\%$；外部载荷（WEM）$= 1.5\%$；热不匹配 $= 2\%$；线性/叶片叶尖侵蚀 $= 1\%$；加工公差 $= 0.5\%$。

这种初步的评估和分配实现了在发动机整机设计的早期就能开展发动机结构设计和安装系统几何形状设计，直接影响发动机整机结构，对整机结构方案设计阶段十分重要。

（3）对于高低压涡轮，因其效率通常对叶尖间隙非常敏感，受到周向平均径向间隙影响，因此，在考虑整机模型计算结果时，最重要的是避免叶尖摩碰。

4. 间隙控制方法

因转子与机匣及相关零件受力和受热的变形响应不同，间隙的大小在整个飞行包线内会随工作状态的变化而改变。根据发动机的性能、结构和使用特点，常需采取适当的叶尖间隙控制措施，使发动机叶尖径向间隙在各种工作状态下尽可能小，以改善发动机的性能，降低耗油率；同时，还要控制间隙，使之不出现叶尖与机匣外环的严重摩碰，以避免由此造成的叶片和相应零件的损伤，以及由此导致的发动机性能的迅速恶化。因此，在发动机总体和部件设计中都需要开展相应的结构设计，以满足间隙设计的目标。

航空发动机间隙控制按照控制机理可以分为避免摩擦和重建叶尖密封两种方式。按照控制措施避免摩擦的方式又分为主动间隙控制和被动间隙控制。

1）主动间隙控制

主动间隙控制是指允许在一个以上的工作点独立设置要得到的间隙，主要是使整个飞行轨迹中的间隙保持最小，包括使用压气机或风扇空气分别加热或冷却外环块以改变叶尖间隙的主动热控制，使用专用传动装置和驱动装置以改变叶尖间隙的主动机械控制，使用发动机内、外部产生的压力控制引气阀门直接的改变或通过一些膜盒布置改变叶尖径向间隙的主动气动控制。

常见的主动间隙控制一般可分为主动热控制、主动机械控制和主动气动控制三大类。

主动热控制一般使用压气机或风扇空气分别加热或冷却高压涡轮外环块支撑结构，来改变叶尖间隙。主动热控制是现代航空燃气涡轮发动机间隙控制的主要技术，但是由于它在低速时的热响应慢，所以在巡航期间，必须留有足够的间隙，以防止在油门瞬时变化时发生摩碰，图 5.25 为主动热控制系统。此外，可以应用热效率材料和更为合理的结构对主动热控制系统进

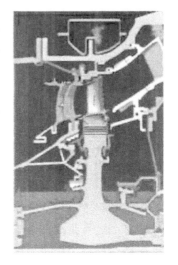

图 5.25　主动热控制系统

行改进,例如,在密封部分附着热效率高的槽型结构,这种结构可以在内部进行冷却并可以减轻厚重的机匣凸缘结构,使主动间隙控制系统更灵敏。

主动机械控制是将传动装置和驱动装置联合设计,以改变叶尖间隙。叶冠扇段通过径向导向柱上的连杆连成一个整环,当这个环沿某一个方向转动时,叶冠扇段就沿径向向里或向外同步运动。由于受径向空间的限制和缺乏耐高温作动能力,该方案通常需要机匣驱动才能执行。这种方案会遇到二次密封、因使用大量连接装置而导致的公差叠加、重量和机械复杂度提高以及定位难等问题。

主动气动控制是利用发动机内部压力或外部压力和引气阀门共同对可偏转的、被密封的叶冠扇段加载,以改变叶尖径向间隙,结构形式如图 5.26 所示。这种控制系统易遭受高循环疲劳的影响,对压力平衡也异常敏感。它需要大量的系统压力或能降低发动机效率的辅助压力源。

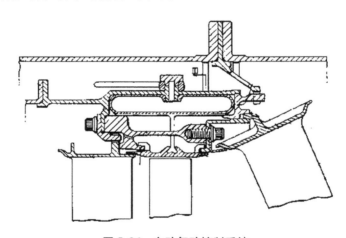

图 5.26 主动气动控制系统

2) 被动间隙控制

被动间隙控制是指在某一个瞬态工作点设置要得到的间隙,主要是使整个飞行轨迹中的转子和静子更好地协调增长,使用合理的结构设计减少变形,使用耐磨层减少叶尖磨损,使用硬度高的材料和加工技术限制或促进静子部件弯曲,以维持和改善极限条件下的机匣圆度等。

常见的被动间隙控制系统一般可分为被动热控制系统和被动气动控制系统两大类。

被动热控制系统取决于材料特性和与转静子增长相匹配的发动机工作温度。这种方法通常是采用具有不同热膨胀系数的静子材料,使机匣低温时增长得快,高温时增长得慢,这样就能与转子在离心载荷下的增长很好地匹配,图 5.27 所示为采用低膨胀系数材料的涡轮机匣。如果被动热控制系统是精确和稳定的,这种被动热控制系统只是提供相对最小间隙状态的适当间隙,不能应用于飞行。因此目前这种类型的被动间隙控制系统并未得到应用。

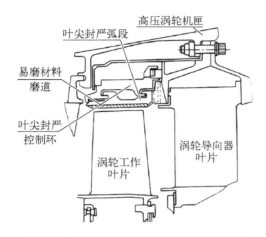

图 5.27　采用低膨胀系数材料的涡轮机匣

发动机产生的燃气压力或流体动力效应驱动被动气动控制系统。浮动扇段和叶尖冷却气体的排放都采用了这类方法,图 5.28 所示为采用浮动控制环式机匣封严结构。任何依靠流体产生动力的系统都会受到狭窄的叶尖表面区域、极高的定位要求和定位公差要求、摩擦和二级密封悬挂的影响,使被动气动控制方法失去吸引力。利用浮动扇形体或膜盒布置的气动系统受到工作要求的挠性材料和薄壁材料的高周疲劳的影响,不强调高压涡轮周围的组件所必须承受的高频振动、热载荷和压力载荷。

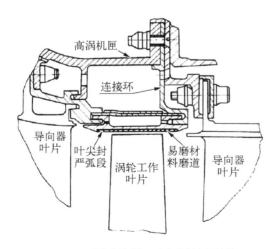

图 5.28　浮动控制环式机匣封严结构

3）重建叶尖密封

重建或修复叶尖的密封效果是应用被动和主动间隙控制以修复因摩擦和侵蚀破坏的叶尖密封结构。重建叶尖密封的方法是运用特殊材料,使其在经历热、化学和电作用时能增加零件尺寸,用以修复因摩擦和侵蚀破坏的叶尖密封结构。这种控制形式可以应用在高压涡轮中,利用高压涡轮的外界温度、空气等环境条件进行被动控制,同时也可以利用电势、添加剂、温度等环境条件加快和降低化学反应的速度以进行主动控制。重建叶尖密封的间隙控制方式受到间隙均匀变化（如圆周周围的材料增长不一致）、间隙变化的方向（如系统将沿径向增正而不沿轴向增长）、强度、增长限度等问题的影响。任何一种修复方式都需要控制增长幅值,防止叶尖过度磨损。

5. 间隙控制结构

为保证发动机工作中的间隙满足设计要求,降低发动机的性能衰减速率,提高发动机的性能保持能力,在总体和部件结构设计中也常采用各种有利于间隙控制的结构。常见的被动间隙控制结构设计主要从转子变形控制、静子变形控制、变形补偿和保持间隙均匀等方面着手。这里重点介绍转静子变形控制和保持间隙均匀的结构设计。

1）转子变形控制

CFM56 系列发动机常采用短跨距简支的刚性高压转子设计,转子支承简图如图 5.29 所示。两主轴承分别处于高压压气机第二级的下面和紧接在高压涡轮转子之后,支点跨距短。高压压气机和高压涡轮由一个大直径圆柱面定心、短螺栓连接的刚性联轴器连接。压气机后轴与封严盘之间为过盈配合,封严盘与涡轮轴之间也是过盈配合。这种结构通过提高转子的刚性,降低了机动飞行时高压转子对机匣的变形。同时,在支承结构附近放上较大的转子重量,避免出现引起转子大径向挠度的悬臂转子级,使转子和静子的结构挠度特性大致相同,降低了高压压气机和高压涡轮轴的弯曲挠度。

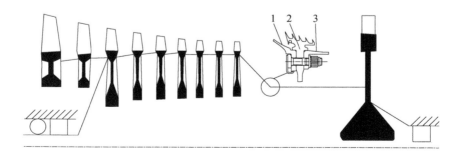

图 5.29   高压转子支承简图

1. 压气机后轴;2. 封严盘;3. 涡轮轴

低压转子往往具有细长轴的特点,因此合理设计轴承位置对控制低压转子的变形具有较好的效果,常见的低压转子支承简图如图 5.30 所示。No. 1 支点轴承在风扇之后,No. 2 支点轴承在一支点轴承后,No. 3 支点轴承在前两级低压涡轮下方,在 No. 2 支点轴承后。对具有较宽轴向距离的前两个支点来说,风扇和低压压气机是悬臂的。因此,前两个支点轴向距离的设计要满足转子在重力和陀螺载荷下的挠度最小的要求。低压涡轮前几级径向间隙对整机效率的影响比后几级大,因此后支点轴向位置的设计要满足低压涡轮前几级挠度最小的要求。此外,风扇轴与涡轮轴通过两个圆柱面连接定心、套齿传扭的刚性联轴器连接。风扇轴与涡轮轴前、后圆柱面 A、B 均采用紧度配合。采用这种结构设计提高了低压转子的刚性,使涡轮转子与机匣间能始终保持较均匀的径向间隙,获得了较高的效率。

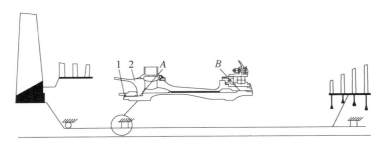

图 5.30　低压转子支承简图

1. 涡轮轴;2. 风扇轴;A. 前圆柱面;B. 后圆柱面

2）静子变形控制

常见的静子变形的结构设计包括整体结构短舱设计、合理安装系统设计、双层机匣设计、机匣加强筋设计和浮动高涡外环设计等。

整体结构短舱确保了外部气动载荷引起的间隙变小量最小。进气罩由发动机风扇支承,外部气动载荷通过发动机主安装节传给飞机挂架。载荷的分担通过风扇涵道的内外承力结构来完成,靠不同的传力路线将外罩和核心机载荷传至安装节,由此降低核心机机匣承力件上的弯曲力矩和弯曲挠度。

拉杆式安装系统简图如图 5.31 所示。若采用拉杆式安装系统,发动机载荷传给飞机挂架结构时,发动机机匣内壁具有最小的椭圆度或承力构架具有最小的弯曲挠度,避免“哑铃”效应的产生。主安装节中的两个推力杆穿过核心机固定在中介机匣内环后端面上,增加了机匣内壁的刚性,并使安装推力通过发动机的重心,消除了推力引起的机体弯曲力矩,受力简图如图 5.31 所示。

RB211 系列发动机采用双层核心机机匣是其比较突出的特点。双层核心机机匣中,内层机匣作为气流通道的包容环,仅承受叶片的气动负荷,外层机匣作为承

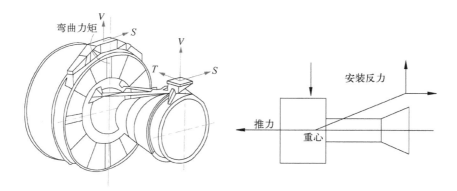

图 5.31   拉杆式安装系统及其受力简图

力机构,则承受并传递结构负荷。由于内层机匣不参与承受和传递结构负载,发动机在工作中受到各种结构负荷的作用后,外层机匣可能发生变形,但内层机匣不会受到影响,因而能使内层机匣和转子保持同心,能保证核心机中高压压气机与高压涡轮的叶尖间隙不会变化,双层机匣的工作原理如图 5.32 所示。

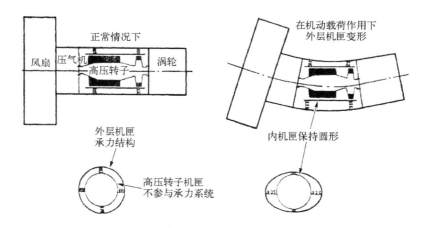

图 5.32   双层机匣

为了防止工况改变时转静子由于热膨胀不一致而造成叶尖间隙变化过大,在高压压气机内层机匣的外壁面上做有几道较厚的环形加强筋,如图 5.33 所示,利用它储热量大的特点来控制叶尖间隙的变化,促进转静子变形的协调。同时,这种加强筋还增大了内层机匣的刚性,增加了抗变形能力。

将高压涡轮外环设计成径向浮动结构,在加速过程中,机匣受热膨胀,此时,浮动的高压涡轮外环的内径并不随机匣的膨胀而同步增长,而是在专门设计的径向槽内浮动,如图 5.34 所示的 A、B 向视图。同样,在减速过程中,浮动的高压涡轮

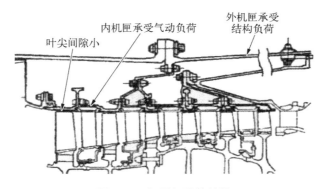

图 5.33　机匣加强筋结构

外环不致因机匣冷却收缩而迅速收缩,保证了叶尖间隙处于合理范围内,避免了叶尖磨损(或转子卡滞)。

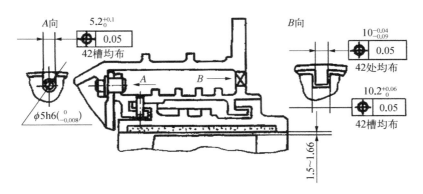

图 5.34　涡轮外环浮动结构(单位: mm)

　　要保证浮动的高压涡轮外环能满意地跟随浮动,对涡轮机匣的刚性要求较高、变形较小,同时浮动间隙要适当,以免因机匣变形而出现外环卡滞。

　　CFM56 系列发动机高压涡轮机匣轴向通常设计成由 3 段机匣焊接而成的结构形式,材料分别为 GH4169 合金、GH907 系列合金、GH4169 合金。利用 GH907 合金线膨胀系数小的特点,保证叶尖间隙小。同时,中段设置 2 道环形安装边,以增强机匣的刚性,避免由引气来流温度场不均匀以及飞机反作用力和起飞等状态变化所引起的机匣弯曲及其造成的叶尖间隙变化不均匀。利用 GH4169 合金提高机匣的抗热疲劳能力,抵抗主动控制气体温度变化频繁引发的疲劳应力,增加热容,调整静子系统的热响应。

　　采用对温度场响应不敏感的切向支板的涡轮后机匣结构如图 5.35 所示。当机匣外壳温度场不均时,径向支板的变化使轴承座发生径向移动,切向支板则只引起轴承座的转动,变形更加协调。

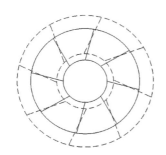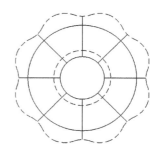

图 5.35 后机匣结构及其变形示意图

5.3.4 补偿结构及接口控制

航空燃气涡轮发动机由于零件加工偏差的累积和工作中发生的热膨胀、弹性变形,以及使用中产生的磨损、永久变形等因素,转静子同轴度、间隙等零件间的相对位置偏离设计状态,或在不同工作状态下往复变化,或接触状态发生变化,进而影响发动机的性能和可靠工作。为了减小该影响,设计中应充分考虑采用适当的尺寸补偿结构,尽量保证工作中零件间的相对位置关系,或满足位置变化的需要。

1. 补偿结构

1)尺寸补偿部位

发动机零件间相对位置关系的偏离普遍存在,多数情况下对发动机总体结构的影响有限,不必进行过多控制,选择对性能、可靠工作影响较大的部位作为重点控制对象,分析位置关系产生偏离的原因,设计相应的尺寸补偿结构。

发动机在飞机上的安装通常是主、辅两个安装节与飞机上的相应吊点进行连接。主、辅安装节分别位于发动机前部和后部,跨越核心机,工作中核心机部位的高温使机匣膨胀,主、辅安装节间距随之增大。而飞机吊梁温度低,工作中前后吊点的间距较稳定、无明显变化。因此,在工作状态下,主、辅安装节的间距将显著大于飞机吊点的间距,这个差值在某些发动机中会达到 10 mm,此时必须采用尺寸补偿结构来协调安装节和吊点之间的位置变化,避免承力结构因此产生过大的应力。

主安装节负责传递发动机产生的轴向推力,该处应与飞机吊点间设有轴向限位结构,保证工作中两者没有相对运动,因此,尺寸补偿结构应设置在辅助安装节外。

附件传动装置负责将发动机转子的功率传递给发动机和飞机的相关附件,一般包括附件机匣、传动轴和转接齿轮箱,此处特指安装在风扇(或核心机)机匣外壁上的附件机匣和转接齿轮箱。两者同时与众多构件连接,通常包括两向传动轴、连有多种尺寸管路的各类成附件,接口数量多、受力情况复杂,对安装的要求很高。如果采用刚性连接结构,容易产生安装应力,需要严格控制尺寸偏差;如果采用适当的柔性连接结构,进行尺寸补偿,可以降低制造成本、提升装配性、改善应力水平。

发动机压气机转子和涡轮转子通过联轴器连接。联轴器多采用套齿传递扭矩,如果两个转子的同轴度偏差较大,套齿齿面的接触状态会发生变化,将产生严重损伤,必须采取适当措施避免。

发动机转静子之间的径向间隙通常指压气机和涡轮的转子叶片叶尖间隙,以及转静子封严结构处的径向封严间隙,对发动机的性能有显著影响,最受关注的通常是高压涡轮转子叶尖间隙。受到加工偏差、磨损和变形的共同作用,这些位置往往会出现转静子不同心的情况,即径向间隙沿周向不均匀,影响部件效率,甚至发生异常接触,进而影响正常工作。通过对尺寸公差和变形的分析或者装配现场的测量得到间隙变化趋势,设计相应的调节结构进行尺寸补偿,尽量保持预期的间隙值。

此处转静子之间的轴向间隙是指压气机和涡轮的转子叶片缘板与相邻静子内环之间的间隙,此间隙设计既要考虑减小漏气量,又要考虑工作中状态变化引起的转静子相对轴向活动量,避免发生接触,同时,影响此类间隙的零件数量多、尺寸累积偏差大。要准确控制间隙,必须严格控制零件尺寸偏差,增大了制造成本。采用尺寸补偿结构可在不改变制造成本的情况下实现间隙的准确控制。

2) 尺寸补偿结构

针对上述多种尺寸补偿的需求,航空发动机总体结构设计中广泛采用关节轴承、柔性联轴器、偏心衬套、楔形垫片、轴向调整垫和精密螺栓/定位销等尺寸补偿结构。

在连接结构中设置关节轴承,形成柔性连接,可以在一定范围内补偿零件间的相对位置变化。上述发动机安装节和附件传动装置连接结构中的尺寸补偿需求都可以通过此方式实现。

高涵道比发动机辅助安装节与飞机吊梁之间通过拉杆连接,连接处均装有关节轴承,工作中多个机匣受热膨胀,辅助安装节向后伸长,关节轴承可使两者保持良好的连接状态。如图 5.36 所示,装有关节轴承的拉杆可以在角度 A 范围内摆动。

为保证压气机转子和涡轮转子在不同轴的情况下可靠工作,可采用带有球形结构的柔性联轴器。随着技术的发展,叶轮机和燃烧室的结构日趋紧凑,转子长度随之减小,同时零件的尺寸加工精度不断提高,使得刚性联轴器广泛应用,结构复杂的柔性联轴器则较少应用。

根据计算和实际工作数据的统计分析,发动机转子在工作中存在向下偏移的趋势,即转静子之间的径向间隙在下方普遍大于上方。针对这种情况,可以在转子一端的支点处增加

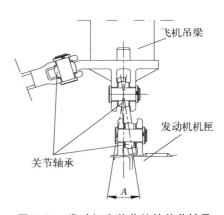

图 5.36　发动机安装节处的关节轴承

偏心衬套,使转子在装配状态下形成向上的偏心,工作中转子向下偏移与偏心量相抵消,保证了间隙沿竖直方向均匀。

　　偏心衬套通常装在轴承座上,与轴承外环配合。在支点的选择上,应选择靠近所关注的间隙的位置,如靠近高压涡轮转子的支点。偏心衬套偏心量的确定有两种方式:一种是通过理论计算确定,对于某一型发动机确定一个固定的偏心量,每台发动机的衬套偏心量均相同,此时偏心量不宜过大,这就要求相关零件的尺寸偏差应控制在较小范围。另外,偏心孔不宜在零件状态下加工,尽量在其所在的大组件状态下组合加工,选择大组件的定位面作为加工基准,减小偏心孔与组件定位面之间的偏差。另一种是根据间隙实测值确定,装配时,测量所关注部位实际间隙的周向分别情况,与已经确定的目标值对比,根据所得的差值确定偏心量,在事先加工好的不同偏心量的衬套中选配。此时偏心不一定竖直向上,可以根据测得的同心度的实际情况,确定偏心方向。这种情况下,偏心调节可以达到较大的范围,相关零件的尺寸偏差控制可适当放宽要求。

　　楔形垫片补偿结构通常安装在两机匣安装边之间,用以补偿机匣端面加工误差,详见 5.3.2 节第四部分"同轴度控制"。

　　为了控制发动机转静子轴向间隙,在转子轴向定位面处设置轴向调整垫,通过选配不同厚度的垫片,调整转子的轴向位置,使其与相邻静子内环的轴向间隙处于预期状态。

　　垫片厚度需要根据装配中转静子轴向间隙的实际测量结果确定,而该间隙在装配中不便直接测量,通常在前/后端可达的位置测量转子与静子的相对位置。如图 5.37 所示,当转静子轴向间隙处于理论值时,通过计算得到静子机匣和叶片的距离 H,即保证了轴向间隙。测量机匣至转子定位面的距离 L_1,以及叶片至转子定位面的距离 L_2,为了保证 H 值,轴向调整垫厚度 A 应为 $L_1 + H - L_2$。

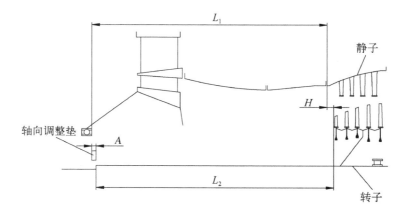

图 5.37　轴向调整垫厚度的确定

　　机匣安装边的定心结构可以采用精密止口和精密螺栓/定位销两种方式。止口定心便于加工及装配,定心状态固定不可调节,随着机匣变形的发生,定心状态趋于恶化,机匣直径越大,该现象越明显,不利于转静子径向间隙的保证。

　　精密螺栓/定位销需两个机匣组合加工,难度大。

　　上述轴向调整垫和精密螺栓/定位销结构在装配中需进行试装、测量、组合加工、选配等操作,能够实现较好的零件定位,但工作量大、周期长、维修性不好,对于新加工发动机,该过程会比较顺利,工作时数较多,甚至需要多次反复调整。对于研制阶段的发动机样机,需进行频繁地装配、分解,对研制周期有一定影响。

　　3) 尺寸补偿影响

　　关节轴承和柔性联轴器采用柔性连接结构,解决了发动机装配和工作中,零件间相对位置因偏离设计状态或发生较大变化而破坏连接结构稳定性的问题;采用轴向调整垫和精密螺栓/定位销,可有效保证转静子径向间隙的周向均匀性。但柔性联轴器、轴向调整垫和精密螺栓/定位销具有结构复杂、装配性差等特点,随着部件设计日趋紧凑和加工精度逐步提升,以及发动机对可靠性、维修性要求的提高,设计中可优先考虑刚性连接结构和不可调结构。

　　2. 接口控制

　　航空燃气涡轮发动机接口主要包括发动机各部件接口(内部接口),以及发动机与飞机接口(外部接口)。接口设计目的是保证发动机各部件之间以及发动机与飞机之间的结构连接可靠、稳定,工作中变形协调,满足使用功能。

　　1) 接口要素

　　发动机接口规定了发动机总体控制尺寸、各部件之间的界面、各界面间的结构要素以及发动机与飞机之间的界面。

　　(1) 总体控制尺寸。控制发动机内部各部件的外廓尺寸,以达到控制发动机整机外廓尺寸的目的。确定转子各支点间的距离,其不仅取决于风扇(低压压气机)、高压压气机、主燃烧室和涡轮各部件的长度,还取决于转子的支承方案,同时控制部件间的最小间隙。

　　(2) 部件之间的界面。在进行发动机内部接口设计时,首先要清晰表达各部件/单元体间的连接界面,要明确规定各部件、系统所涉及的设计范围,以及部件间、部件与系统间的界面结构要素。部件之间的界面通常按照设计专业技术性质划分,也可以按照单元体原则划分。

　　(3) 各界面间的结构要素。各界面间的结构要素包括协调定位、定心、配合及连接方式和结构参数等。对连接结构的要求为:在发动机整个飞行包线内,在各种工作载荷作用下,连接结构不能脱开,保证定位、定心的可靠;结构简单,便于装拆,多次装拆后仍能满足定位和定心精度要求。

2）内部接口

发动机内部接口可分为四类：转子间连接接口、机匣间连接接口、转子与静子间连接接口、维护接口。

图 5.38 为双锥面定心、套齿传扭、大螺母连接的转子连接结构（联轴器），前后锥体 A、B 自动定心；柱面辅助定位；大螺母 G 压紧；套齿 H 传扭。这种连接接口的定心精度高，装拆容易，多次装拆后仍能保持定心精度，但由于定心锥面的长度有限，承受横向载荷的能力较差，装配时必须施加较大的轴向载荷。

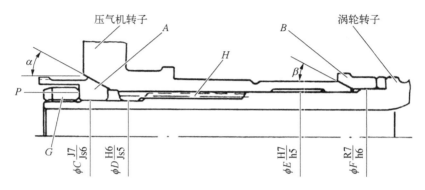

图 5.38　双锥面定心套齿接口结构

双柱面定心、套齿传扭、大螺母压紧的转子连接结构的定心精度取决于柱面的配合，一般都采用小紧度配合。由于定位面的刚性好，转子的同轴度不受装配质量的影响，双端面轴向定位也能承受机动飞行带来的横向力。

圆柱面止口定心、法兰盘连接结构大多用于大直径鼓筒轴的连接，该结构形式广泛采用圆柱面定心，小紧度配合的法兰盘连接，精密螺栓辅助定位，端面摩擦传扭。

圆弧端齿定心、螺栓压紧连接结构具有较高的定心精度，同时具有自动定心的功能，适合于高转速、高温和高平衡精度的转子部件连接。受切削砂轮直径及厚度的约束，不适合于大直径的转子零件连接，因此其主要在直径尺寸较小、转速较高的涡轴、涡桨发动机中得到广泛应用。

机匣间连接接口一般采用端面定位、止口定心、螺栓连接；或采用安装边端面定位、精密螺栓定心并传扭；或既采用止口定心，又有精密螺栓连接，此时止口用作装配定心，而精密螺栓用作工作定心。为提高连接刚性，确保定心可靠，必须确切掌握相配合件材料的线膨胀系数，保证在发动机各种工况下，止口配合既定心可靠，不产生间隙，又不会由于配合紧度过大而引起结构损伤。

发动机转静子间主要通过轴承连接。转子用止推（滚珠）轴承轴向定位于静子或另一转子上，该轴承将转子的轴向和径向负荷传递到静子或另一转子上；以滚棒轴承支承于静子或另一转子上，将转子的径向负荷传递到静子或另一转子上。

发动机维护项目通常包括孔探仪检查,高低压转子转动灵活性检查,滑油系统油滤、放油磁塞清洗,主燃油滤更换等,其中涉及维护接口的为孔探接口和转子摇转接口。

孔探接口须保证定检时孔探仪探头能通过孔探孔伸入发动机检测部位,同时接口结构不应影响发动机正常工作。由于风扇(低压压气机)、增压级部位的温度、压力较低,孔探孔通常为通孔,不进行封堵;高压压气机、涡轮部位的温度、压力较高,孔探孔通常为内螺纹孔,利用带外螺纹的堵头进行封堵。

转子摇转接口通常设在附件机匣上,通过拆卸附件机匣上的手摇把堵盖,使用摇转工具与手摇把传动杆上花键配合传扭,带动转子转动。

3) 外部接口

发动机外部接口通常包括发动机安装接口、进气道接口、喷口接口、燃油系统接口、控制系统接口、健康管理系统接口、电气系统接口、起动系统接口、飞机环控引气接口、进气道防冰引气接口、防火系统接口、安装在发动机上的飞机附件接口等。其中控制系统接口、健康管理系统接口、电气系统接口等主要涉及线束接口,本书不予详细介绍,各线束通过卡箍和支架在发动机上进行固定。

(1) 发动机安装接口。

发动机安装接口的功能是通过与飞机安装接口连接,将发动机固定在飞机上,在飞机所有工作状态条件下,将发动机产生的各种载荷(重力、推力、加减速、陀螺力矩、机动过载等)传递给飞机。发动机通常通过 1 套具有 2 个框架平面(主、辅安装平面)、6 个约束的接口与飞机连接。

发动机安装接口的形式多种多样,取决于发动机形式、飞机安装载荷、发动机在飞机上的安装位置和已往设计经验。主安装节由于要承受发动机推力,其安装接口通常为推力销连接(图 5.39)、抱轴式连接(图 5.40)或端面螺栓连接(图 5.41),辅安装节不承受推力,其安装接口通常为耳片连接或端面螺栓连接。

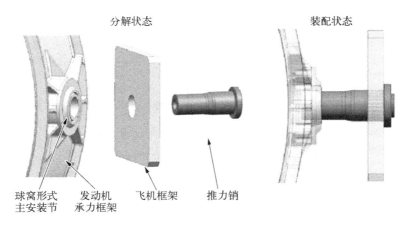

图 5.39　推力销安装节接口结构

分解状态   装配状态

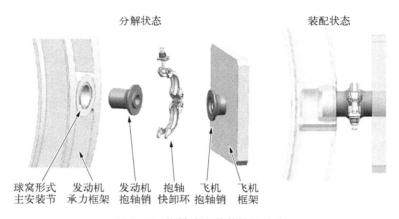

球窝形式　发动机　发动机　抱轴　飞机　飞机
主安装节　承力框架　抱轴销　快卸环　抱轴销　框架

图 5.40　抱轴式安装节接口结构

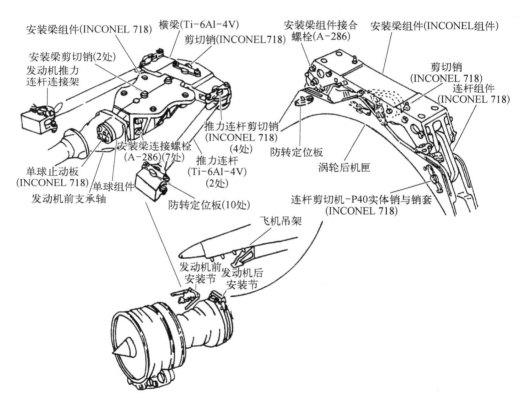

图 5.41　V2500 发动机的安装节结构及接口

（2）进气道接口、喷口接口。

发动机与进气道、喷口的接口需保证在工作状态下从进气道到发动机以及从发动机到喷口的平滑过渡，并能够满足发动机与进气道和喷口之间的载荷传递要求。

发动机与进气道的接口通常使用端面螺栓连接或快卸环连接,采用端面压紧胶圈密封。而发动机与喷口的接口通常使用端面螺栓连接或快卸环连接。

(3)燃油系统接口。

燃油系统接口需确保在飞机各工作状态下向发动机持续提供燃油,不产生泄漏。发动机与飞机燃油系统的接口包括燃油进油接口和燃油回油接口。两个接口的分界面分别为进油口、回油口接头处,燃油进/回油接口通常采用图 5.42 所示的法兰结构,使用端面螺栓连接。

(4)起动系统接口。

起动系统的功能是实现在地面和空中使用不同气源起动发动机,当前发动机多采用空气涡轮起动机进行起动,需飞机提供起动气源。起动系统气源管路接口通常按照 HB 8093 - 2002 进行设计,如图 5.43 所示。

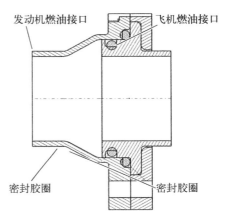

图 5.42　燃油系统接口法兰

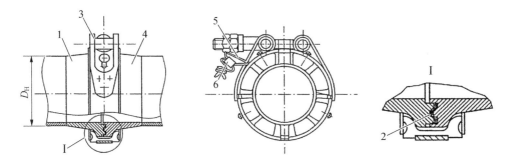

图 5.43　起动系统气源管路接口

1. 凹凸缘;2. 密封圈;3. 卡箍组件;4. 凸缘;5. 保险丝;6. 铅封

(5)飞机环控引气接口。

飞机环控系统的功能是为飞机空调系统、机翼防冰系统、油箱惰化系统、水箱增压系统等关联系统提供所需的压力与温度预调的空气。飞机环控引气接口需保证连接可靠,不漏气,通常采用法兰盘和快卸环结构。

(6)进气道防冰引气接口。

发动机进气道防冰系统的功能是在整个飞行包线内,在规定的结冰气象条件下,将来自发动机的热空气调节后供向发动机进气道前缘,保证结冰气象条件下发动机进气道前缘的防护表面不结冰。引气接口通常采用法兰盘和快卸环结构,采用端面密封圈密封,如图 5.44 所示。

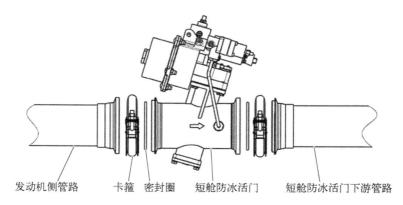

发动机侧管路　卡箍　密封圈　短舱防冰活门　短舱防冰活门下游管路

图 5.44　进气道防冰系统管路接口

(7) 防火系统接口。

防火系统的基本功能是提供火警探测、过热探测、烟雾探测及灭火。即在飞机不同飞行高度及各种状态下,一旦火区内发生火情,分别由探测(火警、过热、烟雾)和灭火两个系统来完成报警及灭掉火区内发生的火情。通常火警探测器安装在发动机上,灭火装置安装在飞机上。

火警探测器通常为飞机设计或提供,因此防火系统接口结构为固定卡箍及支架,火警探测器通过固定卡箍及支架连接在发动机上。

(8) 安装在发动机上的飞机附件接口。

需要由发动机传动的飞机附件主要包括飞机发电机、飞机液压泵、起动机及转速表传感器等。按照飞机附件传动位置可以分为合并式传动和分离式传动两种。

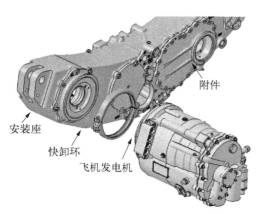

附件

安装座

快卸环

飞机发电机

图 5.45　发动机附件机匣与飞机发电机安装的快卸环接口结构

合并式传动就是将飞机传动附件与发动机传动附件装载一个附件传动机匣上,安装在发动机上的飞机附件接口包括安装接口与传动轴花键接口,安装接口通常使用法兰盘,通过快卸环连接,如图 5.45 所示;传动轴花键接口主要包括花键齿数、模数等参数。

分离式传动是把飞机传动附件与发

动机传动附件分别装在各自独立的附件机匣上,发动机附件机匣上伸出功率分出轴,用以传动飞机附件机匣上的飞机附件。若飞机附件机匣装在发动机上,接口包括飞附机匣安装接口与功率分出轴花键接口,常用的安装接口形式为耳片结构,功率分出轴花键接口主要包括花键齿数、模数等参数。

5.4　重　量　控　制

5.4.1　结构重量预估与分配

航空发动机的重量是评价发动机性能的重要参数之一。航空发动机的重量关系到发动机的性能、尺寸、经济性以及飞行的机动性,在整个发动机设计工作乃至飞行器设计工作之中都需要对航空发动机的重量加以考虑。对于一个处于初始设计阶段的航空发动机来说,确定其最优发动机循环需要权衡发动机的性能、重量、体积及噪声等特征。大多数航空发动机的初始设计研究都起始于发动机主要循环参数(涵道比、涡轮前温度等)的研究,因此有必要建立性能参数与推进系统重量特征的关系。在确保推力、单位耗油率和强度要求的前提下,希望航空发动机有最轻的重量与最小的轮廓尺寸。

若在航空发动机设计中一味追求大推力和经济性要求,而不考虑发动机的重量,最终设计出的发动机可能会尺寸过大、重量超重,导致发动机装配困难,影响飞行器的整体布局,推重比不能达到要求且影响其机动性能。因此,准确估算航空发动机的重量和尺寸显得尤为重要。

航空发动机的重量取决于发动机自身的多种因素,采用准确的解析式计算出发动机的重量是极为困难的。多年来,欧美国家都在开展相关研究,力图找到能够准确计算航空发动机重量的解析式,取得了一定成果,并各自形成了不同的分析理论和解析式。

在方案论证阶段,尚未开展详细的结构设计,而实际工作中常常需要使用发动机重量数据作为发动机强度估算以及飞机性能估算的原始数据,同时还需要给部件提供重量分配指标,作为部件设计的输入。这种情况下,可以根据统计数据和经验法进行重量估算,在初始重量估算中,不仅需要得到发动机整机的重量估算值,而且对于各部件需要有一定的宏观掌控,这样才能更合理地在方案设计阶段分配重量。

在方案设计阶段除一些主要的结构设计参数给定以外,大量的详细数据还不能给出,只能采用描述发动机的基本参数和使用情况与重量特性之间关系的一些半经验公式,这些半经验公式是在对国外大量不同方案和参数的航空发动机进行统计分析的基础上获得的半经验的数学模型。这种方法的优点是速度快,算法简单,但其缺点是受数据多样性的限制,不能预估应用更先进的材料和结构后,航空发动机具有的重量优势。

在方案设计阶段,常常需要在重量估算的基础上,借鉴以往型号重量设计的经验进行各部件的重量指标分配,供部件结构等有关专业进一步开展设计。受重量估算精度的限制,且随着发动机的详细结构设计更加深入,材料和工艺水平不断提高、不断更新,在发动机设计过程中可能会出现实际设计重量偏离指标的情况,这时往往需要对分配指标进行修正。

1. 整体统计的相对重量估算方法

整体统计的相对重量估算方法以相对重量为基础,将发动机的重量与空气流量、涵道比、增压比等主要参数联系起来,给出了方案论证阶段(加力)涡轮喷气发动机、(加力)涡轮风扇发动机的重量估算方法。方法如下。

采用发动机的相对重量 μ_{DV} 作为基准,其表达式为

$$\mu_{DV} = M_{DV}/G_V \tag{5.19}$$

式中,M_{DV} 为发动机重量,kg;G_V 为发动机的空气流量,kg/s。

若涡轮风扇发动机的涵道比为 m_0,与内涵空气流量 G_{VI} 有关的发动机相对重量表示为

$$\mu_{DVI} = M_{DV}/G_{VI} = M_{DV}(m_0 + 1)/G_V \tag{5.20}$$

这样一来,对于涡轮喷气发动机有

$$\mu_{DV} = \mu_{DVI} \tag{5.21}$$

对于涡轮风扇发动机有

$$\mu_{DV} = \mu_{DVI}/(m_0 + 1) \tag{5.22}$$

发动机的相对重量与很多因素有关,如发动机布局和工作过程的主要参数,与带超声速可调喷管的加力涡轮喷气发动机、加力涡轮风扇发动机有关的辅助装置,反推力装置,推力矢量变化,对寿命和最大马赫数的要求,决定发动机结构完善程度、制造工艺水平的发动机设计年代和所采用的材料性能等。

因此,通常情况下相对重量 μ_{DVI} 可以表示为

$$\mu_{DVI} = \bar{\mu}_{DVI} \times K \tag{5.23}$$

式中,$\bar{\mu}_{DVI}$ 为统计用发动机的相对重量;K 为考虑各种因素对发动机总体结构重量影响的修正系数,该系数根据统计数据估算求得。

对于(加力)涡轮喷气发动机和(加力)涡轮风扇发动机而言,建议考虑以下因素:

$$K = K_F K_{pez} K_{pes} K_s K_{OP} \tag{5.24}$$

式中，K_F 为加力燃烧室的系数，无则 $K_F = 1$，有则 $K_F = 1.414$；K_{pez} 为反推力装置或推力矢量控制系统的系数，无则 $K_{pez} = 1$，有则 $K_{pez} = 1.1 \sim 1.15$；K_{pes} 为发动机寿命影响系数，短寿命发动机 $K_{pes} = 0.75 \sim 0.8$，长寿命发动机 $K_{pes} = 1$；K_s 为发动机机构逐年完善的系数，一般把发动机开始试飞的那年确定为发动机的年代，1994 年取 $K_s = 1$，图 5.46 为航空燃气涡轮发动机涡轮压气机相对重量与发动机年代的关系曲线；K_{OP} 为乐观预测时计算发动机相对重量的系数，取 $K_{OP} = 0.85$（标准预测 $K_{OP} = 1$）。

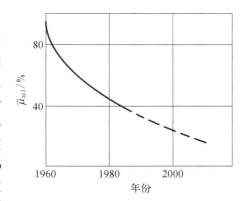

图 5.46　航空燃气涡轮发动机涡轮压气机相对重量与发动机年代的关系曲线

根据俄罗斯中央航空发动机研究院的研究，统计用发动机的相对重量 $\overline{\mu}_{DVI}$ 取决于当量等熵功 L_{ES}^*，当量等熵功同样是当量增压比 π_{KE} 的函数。

涡轮风扇发动机的当量等熵功可以用由 $\pi_{K\Sigma}^* = \pi_V^* \pi_K^*$（$\pi_V^*$ 为风扇增压比，π_K^* 为压气机增压比）计算的内涵压气机等熵功 $L_{E\Sigma S}^*$ 和由 π_V^* 计算的风扇等熵功 L_{VS} 来表示：

$$L_{ES}^* = L_{E\Sigma S}^* + m_0 L_{VS} \tag{5.25}$$

方程式（5.25）的展开形式为

$$T_0 \frac{k}{k-1} R(\pi_{KE}^{\frac{k-1}{k}} - 1) = \frac{k}{k-1} RT_0(\pi_{K\Sigma}^{*\frac{k-1}{k}} - 1) + m_0 \frac{k}{k-1} RT_0(\pi_V^{*\frac{k-1}{k}} - 1) \tag{5.26}$$

由此，可得到当量增压比：

$$\pi_{KE} = \left[\pi_{K\Sigma}^{*\frac{k-1}{k}} + m_0(\pi_V^{*\frac{k-1}{k}} - 1) \right]^{\frac{k}{k-1}} \tag{5.27}$$

当 $m_0 = 0$ 时，涡轮喷气发动机的当量增压比就是涡轮喷气发动机的压气机增压比：$\pi_{KE} = \pi_K^*$，由此可以得出结论：当涡轮风扇发动机的内涵空气流量 G_{VI} 等于涡轮喷气发动机的空气流量时，涡轮风扇发动机的当量增压比 π_{KE} 等于涡轮喷气发动机的增压比。

图 5.47 表示出了相对重量 $\overline{\mu}_{DVI}$ 随当量增压比 π_{KE} 变化的规律（此处示出了 1997 年发表的（加力）涡轮喷气发动机和（加力）涡轮风扇发动机统计数据的处理结果）。

图 5.47 中的 A 区对应涡轮喷气发动机和小涵道比的涡轮风扇发动机，B 区对

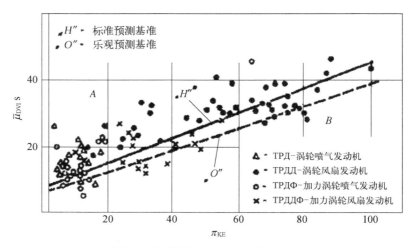

图 5.47   航空燃气涡轮发动机涡轮压气机相对重量随当量增压比变化的关系曲线

应高涵道比的涡轮风扇发动机。字母"H"标注的实线表示标准预测基准值,标准预测基准选取方法是,用标准预测基准线 H 将发动机的统计数据大致按 2∶1 的比例划分。图中虚线给出了乐观预测基准(用字母"O"表示),该曲线近似地将发动机的统计数据按 9∶1 的比例划分。

在图 5.47 数据的基础上提供(加力)涡轮喷气发动机和(加力)涡轮风扇发动机的 $\bar{\mu}_{DVI}$ 与 π_{KE} 的估算统计关系曲线,该统计关系曲线对应标准预测基准(图 5.47 中的直线"H"),用下面的关系式近似表示:

$$\bar{\mu}_{DVI} = 6.49 + 0.386\pi_{KE} \tag{5.28}$$

应用上面介绍的发动机相对重量估算数学模型,对某发动机进行计算,所用的发动机设计参数有风扇增压比 $\pi_V^* = 3.302$,压气机增压比 $\pi_K^* = 9.75$,空气流量 $G_V = 120.9\ \text{kg/s}$,涵道比 $m_0 = 0.805$。

根据式(5.27)求得当量增压比 $\pi_{KE} = 47.80$,根据式(5.28)求得 $\bar{\mu}_{DVI} = 24.94$,其修正系数 $K = K_F K_{pez} K_{pes} K_s K_{OP} = 1.414 \times 1 \times 1 \times 0.9 \times 1 = 1.272\,6$,修正系数的选取考虑如下因素:某发动机带有加力燃烧室,选取 $K_F = 1.414$;无反推力装置或推力矢量控制系统,$K_{pez} = 1$;发动机寿命影响系数,以发动机寿命 300 h 为基准,则可取 $K_{pes} = 1$;发动机机构逐年完善的系数,取 $K_s = 0.9$;选取标准预测,$K_{OP} = 1$。根据式(5.23)求得相对重量 $\mu_{DVI} = 31.74$,根据式(5.22)求得 $\mu_{DV} = 17.58$,根据式(5.19)求得发动机重量 $M_{DV} = 2\,125.42\ \text{kg}$。计算结果与理论重量相差 269.03 kg,相对误差为 14%。

采用以上整体统计法计算发动机整机重量的特点是简单、方便,虽然精确度不高,但可作为方案论证阶段初步整机重量的参考值。

2. 按零部件估算发动机重量

在发动机的设计点性能计算完成后,对发动机进行初步结构设计,确定各部件的主要几何尺寸,再考虑应力水平、材料、最大温度、级负荷和最大超转转速等因素来估算发动机重量。估算中所用到的统计关系式来自几十台发动机重量数据的统计分析。

风扇和压气机的重量是逐级进行计算的,每级重量的估算方法见图 5.48,计算用压气机结构简图见图 5.49。

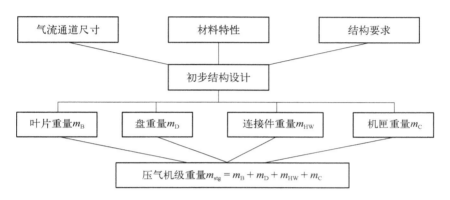

图 5.48　压气机级的重量估算方法

各级工作叶片的体积 V_B 为

$$V_B = Kh_B^3/\mathrm{AR}^2 \qquad (5.29)$$

式中, h_B 为平均叶高;AR 为叶片展弦比; K 为经验系数。

经验系数 K 与枞树形榫头的体积、叶片尖削比和叶片厚度沿弦长的变化有关。 K 值的取法是,当轮毂比 $\bar{d} \leqslant 0.8$ 时,风扇叶片 $K = 0.055$,压气机叶片 $K = 0.12$;当 $\bar{d} > 0.8$ 时, $K = 0.12 + 0.01$ $(\bar{d} - 0.8)$。

压气机工作叶片重量为

$$m = \rho_B V_B N_B \qquad (5.30)$$

式中, N_B 为叶片数目; ρ_B 为叶片材料密度。

假设静子叶片重量和静子内环重量之和等于工作叶片重量,则压气机的叶片重量 $m_B = 2m$。

盘重量取决于盘的直径 D_H、作用在盘外缘的叶片载荷、材料、最大转速、盘的形状(厚度分布规律)和考虑寿命的设计应力水平。

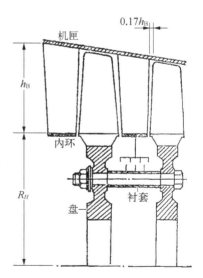

图 5.49　螺栓连接的压气机结构简图

定义盘相对厚度为盘体积和直径平方之比,即 V_D/D_H^2。 定义盘相对载荷为作用在叶片根部的拉应力 σ_B 和盘半径 R_H 的乘积,即 $\sigma_B R_H$。σ_B 的计算式为

$$\sigma_B = \frac{\rho u_T^2}{TR10^4}\left[\frac{1 - \bar{d}^2}{2} + \frac{TR - 1}{12}(1 - \bar{d})(1 + 3\bar{d})\right] \quad (5.31)$$

式中,u_T 为最大转速时的叶尖切线速度;TR 为叶片尖削比。

每级盘重量 m_D 由式(5.32)求得,根据图 5.50 所示的压气机盘相对厚度和盘相对载荷的统计关系,由 $\sigma_B R_m$ 可从图 5.50 上查得 V_D/D_H^2。

$$m_D = \rho_D V_D = \rho_D D_H^2 (V_D/D_H^2) \quad (5.32)$$

式中,ρ_D 为盘材料密度。

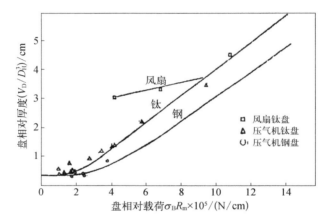

图 5.50 压气机盘相对厚度和盘相对载荷的统计关系

压气机级间采用图 5.49 所示的螺栓连接方式。衬套为圆筒结构,厚度 $t = 1.9\,\text{mm}$,安装在盘的 75% 直径处。连接件重量 m_{HW} 用式(5.33)计算:

$$m_{HW} = 0.75\pi D_H t L_{stg}\rho_{HW} \quad (5.33)$$

式中,ρ_{HW} 为材料密度;L_{stg} 为级长度。级长度为叶片弦长与动叶、静叶之间的间隙之和一般动叶、静叶之间的间隙为 $0.17h_B$。 同时假设压气机级的工作叶片和静子叶片具有相同的轴向长度。

机匣重量也是逐级计算的。根据数据库中的统计,包括紧固件和安装边在内,机匣厚度 $\delta_C = 2.54\,\text{mm}$,机匣重量为

$$m_C = 2\pi(R_H + h_B)\delta_C L_{stg}\rho_D \quad (5.34)$$

压气机级重量为上述重量之和:

$$m_{\mathrm{stg}} = m_{\mathrm{B}} + m_{\mathrm{D}} + m_{\mathrm{HW}} + m_{\mathrm{C}} \tag{5.35}$$

风扇或压气机进口导流叶片重量计入承力系统,而不计入风扇或压气机重量。

轴流式涡轮的重量估算方法和压气机类似,两者不同之处如下。

各级涡轮叶片的体积由式(5.36)计算:

$$V_{\mathrm{B}} = KC_{\mathrm{col}} h_{\mathrm{B}}^3 / \mathrm{AR}^2 \tag{5.36}$$

这里引入涡轮叶片冷却孔对涡轮叶片体积的影响系数 C_{col},对于无冷却孔的叶片取 $C_{\mathrm{col}} = 1.0$,有冷却孔的叶片取 $C_{\mathrm{col}} = 0.8$。 经验系数 K 值的取法是,工作叶片 $K = 0.195$,静子叶片 $K = 0.144$。

涡轮盘重量计算方法和压气机类似,区别在于盘相对厚度和盘相对载荷的统计关系不同,见图 5.51。

对于燃烧室重量的计算,需分别计算燃烧室内外套、火焰筒、火焰筒头部、燃油管和喷嘴等各部分的重量。这种方法适用于主燃烧室和加力燃烧室。

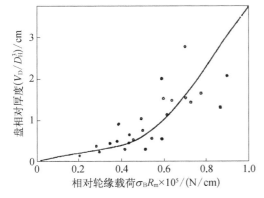

图 5.51　涡轮盘相对厚度和盘相对载荷的统计关系

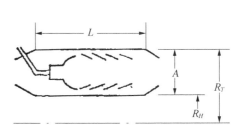

图 5.52　燃烧室结构简图

燃烧室结构简图见图 5.52, L 为燃烧室长度, R_T 和 R_H 分别为燃烧室外套和内套的半径。

燃烧室内外套重量采用式(5.37)进行估算:

$$m_{DT} = 2\pi (R_T + R_H) \rho t_D L \tag{5.37}$$

式中, t_D 为内外套厚度。

假设火焰筒采用厚度为 1.4 mm 的钢板,火焰筒壁距燃烧室壁的距离为通道高度的 20%,可用式(5.37)所示的算法确定火焰筒重量。

火焰筒头部、燃油管和喷嘴等其他部分的重量用式(5.38)估算:

$$m = 0.293\ 4L(R_T^2 - R_H^2) \tag{5.38}$$

传动装置的总重量 m_g 为

$$m_g = 115(\text{SHP}/n_g)^{0.8} \tag{5.39}$$

式中,SHP 为传动装置传递的功率,kW; n_g 为转速。

上述估算方法计算出的重量仅包括发动机核心机和低压部件的重量,不包括发动机的附件、外部管路、润滑系统等的重量。对某发动机的压气机和主燃烧室的重量进行了验算,结果见表 5.5。

表 5.5　发动机零部件重量的验算结果

部　　件		计算重量/kg	理论重量/kg	重量差/kg	相对误差
压气机	转子叶片	17.46	14.78	+2.69	18%
	盘	77.21	74.86	+2.35	3.14%
	前、后机匣壳体	37.24	41.44	-4.20	10%
主燃烧室	内外套	43.84	43.62	+0.22	0.5%
	火焰筒	13.25	15.11	-1.86	12.3%
	火焰筒头部、燃油管和喷嘴	9.01	9.87	-0.86	8.7%

零部件估算法是目前发动机重量估算方法中精确度相对较高的算法,但计算量较大。从两个部件的验算结果看,相对误差在 10% 左右,该算法可用于方案论证阶段的初步重量估算,有些相对误差超出 10%,分析原因是,上述算法所采用的某些假设模型已不适用于现代发动机,如采用长螺栓连接压气机盘的结构,叶片和盘重量估算选取的数学模型,分别假定叶片为等厚叶片、盘为实心等厚盘;算法采用的某些经验系数也不适用于现代发动机,如压气机叶片重量估算中的经验系数是叶片采用枞数形榫头时的统计值,而枞树形榫头在压气机中的应用较少。在算法应用中还发现,假设的静子叶片重量和静子内环重量之和等于工作叶片重量对某发动机并不适用,压气机机匣厚度和火焰筒壁厚也要根据实际情况重新选定;另外,发动机实际结构更为复杂,而计算模型比较简单,不能估算出整个部件的重量,如火焰筒的重量估算,由于计算模型较简单,只能估算出火焰筒壁的重量,而不包括支撑环、螺栓等连接件的重量。

随着新技术的发展和应用,航空发动机重量的估算方法也需要不断更新,应根据现有发动机的结构特点进行数据积累,改进假设模型,并调整经验系数。

5.4.2　重量特性计算

在工程设计阶段,零部件的结构形式和尺寸已基本确定,发动机的重量按式
(5.40)计算:

$$M = \sum_{i=1}^{n} m_i \tag{5.40}$$

式中, M 为发动机的重量; m_i 为发动机中所含各零组件的重量; n 为发动机中所含
各零组件的数量。

发动机的重心按下列公式计算:

$$B_X = \frac{\sum_{i=1}^{n} m_i X_i}{M} \tag{5.41}$$

$$B_Y = \frac{\sum_{i=1}^{n} m_i Y_i}{M} \tag{5.42}$$

$$B_Z = \frac{\sum_{i=1}^{n} m_i Z_i}{M} \tag{5.43}$$

式中, B_X、B_Y、B_Z 为发动机重心在发动机坐标系中的三向坐标值; X_i、Y_i、Z_i 为发
动机中各零组件重心在发动机坐标系中的三向坐标值; M 为发动机的重量。

发动机的转动惯量按下列公式计算:

$$J_X = \sum_{i=1}^{n} J_{Xi} \tag{5.44}$$

$$J_Y = \sum_{i=1}^{n} J_{Yi} \tag{5.45}$$

$$J_Z = \sum_{i=1}^{n} J_{Zi} \tag{5.46}$$

式中, J_X、J_Y、J_Z 为发动机对发动机坐标系三个主轴的转动惯量; J_{Xi}、J_{Yi}、J_{Zi} 为发
动机中各零组件对发动机坐标系三个主轴的转动惯量; n 为发动机中所含各零组
件的数量。

当零组件坐标系与发动机坐标系各主轴平行时,零组件对其坐标系各坐标轴
的转动惯量转换至对发动机坐标系各坐标轴的转动惯量的公式为

$$J_X = m(Y^2 + Z^2) + J_{xc} \tag{5.47}$$

$$J_Y = m(X^2 + Z^2) + J_{yc} \qquad (5.48)$$

$$J_Z = m(X^2 + Y^2) + J_{zc} \qquad (5.49)$$

式中，m 为零组件的重量；X、Y、Z 为零组件重心在发动机坐标系中的三向坐标值；J_X、J_Y、J_Z 为零组件对发动机坐标系三个主轴的转动惯量；J_{xc}、J_{yc}、J_{zc} 为零组件对其坐标系三个主轴的转动惯量。

当零组件坐标系与发动机坐标系各主轴不平行时，零组件对其坐标系各坐标轴的转动惯量转换的至对发动机坐标系任意主轴 OL 的转动惯量的公式为

$$\begin{aligned}
J_{OL} = {} & J_{xc}\cos^2\alpha + J_{yc}\cos^2\beta + J_{zc}\cos^2\gamma \\
& - 2J_{yzc}\cos\beta\cos\gamma - 2J_{xzc}\cos\alpha\cos\gamma - 2J_{xyc}\cos\alpha\cos\beta
\end{aligned} \qquad (5.50)$$

式中，J_{xc}、J_{yc}、J_{zc}、J_{xyc}、J_{yzc}、J_{xzc} 为零组件对其坐标系的三坐标轴的转动惯量和惯性积；α、β、γ 为发动机坐标系主轴 OL 分别与零组件坐标系三个坐标轴 x、y、z 的夹角。

也可利用计算机等辅助工具来计算各零部件的重量，进而计算出整机重量。目前，UG、CATIA 等三维设计软件在航空领域的设计工作中得到广泛应用，使用这类软件按照零部件工程设计图样中规定的名义尺寸建立三维模型，随后输入已知的零部件材料密度数据，通过软件提供的功能计算出零部件重量值，再根据零部件和整机的装配关系计算出零部件和整机的重量。该重量根据零部件名义尺寸和材料密度计算得到，精度度高，能够作为零部件和整机重量的理论值。

5.4.3　结构重量测量控制

发动机研制进入试制、批生产阶段，零部件和整机已完成加工和装配，通过对实际零部件进行称量即可获得相应的重量数据。由于零部件尺寸存在公差范围，加工过程中受设备、环境、人员等因素的影响，各个零部件完成加工后的尺寸偏差不尽相同，因此，在确定某一零部件重量的实际数据时，应称量多个单件的重量，取其平均值作为重量值。整机重量的称量应在发动机装配完成后进行，称量时应保证整机装配技术状态与设计图样规定相符，称量后减去辅助工具和不属于发动机重量计算范围的零部件重量，得到发动机整机重量。

在试制阶段，由于发动机零部件的加工任务急，工装、夹具等生产辅助设备少，同时根据发动机各项试验要求增加了部分试验用辅助零部件，或部分零部件按试验要求进行了补充加工，所以零部件和整机重量的实际称量数据与理论值偏差较大，且偏差较分散，此时称量的数据仅能作为参考。

在批量生产阶段，发动机零部件加工工艺趋于稳定，各零部件完全按照设计图样规定要求进行加工，加工质量稳定，此时称量的数据较准确，可用于修正发动机

设计技术状态交付重量值。整机重量的称量应在发动机装配完成未注油前及试车结束放油后进行,以便确定发动机的剩余液体重量。

在重量称量过程中,应遵循以下一般规则:① 发动机的零部件称重均应作为一道工序,试制批的称量数量不得少于 3 台份;② 零件称重一般在表面涂漆、镀层工艺程序之前进行;③ 根据制件的重量范围选取不同量程的称量工具;④ 称量使用的秤必须经过检定,符合国家现行标准;⑤ 成品按协议书(或合格证)进行重量检验。

航空发动机零部件重量公差是航空发动机重量控制的一个要素,当零部件详细设计图样完成后,应给出其重量公差,为生产过程中的重量控制提供依据。

零部件的结构尺寸公差由设计给定,不同的零件给出的结构尺寸公差不同,不同的设计人员因经验不同也会给出不同的结构尺寸公差,未注明公差的尺寸会按照一般尺寸公差执行,这些都会导致零件的重量公差不同。零件组合时采用的方法不同,如采用焊接、紧固件连接、过盈配合等方式,导致的重量变化也不同,采用紧固件连接时,紧固件的布置方式和数量也会导致组合后的重量变化不同。因此,零部件的重量公差源于设计,在确定重量公差时应首先考虑设计因素。

加工方法对重量公差的影响较大。当零部件、毛坯(形状复杂的机匣、壳体)采用铸造工艺时,由于铸造会在非机械加工表面留有不同的铸造余量,虽然后续仍有机械加工工序,但大部分表面或内部的余量不会被去除,因此重量偏差会很大。对于叶片类零件,目前国内均采用了无余量的锻造或铸造技术,随后经过表面抛光,其重量偏差较小。

目前,国内航空企业不断提高零部件加工能力,但各单位加工设备的技术水平不同,同一零件采用不同的加工设备,设备自身问题也会导致重量偏差不同。例如,铸造模具结构的合理性以及老化程度对铸件的加工精度产生影响,从而对重量偏差产生影响。

在确定零部件的重量公差时,应综合考虑以上因素。根据航空发动机零部件的结构特点,通过对发动机部分零部件的称重数据进行统计分析,重量公差可根据零部件加工工艺方法、原材料形态进行分类确定,同时在同一类别中,应在统计数据的基础上给出不同重量等级的重量公差。

机械加工的零件可以通过三维设计软件建模,然后给出尺寸公差,通过尺寸公差则可以得到零件的重量公差。在零件尺寸符合设计图样要求的情况下,即零件经最后一道加工工序,并完成终检后没有出现尺寸超差,此时零件的重量偏差应位于给定的重量公差范围内。

用板材加工成形的金属零件指采用冲压、弯曲等工艺方法对板材进行加工形成的零件,板材厚度一般在 5 mm 以下。

毛料是锻造或模锻成形的金属零件,将原材料(厚板、钢棒、钢块)首先进行锻造或模压,使其强度增加,随后进行机械加工。如风扇机匣、机匣安装边、轮盘、发动机吊架、传动轴、齿轮等零件,这类零件中,毛坯表面完全机加时,给定重量公差应较小;毛坯表面没有完全机加时,给定重量公差应较大。

发动机上形状复杂的机匣、壳体采用铸造成形,即将设计图样规定的原材料熔浆浇入模具中,成形后进行机械加工。如发动机的中介机匣、附件传动机匣等,这类零件铸造后的部分余量不能去除,给定重量公差应较大。

对于焊接件,其重量公差受焊接工艺、焊缝数量、操作人员技术熟练程度的影响。如发动机压气机盘的焊接,一二级组合件只有一道焊缝,四~九级组合件有五道焊缝,后者的重量偏差较大。

对于航空发动机,叶片类零件较为重要,尤其是转子叶片,对发动机转子件静平衡、动平衡的影响较大。要求逐一测量并精确记录转子叶片(采用锻造或铸造)的重量,并根据叶片重量分组,装配时根据叶片重量组别进行选配,确保装配后转子组件的重心靠近理论轴线,以减小不平衡量引起的振动。同时叶片的重量对自身的振动频率也有较大影响,设计、制造过程中需对叶片重量进行严格控制。因此,转子叶片的重量公差应较小。

静子叶片类一般通过焊接或装配连接在静子内外环上,对转子的动平衡没有影响,因此,其重量公差较转子叶片类大。

对于导管件,零件采用成品导管,重量公差已基本确定,仅与长短相关。在组合成组件时,多采用焊接工艺,其组件的重量公差受焊接的影响较大。

随着现代航空发动机推重比的不断提高,发动机的重量也日益成为需要严格考核的设计指标。在发动机研制过程中,重量控制必须从管理和技术两方面着手,通过严格的管理,推进重量控制措施和减重技术方案的落实,保证最终交付的发动机重量和推重比满足指标要求。

第6章
结构效率评估与安全性设计

6.1 结构效率评估

在航空发动机的设计中,结构是发动机设计的核心。先进航空发动机的发展总是以新结构为载体,综合新材料、新工艺的应用,保证性能和可靠性均衡发展。在结构设计中,对结构的定量分析在未来先进航空发动机的创新设计中具有重要意义。

结构效率是反映给定结构系统在工作过程中对环境/条件的综合适应能力的定量表征,通过结构效率评估参数的对比分析,可以定量评价结构设计过程中所采用方案的先进性,从结构的承载能力、抗变形能力和力学环境适应能力三个方面进行结构效率评估,以直观展示结构与力学特征参数之间的关联性,为结构优化提供结构设计的定量数据。

6.1.1 结构特征及结构效率

航空燃气涡轮发动机是由进气道、压气机、燃烧室、涡轮、尾喷管和安装节等主要结构组成的高速旋转热机。其结构设计的最终目标是:结构布局及关键参数设计合理,使发动机以最小的结构重量,实现在全包线工作范围内,均具有足够的刚度特性、振动特性、抗变形协调性、间隙闭合性及结构损伤控制能力。

1. 结构及力学特性

航空发动机各部分因结构特征和所处载荷环境不同而具有不同的力学特性,如双转子涡扇发动机转子的高压转子,长径比小,具有较强的弯曲刚性,而低压转子由于受总体结构限制,质量集中在前后两端,由细长低压涡轮轴连接,转子弯曲刚度较弱。正是由于转子的结构特征和所处载荷环境不同,在结构设计中需要解决的关键问题也不同。

1) 转子结构

航空发动机转子结构根据总体结构布局及转子工作环境的不同分为高压转子

系统和低压转子系统。由于结构几何构型和尺寸参数的不同,需要确定结构特征参数以定量描述和评估不同转子结构,可采用质量分布、转动惯量分布、弯曲刚度分布等参数。

对于高压转子系统,轴向尺寸较短,轮毂直径较大,所以弯曲刚度较高。在设计中要求将其设计为刚性转子,但在工程实际中,由于工作载荷环境的影响,也存在一定的变形,因此准确地讲高压转子是准刚性转子。在高压转子的结构设计中,为了提高转子刚度和控制有限的变形,要求转子结构的弯曲刚度和质量沿轴向分布协调,以保证转子系统具有最大的整体抗弯曲变形能力,在发动机工作转速范围内无弯曲振型临界转速。需要对转子结构应变能及其分布进行控制,防止结构设计不合理所引起的局部应变能加大,以保证转子系统的可靠性。

对于低压转子系统,低压轴系由于需要从高压转子内穿过,轴系较长、轴径较小,且转子支承跨度较大,转子系统的弯曲刚度较低,设计中其基本特征为:① 采用柔性转子设计,在工作转速范围内可能具有弯曲振型临界转速;② 在风扇和低压涡轮部位采用较高局部刚性设计,保证风扇和低压涡轮具有良好的局部抗变形能力,以减小风扇和低压涡轮部位的径向和角向变形,满足间隙要求,避免转静件间发生严重摩碰。

2)支承结构

支承结构的作用是支承转子并提高轴的抗变形能力,同时调节转子系统的动力特性。转子系统支承结构设计包括支承方案、支承类型和支承刚度的选取,其支承方案的确定过程是一项综合和复杂的结构决策,既有技术上的选优,又有设计经验上的继承,但是在决策中也有一些重要的基本原则是必须遵循的。支承结构设计应当在充分考虑发动机的载荷传递、转子动力学特性、转静子间隙控制以及结构间振动隔离等多方面因素的基础上进行权衡安排。

支承方案包括支点位置、数量和轴承类型。支承方案的选取应有利于发动机载荷的分布和传递,应该尽量缩短传力路线,减少承力框架,在转子上合理选取止推轴承的位置以减少风扇和涡轮的轴向位移变化。支承方案的选取应有利于转子变形、转静子间隙控制、缩短支点跨度、减小转子系统长度以控制其临界转速。对于多支点悬臂式转子,则应适当放大支点跨度,从而减小外伸长度,以优化其动力特性。对于高压转子系统,多采用刚性转子设计,其支承方案多采用 1-1-0 和 1-0-1 的两支点结构;而对于低压转子系统,多采用柔性转子设计,其支承方案多采用三支点(有时为四支点)结构。

支承结构包括弹性支承、刚性支承及中介轴承支承。支承结构的选取应有利于结构间振动隔离,必要时采用阻尼结构。对于高压转子系统,为了便于调整支承刚度以优化其临界转速,在两支点支承方案中一般均采用弹性支承,否则很难满足转子系统工作在弯曲振型临界转速以下的设计要求。

中介轴承的选取应该权衡利弊。中介轴承的使用可以减小转子长度,节省一个承力框架,减轻发动机的重量;但是轴承的供油、封严和润滑困难,并且容易引起转子之间的振动耦合。中介轴承一般为滚棒轴承,以便于安装。此外,在转速较高的涡轴/涡桨和小尺寸发动机中,由于轴的刚度受到径向尺寸的限制,弯曲刚度较弱,为避免振动耦合,一般不使用中介轴承。

支承刚度对转子系统的临界转速具有决定性的影响,尤其是刚体振型临界转速,可以通过刚度的调整,使其分布在有利于控制转子振动的区域,同时,支承刚度的变化可控制轴在共振状态下的变形能,减少轴的疲劳损伤。支承刚度的调整一般采用弹性结构件,常用的有鼠笼式弹性支承、弹性环等结构。

2. 结构效率

结构效率(structural efficiency)是结构在工作过程中收益的定量表征,是所采用的结构对系统性能提升贡献程度的定量表征,是结构质量、强度、刚度、动力特性和气动性能均衡程度的定量表征。

以结构效率来评定航空发动机结构在设计过程中所采用的几何构型、关键尺寸与材料性能的先进性和技术水平,是结构设计中定量评估分析和优化设计的基础。

结构效率评估是定量描述结构特征参数变化对其力学性能的影响,其中,结构特征参数包括结构几何特征参数和结构材料性能特征参数;而结构力学性能包括结构的承载能力、抗变形能力和力学环境适应能力。

(1) 结构的承载能力。描述结构质量和强度特性的关系;反映结构系统在所要求的机械载荷、气动载荷和温度载荷等设计载荷作用下,寻优结构质量最小化的过程,即寻优的应力分布状态。

(2) 结构的抗变形能力。描述结构质量和刚度特性的关系;通过刚度控制结构变形以达到减小变形、协调间隙变化;反映结构系统在常规载荷和极限载荷(如大机动飞行载荷、严重外物打伤载荷等)作用下,寻优结构具有合理变形分布的最小质量的过程,即寻优最强的刚度特性。

(3) 结构的力学环境适应能力。描述结构系统的力学特征与动态力学环境的关系;反映结构系统在多种复杂载荷(不平衡载荷及其他动载荷)作用下,寻优动力响应的最小量,即寻优最低的结构动力响应敏感度。

总之,结构效率的内涵在于准确描述结构系统在工作过程中对环境/条件的综合适应能力。在航空发动机结构设计中,应当遵循"三高"的设计原则,即结构具有高承载能力、高抗变形能力和高力学环境适应能力,从而实现发动机高性能和高结构效率的目标。由于航空发动机各部件和系统的功用和结构特征的不同,其度量结构效率的参数和计算方法也不尽相同。

6.1.2 转子系统结构效率评估

根据结构效率的定义和内涵,对结构效率的评估是从结构的承载能力、抗变形能力和力学环境适应能力三个方面进行的,对于不同的结构系统和不同的使用目的,其评估参数可以不同,下面以典型涡扇发动机转子系统为例,确定相应的评估参数。

1. 承载能力

结构的承载能力主要体现的是结构应力水平与质量之间的关系。从结构效率方面来看,结构的承载能力评估主要是在工作环境下,评估结构特征参数选取对其所承受载荷能力影响程度,即在最小的结构质量下,通过结构几何构型和关键尺寸优化及材料的合理选择,使其具有最大的承载能力(结构的平均应力水平最高)。

在转子结构中,叶片、盘、轴各部件所承受的载荷不同,其功用也不同,如轮盘主要承受叶片及其自身离心载荷的作用;轴主要承受扭转力矩和轴向力的作用;壳体部件主要承受内压力和一些机械载荷。总之,转子系统在工作过程中承受的载荷主要包括离心载荷、温度载荷、气动载荷带来的轴向力和扭转力矩、横向不平衡激励载荷。

对于转子,其所受的各类载荷产生最大应力、最大应变的时间和所处的位置是不同的,根据现有涡扇发动机的一般结构特征,对结构影响最大的是离心载荷,即在一般情况下,满足高速转动时的离心载荷的承载能力后,对于气动载荷产生的扭矩、轴向力和振动载荷的承载能力,可以通过结构形状的变化进行局部优化得到满意的结果。因此,评估转子结构的承载能力时,评估对象主要是轮盘,主要考虑转子离心载荷的影响。

综上所述,对于转子承载能力的评估,可以转化为对轮盘承载能力的评估。轮盘承载旋转惯性载荷的能力是控制结构形状、尺寸和质量最敏感的因素。以转子结构(一般以轮盘为对象)的平均应力系数和应力分布系数代表转子结构的承载能力进行评估是合理的。

1) 平均应力系数

工作状态下转子结构的平均应力水平可以直接反映结构的承载能力,应提高结构的平均应力水平,充分利用材料性能,实现降低结构质量的目标。

结构平均应力的计算公式如下:

$$\sigma_{ave} = \frac{\sum\limits_{i=1}^{n} \sigma_i m_i}{\sum\limits_{i=1}^{n} m_i} \tag{6.1}$$

式中，σ_i 和 m_i 分别表示结构中第 i 个单元的应力和质量。

　　为便于比较，进行归一化处理，定义结构的平均应力系数，计算公式如下：

$$Z_\sigma = \frac{\sigma_{\text{ave}}}{\sigma_{\text{b}}} \tag{6.2}$$

式中，σ_{b} 表示材料的许用应力。

　　当完全不承载时，Z_σ 为 0；受强度设计准则限制，Z_σ 的最大值必须小于 1，即平均应力系数的变化范围为 $[0,1)$，Z_σ 越大表示结构的材料使用效率越高，即结构具有越低的质量和越大的承载能力。

　　在评估转子承载能力时，应根据转子结构具体问题具体分析。由于高压转子要求良好的整体动力特性，其结构设计一般较紧凑，可根据转子使用的材料属性计算出整个转子的平均应力系数；同时，轮盘相对于鼓筒、轴颈等部分，其应力水平一般较大，因此还需单独计算出高压转子各级轮盘的平均应力系数以评估各级轮盘的结构设计是否合理。

　　而低压转子一般细长，有相当一部分质量位于驱动轴部分，由于驱动轴的径向尺寸较小，整个轴的应力水平较小，这时计算出的低压转子的平均应力水平一般都偏小，已不能表征出转子结构设计对材料使用率的影响。因此，对于低压转子，仅需计算涡轮各级轮盘的平均应力系数即可。

　　利用有限元方法计算转子平均应力系数时，可以把整个构件离散成无数个单元体，并对转子进行受载（转子离心载荷、叶片离心载荷和温度载荷）状况下的等效应力计算，对于采用同种材料的部件，根据每个单元的应力值和体积值，可得出其平均应力：

$$\sigma_{\text{ave}} = \frac{\sum\limits_{i=1}^{n} \sigma_i m_i}{\sum\limits_{i=1}^{n} m_i} = \frac{\sum\limits_{i=1}^{n} \sigma_i V_i}{\sum\limits_{i=1}^{n} V_i} \tag{6.3}$$

　　若构件采用 l 种不同材料，则应先计算出第 j 种材料部分的平均应力 $\sigma_{\text{ave}j}$ 和 $Z_{\sigma j}$，并根据各自部分的质量所占的比重，计算出构件的加权平均应力系数：

$$Z_\sigma = \frac{\sum\limits_{j=1}^{l} Z_{\sigma j} m_j}{\sum\limits_{j=1}^{l} m_j} = \frac{\sum\limits_{j=1}^{l} Z_{\sigma j} V_j \rho_j}{\sum\limits_{j=1}^{l} V_j \rho_j} \tag{6.4}$$

　　2）应力分布系数

　　平均应力系数只能从整体上反映结构材料的使用效率，而体现不了构件应力的具体分布,这时可用应力分布系数来描述构件在各个应力子区间中所占的比例,进一步评估构件的应力分布是否合理。

应力分布系数是指在工作状态下,在转子结构最大应力和最小应力范围内,各应力水平所占结构体积的比例关系。应力分布系数的计算公式为

$$F(\sigma_i) = \frac{V(\sigma_i)}{V} \times 100\% \qquad (6.5)$$

式中,$V(\sigma_i)$ 表示应力水平为 σ_i 的结构所占的体积;V 为结构的总体积。

由于数值仿真结果是离散的,在计算中可以将总应力分布离散成有限个区间 $[\sigma_i, \sigma_{i+1})$,得应力分布系数的计算公式为

$$F_{i+1} = \frac{V_{i+1}}{V} \times 100\% \qquad (6.6)$$

式中,V_{i+1} 表示应力区间为 $[\sigma_i, \sigma_{i+1})$ 的单元所占的体积;V 为结构的总体积。

在具体计算时,可以用直方图表示不同应力区间所占体积的比例,步骤如下:

(1) 均分构件的应力区间为 n 份,令 $\sigma_{\min} = \sigma_0$,$\sigma_{\max} = \sigma_{n+1}$,则可知构件的应力区间为 $[\sigma_i, \sigma_{i+1}]$,每个子区间长度 $h = \dfrac{\sigma_{\max} - \sigma_{\min}}{n} = \dfrac{\sigma_{n+1} - \sigma_0}{n}$;

(2) 根据计算的区间长度,确定 n 个子区间的分位点 σ_i,$\sigma_i = \sigma_0 + ih$,其中,$\sigma_{\min} \leqslant \sigma_i \leqslant \sigma_{\max}$,由此可计算得到 n 个子区间分别为 $[\sigma_0, \sigma_1)$,$\cdots$,$[\sigma_i, \sigma_{i+1})$,$\cdots$,$[\sigma_n, \sigma_{n+1}]$;

(3) 分别计算各个区间 $[\sigma_i, \sigma_{i+1})$ 的单元体积和 V_{i+1},则可算出各个子区间的应力分布系数,并列出直方图。

应力分布系数可以更加准确地描述结构内部的高应力区所占的比例,从而评估结构优化设计的程度及优化方向,以便进一步提高承载能力或材料使用效率。

2. 抗变形能力

根据航空发动机转子系统的结构特征,在结构设计中对转子结构的抗变形能力的主要要求是:① 在横向具有良好的抗横向载荷的横向刚性;② 在盘轴连接处具有良好的抗弯曲力矩的角向刚度。

在转子结构的刚度设计中,采用大比刚度的材料对提高抗变形能力是有利的,但是转子材料的选取一般是根据强度设计准则来确定的。对于给定的材料,可以通过转子截面结构形状和面积的变化,提高轴的弯曲刚度,从而达到提高其抗变形能力的目的,同时尽量使得转子质量小。航空发动机转子刚度特性设计的基本原则是等刚度设计,即转子截面的弯曲刚度沿轴向均匀分布。在实际设计中,由于对使用条件、功能和结构设计中约束条件的限制,很难达到轴的等刚度设计。在对轴

的刚度设计中,对于刚性转子,要求其刚度大,在工作过程中不会产生弯曲变形;对于柔性转子,如低压转子,由于其中间部位要穿过高压转子,所以其转子的刚度沿轴向变化很大,存在大的梯度,则在带有功能盘的部位的刚度设计上,应保证其具有良好的局部刚性,从而保证转静件间隙,以求得更高的部件效率。

由于航空发动机总体结构布局的限制,对于一些转子结构的变形除了要考虑横向变形,由于轮盘上的惯性力矩的作用,还需要考虑转子截面的角向变形。在转子结构中,由于具有大转动惯量的轮盘处于悬臂支承状态或轮盘-轴连接结构的刚度较弱,飞机在进行大机动/过载等飞行时,转子系统将承受巨大的惯性力矩载荷,因此,在评估转子系统的抗变形能力时,应该分析在大惯性载荷作用下转子的抗变形能力。根据结构强度设计准则所规定的载荷条件(载荷为横向惯性过载荷和机动飞行时作用在转子上的弯矩载荷),对整体转子进行最大挠度(横向变形量)分析;对于大转动惯量轮盘处进行陀螺力矩作用下的最大转角(角向变形量)分析。

综上,为了充分反映转子结构的抗变形能力,根据结构和载荷环境情况,转子系统抗变形能力的评估参数为:① 抗弯刚度分布,用于反映转子结构几何形状所产生的抗弯曲变形的能力及其沿轴向的分布特征。对于高压转子系统这类刚性转子,在结构设计中要求其抗弯刚度分布应保证均匀性,从而使得在静载荷作用下转子保持均匀的变形。② 等效刚度,用于反映转子结构整体结构尺寸和支承形式所产生的抗变形能力。等效比刚度则用于反映转子质量(体积和材料密度)变化对结构抗变形能力的影响。③ 惯性刚度,即在单位惯性载荷作用下转子的变形,用于反映结构自身质量和刚度分布在非惯性运动时的抗变形能力,是转子结构质量和刚度的综合反映。航空发动机最大的特点是随飞行器进行非惯性运动,因此对转子抗变形能力的评估应考虑自身质量惯性的影响。

1) 抗弯刚度分布

转子抗弯刚度分布可以反映转子结构几何形状(不考虑支承的影响)对弯曲刚度的影响及其沿轴向的分布特征,从而表征了转子结构特征对其刚性的影响关系,定义如下:

$$f(E_iI_i) = E_iI_i \tag{6.7}$$

式中,E_i 和 I_i 分别表示第 i 个截面材料的弹性模量和惯性矩。

在计算分析过程中,充分考虑转子的结构特征和材料特征,对转子结构进行离散,离散位置的选取应特别考虑截面尺寸或材料性能发生改变的位置。离散后选取每个轴段最小的 E_iI_i 作为弯曲刚度值,并对各离散部分的弯曲刚度进行归一化处理,可以均值和分散度的方式进行制图。转子弯曲刚度沿轴向分布,即抗弯刚度分布,表示转子弯曲刚度沿轴向分布的均匀程度。

2）等效刚度

转子等效刚度是指转子系统在指定截面上能够提供的等效弯曲刚度。对于确定的转子结构,在不同轴向截面位置,转子的等效刚度不同,这不仅取决于转子结构,还与支承方案有关,其中的最小值为"最小等效刚度"。而将等效刚度与转子结构质量相比即可得到"等效比刚度",描述转子系统(几何与材料)本身弯曲刚度与结构质量之间的比例关系。

转子等效比刚度 K_ρ 可表示为

$$K_\rho = \frac{K_c}{M} \tag{6.8}$$

式中, K_c 表示考虑支承方案影响的情况下,转子指定截面上的等效刚度; M 则表示转子结构质量。 K_ρ 越大表示转子的整体弯曲刚度越好。

需要说明的是,在计算关键截面的等效刚度时,应该考虑转子支承方案和支点支承刚度的影响,在设计的初级阶段,由于不能准确给出支承刚度数值,可以以刚性支承代替,有限元计算时支点位置简支。对于关键截面的确定,应选取刚度最薄弱或者横向变形对性能影响最大的截面,可以选择离支承最远的位置,此处刚度可能最弱;也可以选取对整机性能影响最敏感的截面,如最末一级压气机或者高压涡轮。

3）惯性刚度

惯性刚度是在结构惯性载荷与在其作用下转子所产生的最大变形量的比值。对于航空发动机而言,即在飞行包线范围内进行最大过载/机动飞行时所产生的惯性载荷作用下,抗拒相应横向变形或角向变形的能力,惯性刚度值反映转子结构自身质量分布与弯曲刚度分布的协调性。

对于典型的航空发动机,极限惯性载荷一般为包含多个极限过载和机动的组合,但主要有横向加速度过载和陀螺力矩过载。商用飞机不承受军机那样严重的偏转和加速度,其最大偏转一般发生在发动机以最大转速工作的飞机起飞过程中。商用飞机的极限惯性载荷设计水平通常由发动机制造商给出。在大型商用飞机中,对于无性能损耗的机动,典型保守的偏转和加速度可能是 0.2 rad/s 和 $2\,g$。

具体计算变形量时,应将各种惯性载荷单独施加并计算,研究转子系统结构在各种惯性载荷下的抗变形能力。对转子系统结构施加横向加速度过载,根据计算结果确定转子的最大横向变形量 $\delta_{\max}$,并与相应的惯性载荷相比,该比值即为惯性刚度,用于衡量在考虑轴的刚度、质量分布和承力结构的影响下,转子最弱截面在惯性载荷作用下的抗变形能力,从而反映转子整体抗变形的能力。陀螺力矩载荷作用下的最大角向变形 $\theta_{\max}$ 与相应作用在转子上的惯性力矩载荷相比,即为角向惯性刚度。在计算中由于陀螺力矩分别作用在每个盘上,角向惯性刚度反映的是转子角向刚度最薄弱部位的抗变形能力。

计算在惯性载荷下转子的最大变形量,还应根据转子结构具体问题具体分析。有些转子采用 1-0-1 支承方案,如两端简支结构,其整体刚度好,等效刚度偏大,其变形量很小,几乎没有什么可比性。而有些转子则带有悬臂梁结构,并且带有轮盘等集中质量,受到加速度载荷或者陀螺力矩载荷时往往产生很大的弯曲变形和角向变形,定量计算则十分必要。

有限元计算时,按照转子支承方式,支承位置简支,并施加横向加速度 a,计算出在加速度方向上的最大横向变形量 $\delta_{\max}$ 即可;计算角向变形时,可先算出悬臂部分的转动惯量 J_d,并假定转子轴线的偏转角速度为 Ω,则陀螺力矩 $M = J_d\Omega\omega$,可在悬臂部分施加外载荷力偶以模拟惯性载荷陀螺力矩,计算出该悬臂部分轴线的最大角向变形量 $\theta_{\max}$ 即可。

转子系统在横向加速度作用下会产生最大横向变形量 $\delta_{\max}$,在陀螺力矩作用下会产生最大角向变形量 $\theta_{\max}$。 定义转子的横向惯性刚度和角向惯性刚度分别为

$$K_{er} = \frac{m \times a}{\delta_{\max}} \qquad (6.9)$$

$$K_{e\theta} = \frac{J_p \times \omega \times \Omega}{\theta_{\max}} \qquad (6.10)$$

式中,K_{er} 表示横向惯性刚度;m 表示转子系统的总质量;a 表示横向加速度;$K_{e\theta}$ 表示角向惯性刚度;J_p 表示轮盘的转动惯量;ω 表示转子的转动角速度;Ω 表示机动飞行角速度。

惯性刚度在本质上反映了转子质量分布和刚度分布的综合力学效应。对于航空发动机转子系统,由于其工作环境处于非惯性运动,在结构设计中不仅要考虑结构刚度,也要考虑结构质量,只有在最小的结构质量下,提高结构刚度,才能真正提高航空发动机转子系统的抗变形能力,这是与地面旋转机械不同的地方。

3. 力学环境适应能力

转子结构力学环境适应能力,即结构振动敏感度特性,反映转子系统对其内部和外部周期激振力的响应程度。

转子结构力学环境适应能力(振动敏感度)的评估可以分为两个方面:一是对转子系统防止共振安全裕度的评估;二是对共振状态下转子系统能量分布及其可能的损伤程度的评估。因此,为了充分反映转子结构力学环境适应能力(振动敏感度),以转子质量/刚度协调因子(简称 M - H 因子)及平均值和转子共振转速下的应变能分布等参数进行评估。

1) 质量/刚度协调因子(M-H因子)

质量/刚度协调因子(M-H因子)的单位与圆频率的单位相同(rad/s),可以用于反映各子结构的局部动力特性,定义如下:

$$f_i = \sqrt{\frac{k_i}{m_i}} \quad\quad (6.11)$$

式中,k_i 和 m_i 为第 i 个子结构的等效刚度和等效质量。

为方便起见,评估过程中采用无量纲质量/刚度协调因子,即无量纲 M-H 因子,其表达式为

$$\overline{f}_i = \frac{f_i}{f_{ave}} \quad\quad (6.12)$$

式中,f_{ave} 为整个转子各部分 M-H 协调因子的平均值。

对于质量/刚度协调因子(M-H因子)的求法,可以根据不同的结构特征采用不同的方法。

离散的梁单元或是实体有限单元采用轴进行计算求得。将转子分为有限个轴段,第 i 轴段的 M-H 因子定义为 f_i。

此时,式(6.11)中的 k_i 为第 i 轴段的等效刚度,轴段弯曲等效刚度可按材料力学求得 $k_i = \frac{EI_i}{L^3}$,其中 L 为轴段的轴向长度;m_i 为第 i 轴段的等效质量。f_i 反映了第 i 轴段的固有频率特征。将其无量纲化,即得到无量纲质量/刚度协调因子 $\overline{f}_i$,转子各轴段的 M-H 因子平均值 f_{ave}。

等效梁方法适应于结构相对简单的轴段结构。

当转子结构形式具有明显的子结构特征,即具有明显的质量或刚度突变时,可以采用等子结构离散方法。这种方法就是根据转子的结构特征,将其划分为几个子结构(图6.1),分别计算出相应子结构的等效刚度和等效质量,从而得到其 M-H 因子。

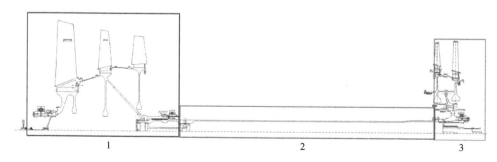

图6.1 低压转子子结构分段方式

子结构划分根据各段长度不同,采用等效刚度表示该子结构刚度 k_i。根据各个子结构的支承形式进行约束,在质心位置处施加横向载荷 F,算出质心位置在载荷方向上的变形 δ,则有该子结构的等效刚度为 $k_i = \dfrac{F}{\delta}$,该子结构的质量为 m_i,则将其代入式 (6.11) 和式 (6.12) 即可得相应子结构的 M‒H 因子和无量纲 M‒H 因子。

M‒H 因子沿转子轴向的分布反映了各子结构局部动力特性之间相互耦合的可能程度,可以用于评估结构系统振动的整体性和各子结构间的动力耦合性。

2) 应变能分布

转子系统在相应的共振转速下受到环境扰动产生模态振动是无法避免的。在低转速范围内,转子结构本身没有很明显的相对变形,大部分振动能量被支承结构吸收,并由相应的阻尼结构消耗。因此,可计算转子系统应变能所占的比重(转子系统振动响应系数)以评估转子结构的力学环境适应能力。

转子处于共振转速下的应变能分布是指,在最高工作转速以内各阶共振转速所对应的转子弯曲应变能与总应变能之比。根据定义转子应变能分布系数可表示为

$$\eta_i = \frac{W_{\text{rotor},i}}{W_{\text{sys},i}} \times 100\% \qquad (6.13)$$

式中,i 为在发动机转子-支承系统工作转速范围内共存在 i 阶共振转速;$W_{\text{rotor},i}$ 为第 i 阶共振转速时转子所具有的弯曲应变能;$W_{\text{sys},i}$ 为转子-支承系统在第 i 阶共振转速时具有的总应变能。

对于刚性转子(高压转子),计算整个转子在共振状态(或工作状况)下的应变能所占的比例,一般情况下轴的应变能所占全部应变能的比例不应超过 20%。有限元计算时,根据转子支承的真实刚度值定义各支点的刚度参数。

对于柔性转子,则要考虑所关注的局部(叶盘结构处、低压涡轮或者风扇部分)的应变能比例,因为这一部分的应变能过高会对叶轮的效率产生负面影响。此外,对一些重要的连接结构处的应变能分布也要进行分析考虑,这里的应变能过大可以对连接结构带来损伤,从而产生连接结构刚度变化和附加不平衡量。

如涡扇发动机的低压转子,由于转轴的弯曲刚度很弱,在轴段会产生较大的变形。根据结构特征,其低压涡轮或者风扇处往往局部刚性强,轴段变形对涡轮或者风扇的影响很小,在结构设计中,所重视的是低压涡轮的变形和变形能的量值。因此,在结构效率评估时,只需对低压涡轮部件的变形能进行计算分析和评估,转子应变能分布系数可定义为

$$\eta_i = \frac{W_{\text{turbine}, i}}{W_{\text{sys}, i}} \times 100\% \qquad (6.14)$$

式中，$W_{\text{turbine}, i}$、$W_{\text{sys}, i}$ 分别表示低压转子涡轮部分的应变能和整个转子系统的应变能。

在转子系统的结构效率评估中，其核心是要考核结构设计对其所要求的承载能力和抗变形能力的贡献，所包含的具体内容是承载能力、抗变形能力和力学环境适应能力。在评估参数中，所采用的载荷和边界条件也有所不同，但是其变化量和规律趋势具有良好的可比性，根据实际情况合理地选取评估参数和载荷对结构进行评估或优化，有良好的直观性和操作性。

根据上述内容，得到涡扇发动机转子系统结构效率的评估参数汇总表，如表6.1所示。

表 6.1　涡扇发动机转子系统结构效率的评估参数汇总

评估内容	评估参数	物　理　意　义	计　算　方　法
承载能力评估参数	平均应力系数	描述结构受载能力与质量间的关系	$Z_\sigma = \dfrac{\sum\limits_{j=1}^{l} Z_{\sigma j} m_j}{\sum\limits_{j=1}^{l} m_j}$
	应力分布系数	描述构件在各个应力子区间所占的比重	$F_{i+1} = \dfrac{V_{i+1}}{V} \times 100\%$
抗变形能力评估参数	抗弯刚度分布	表征结构几何特征对刚性的影响程度	$f(E_i I_i) = E_i I_i$
	等效刚度	描述结构材料、几何构型对转子整体刚性的影响程度	$K_p = \dfrac{K_c}{M}$
	惯性刚度	表征结构对质量/刚度分布的抗变形能力	$K_{er} = \dfrac{m \times a}{\delta_{\max}}$ $K_{e\theta} = \dfrac{J_p \times \omega \times \Omega}{\theta_{\max}}$
力学环境适应能力评估参数	M−H 因子	反映各子结构动力特性之间的相互相近性和耦合程度	$f_i = \sqrt{\dfrac{k_i}{m_i}}, \ \overline{f_i} = \dfrac{f_i}{f_{\text{ave}}}$
	应变能分布	转子-支承系统中转子应变能所占的比重	$\eta_i = \dfrac{W_{\text{rotor}, i}}{W_{\text{sys}, i}} \times 100\%$

航空发动机在研制工作中，结构设计除必须满足技术要求、基本性能和强度指标以外，为保证工作状态下结构的安全性和可靠性，需要在结构设计上进行必要的

优化设计,而对结构的优化结果可以采用评估结构效率的方法对结构进行定量的评估。航空发动机转速高,工作温度和载荷条件极为恶劣,转子在这样的环境下工作,离心载荷大,材料性能下降,为保证转子结构的完整性、安全性,要求在满足强度设计准则的基础上,对结构进行优化和结构效率评估,以最大限度地降低结构重量,提高推重比。

6.1.3　承力系统结构效率评估

航空发动机承力系统是采用板、壳类几何构型的构件,通过焊接或界面连接结构形成的组件。其几何结构和力学性能均具有一定的非均匀性特征。在对承力系统进行结构效率评估时,需要依据结构效率的定义和基本内涵,并结合承力系统的结构特征和功能、设计要求,建立适用于承力系统的结构效率评估方法。

1. 承载能力

承载能力评估的目的在于通过结构几何形状的优化和材料的合理选择,使结构在最小质量下具有最大的承载能力。

结构承载能力受到最薄弱部分的限制,设计优异的结构应尽量避免局部的应力集中,最大限度地利用材料的潜能。

应力分布系数表现了固定受力状态下承力结构各应力水平所占结构体积的比例关系,其计算公式同式(6.5)。

应力分布系数可以更加准确地描述结构内部的高应力区所占的比例,从而评估结构设计的优劣并指导应力优化的方向。

2. 抗变形能力

工程设计中,抗变形能力是静子承力件的主要评估指标,因为其直接影响轴承的支承刚度与转静子间的间隙控制。

1) 等效比刚度

比刚度体现了刚度和结构重量的相互关系,可用等效比刚度衡量承力结构材料的使用效率。等效比刚度的表达式为

$$K_m = \frac{K_a}{M} \tag{6.15}$$

式中, K_a 为承力结构的等效刚度; M 为承力结构的质量。支承滚珠轴承时需考虑轴向与径向刚度,而滚棒轴承仅需考虑径向刚度。

承力机匣一般为薄壁壳体结构,径向刚度较弱,其变形量的大小影响发动机的气动性能。因此,抗变形能力评估主要关注支承刚度、构成流道的机匣刚度以及结构薄弱点的刚度。

2）温度敏感系数

结构刚度对工作环境温度变化的敏感系数用于描述变化的温度场对结构抗变形能力的影响。其表达式为

$$\Delta K_t = \frac{\Delta K}{\Delta T} \tag{6.16}$$

式中，ΔK 为在发动机不同工作状态下结构支承刚度的变化幅度；ΔT 为环境温度的变化量。在初始设计阶段，精细温度场难以给出，可按局部均匀温度场进行分析。由于线性系统刚度主要取决于材料属性与结构构型，因此给定材料属性随温度的变化曲线，可求出不同温度条件下结构的刚度。

3. 力学环境适应能力

1）动刚度

采用动刚度描述承力结构的力学响应与动态激励的关系。在设计频域内动刚度可表示为

$$K(\omega) = \frac{F(\omega)}{X(\omega)} \tag{6.17}$$

动刚度体现了转静子间的动力耦合关系，$F(\omega)$ 为激振力，$X(\omega)$ 为位移响应。激励频率接近承力结构的固有频率时，可能出现结构动刚度突降，严重时造成结构损害。常在承力构件中添加阻尼结构以减小动刚度的突降幅度。

动刚度反映系统对动态激励的敏感度，可用共振频率裕度更直观地表示结构稳定性，共振频率裕度定义如下：

$$\eta = \frac{\overline{\omega} - \omega_0}{\omega_0} \tag{6.18}$$

式中，$\overline{\omega}$ 表示动刚度突降点频率；ω_0 表示转子工作转速频率。

2）振动位移传递系数

振动位移传递系数表现目标部位与激振点的响应之比，用该系数可有效地衡量结构的隔振效果，其表达式如下：

$$C(\omega) = \frac{X_b(\omega)}{X_a(\omega)} \tag{6.19}$$

式中，$X_a(\omega)$ 为激振点处的位移响应幅值；$X_b(\omega)$ 为目标部位的位移响应幅值。$C(\omega)$ 越小，结构的隔振性能越优越。可用设计频率范围内振动位移传递系数的均值衡量系统隔振性能的优劣。

采用共用承力框架支承多个支点时，不同转速的转子相当于不同频率的激振

源,使得结构的振动问题更加复杂。尽可能减小支点间的振动耦合是结构的设计目标之一。因此,隔振性能的评估主要集中于两个方面:一是支点间的隔振性能;二是支点至机匣的隔振性能。

4. 结构效率系数

单项评估参数能够突出反映结构某个方面的力学特性,为结构的改进指明方向。当考虑多项评估参数的影响时,结构效率方法还可用于结构优劣的综合评估。在综合评估中,可针对结构不同的设计阶段与设计需求,对评估参数进行取舍以保证评估结果的直观与准确。

以承力系统的主体承力部件——承力框架为例,在初始设计阶段,由于承力框架的极限载荷一般难以确定,且常规状态下结构有较高的强度储备,因此评估重点关注承力框架的抗变形能力与力学环境适应能力。

引入结构效率系数的概念,结构效率系数可表示为各项力学能力项参数值的相加,对于承力框架结构的设计,其计算公式可表示为

$$I = D_c + M_p \tag{6.20}$$

式中,I 表示结构效率系数;D_c 表示抗变形能力系数;M_p 表示力学环境适应能力系数。考虑等效比刚度与温度敏感系数的耦合影响,承力框架抗变形能力系数定义如下:

$$D_c = \frac{K_m}{\Delta K_t} \tag{6.21}$$

式中,K_m 表示结构等效比刚度;ΔK_t 表示结构刚度温度敏感系数。D_c 值越大,表示结构的抗变形能力越强。

力学环境适应能力系数 M_p 体现结构对不同环境下动态激励的敏感程度,定义如下:

$$M_p = \frac{\eta}{C(\omega)} \tag{6.22}$$

式中,η 为结构共振频率裕度;$C(\omega)$ 为结构振动位移传递系数。M_p 越大,结构的力学环境适应能力越强,稳定性越好。

结构效率系数是对结构综合性能的定量描述,在对不同结构的优劣对比以及结构方案的改进设计中,结构效率系数采用相对值表示更加直观,即 $I' = D'_c/D_c + M'_p/M_p$,式中 D_c、M_p 为基准值,D'_c、M'_p 为对比结构或改进方案的各项值。

6.1.4　整机结构效率评估

结构效率的应用对象覆盖整机结构和部件结构两个层次。对于不同结构系

统,其功能、所受载荷不同,设计要求会存在差异,对应的结构效率的具体内涵也不相同。整机结构的设计要求是通过采用高比强度、比刚度的材料以及合理地优化结构构型,实现质量最小,并在正常工作转速范围内避免过大的振动,且实现正常工作或过临界时,由转子不平衡和机动、惯性等载荷引起的振动和间隙引起的效率损失均最小,因此整机结构效率的内涵涵盖结构重量、模态参与和间隙配合三项,具体如图 6.2 所示。

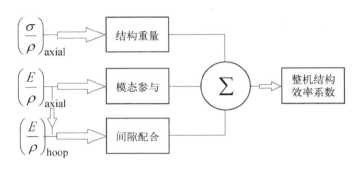

图 6.2　整机结构效率的内涵

$\left(\dfrac{\sigma}{\rho}\right)_{\text{axial}}$、$\left(\dfrac{E}{\rho}\right)_{\text{axial}}$、$\left(\dfrac{E}{\rho}\right)_{\text{hoop}}$ 表示结构比强度沿轴向的分布、比刚度沿轴向的分布和比刚度沿周向的分布,表示整机结构特征。结构质量、模态参与及间隙配合反映整机力学特征,由整机结构特征参数决定。结构效率系数是综合表征结构效率水平的量化数值,整机结构效率系数由结构重量、模态参与和间隙配合三项综合得到。

结构重量反映整机结构的承载能力,主要取决于 $\left(\dfrac{\sigma}{\rho}\right)_{\text{axial}}$,合理的结构形式和高比强度材料的使用,能在保证结构具有足够应力储备的情况下,大大减小结构重量,提高材料使用效率。模态参与反映整机的力学环境适应能力,能确定发动机结构系统的动力响应对转子不平衡及其他激振力的敏感性,由 $\left(\dfrac{E}{\rho}\right)_{\text{axial}}$ 决定,通过优化结构比刚度沿轴向的分布,可以获得低敏感度结构系统的最优设计。间隙配合反映整机的抗变形能力,由 $\left(\dfrac{E}{\rho}\right)_{\text{axial}}$ 和 $\left(\dfrac{E}{\rho}\right)_{\text{hoop}}$ 共同决定,$\left(\dfrac{E}{\rho}\right)_{\text{axial}}$ 决定结构横向弯曲变形,$\left(\dfrac{E}{\rho}\right)_{\text{hoop}}$ 决定机匣截面变形,通过控制结构的 $\left(\dfrac{E}{\rho}\right)_{\text{axial}}$ 和 $\left(\dfrac{E}{\rho}\right)_{\text{hoop}}$,能降低整机在外部载荷下的转静间隙变化量,从而获得好的抗变形能力。

根据结构效率的内涵,结构效率系数定义如下:

$$I = \alpha_1 E_s + \alpha_2 D_c + \alpha_3 D_s \qquad (6.23)$$

式中，E_s 为结构承载能力项，D_c 为结构抗变形能力项，D_s 为力学环境适应能力项，E_s、D_c、D_s 三项均为归一化值，当其值取 1 时，代表该项力学性能达到最优水平；$\alpha_1 \sim \alpha_3$ 为权重系数，用于在结构评估时，反映某项力学性能在总体力学性能中的重要程度，各项力学性能的权重系数之和为 1 且均大于 0。

对于不同的评估对象，权重系数的取值会有所不同，例如，如果是对于已有发动机的改进评估，此时的评估目标一般明确，权重系数的具体值也便相应确定；如果是对于新设计机型的改进评估，各项权重系数的具体值还需结合相应的设计体系和以往积累的工程实践经验确定。

结构效率系数可以反映结构方案的综合力学性能，其大小能为不同结构方案的选择提供依据。

综上，整机结构系统设计就是通过结构几何构型和关键结构特征参数的优化，以获得好的力学特征。而整机结构效率是通过建立总体结构布局与力学性能的定量关系，评估整机结构系统对载荷环境条件的适应能力，给出结构优化设计的方向，定量反映结构的整体力学性能。

1. 整机载荷环境条件

在工作中航空发动机结构系统会承受不同的载荷环境作用，这些载荷按种类可分为非外传载荷和外传载荷。

非外传载荷是指作用在发动机结构内部互相抵消而不外传的力，包括旋转件离心力、气体径向力、零件热应力等，这些力决定整机零部件（如轮盘、叶片等）的应力分布，对整机的变形、振动影响较小，总体结构设计需要保证零部件在这些非外传载荷作用下满足强度设计要求，因此，非外传载荷作用下重点关注承载能力，且需要在部件结构效率中予以重点评估和优化，整机结构效率评估阶段不再作为关注重点。

外传载荷是指需要外传至安装节方可达到平衡的力，包括飞机过载机动飞行时的质量惯性力、陀螺力矩以及转子不平衡力等，这些载荷可能会引起整机结构发生较大变形或有害振动，但对结构及零部件的应力分布影响较小，总体结构设计需要保证整机结构系统在外传载荷作用下具有高抗变形能力和低敏感度，即要在整机结构效率中对整机结构的抗变形能力和力学环境适应能力进行评估和优化。

2. 整机结构效率评估参数

1）抗变形能力

整机结构对抗变形能力的要求是：转静件具有良好的变形协调性，以降低外部载荷对转静子间隙变化量的影响，避免发生摩碰或间隙过大产生气动损失。

由于转静子均是具有较长轴向尺寸的回转结构，在外载荷作用下将会产生横向弯曲变形(称为弹性线变形),使转静子间隙发生变化。此外,机匣为大直径壳体结构,安装节集中载荷及其他不对称外部载荷引起机匣椭圆度,也会导致转静子间隙发生变化。

采用转静子间隙变化量评估整机结构的变形协调能力,计算公式如下:

$$C_V(x) = |\ C_{\text{rotor}}(x) - C_{\text{case}}(x)\ | + |\ C_e(x)\ | \qquad (6.24)$$

式中, $C_{\text{rotor}}(x)$ 为转子横向位移; $C_{\text{case}}(x)$ 为机匣横向位移; $|\ C_{\text{rotor}}(x) - C_{\text{case}}(x)\ |$ 为弹性线变形产生的间隙变化; $|\ C_e(x)\ |$ 为机匣截面椭圆度产生的间隙变化,取径向变形最大位置处对应的量值; x 为轴向坐标。

由于压气机、涡轮等处的间隙变化量对气动效率的影响最大,且最易发生转静子摩碰,通常选取这些关键截面的转静子间隙变化量进行评估。因此,实际计算时多采用式(6.24)的离散形式,如下所示:

$$C_V(x_i) = |\ C_{\text{rotor}}(x_i) - C_{\text{case}}(x_i)\ | + |\ C_e(x_i)\ | \qquad (6.25)$$

式中, x_i 为第 i 个关键截面的轴向坐标。

2) 力学环境适应能力

对于整机力学环境适应能力的评估,关键是确定结构系统关键位置处的动力响应对不平衡激励及其他力函数的敏感性。采用应变能分布系数和敏感度系数进行评估。

应变能分布系数表示整机各部件的应变能分布情况,可以反映共振转速振型对不平衡激励的敏感程度,计算公式如下:

$$\eta_i = \frac{W_{c,i}}{W_{t,i}} \times 100\% \qquad (6.26)$$

式中, i 表示整机在工作转速范围内的共振阶次; $W_{c,i}$ 为第 i 阶共振转速下关键部件的应变能,通常选取转子部件、支承部件及连接结构等; $W_{t,i}$ 为第 i 阶共振转速下整机的总应变能。发动机动力学设计的理想状态是转子上不存在弯曲应变能,所有变形能均集中在支承上并通过阻尼消耗。

需要说明的是,由于重点关注整机的横向振动响应,故主要考虑弯曲变形产生的应变能,机匣等壳体结构的行波振动产生的应变能不计算在内。

敏感度系数反映响应点的振动响应对给定不平衡激励的敏感程度,采用各不平衡激励点对该响应点的影响系数幅值的均值表示,计算公式如下:

$$S_{ij} = \frac{\sum_{k=1}^{m_j} X_{ik}}{m_j} \qquad (6.27)$$

式中，S_{ij} 为第 j 种不平衡分布状态下第 i 个响应点的敏感度系数；m_j 为第 j 种不平衡分布状态下的激励点总数；X_{ik} 为第 k 个激励点对第 i 个响应点的影响系数的幅值，影响系数表示某激励点单位动载引起某响应点的响应，它为激励频率的函数，详细含义参见文献。S_{ij} 值越大，表示该种不平衡激励下的响应敏感度越高。

现代涡扇发动机多为双转子系统，当高、低压转子上同时分布有不平衡量时，会产生两个不同频率的激励力。但由于高、低压转速需要满足一定转差关系，因此在给定不平衡分布状态的情况下，某一转速下的 S_{ij} 是确定的，即 S_{ij} 为转速频率的函数。当仅有一个不平衡激励时，S_{ij} 等于影响系数幅值。

3. 整机结构效率评估方法

建立结构效率系数评估方法的意义在于给出统一的分析流程，以综合多种参数获得结构效率系数，从而整体衡量结构设计水平或评估不同结构设计方案的优劣程度。

1）评估参数归一化

整机结构效率的各评估参数由于不具有统一的量纲，难以进行综合得到整机结构效率系数。同时，对于不同发动机或结构设计方案，各评估参数的基准数值可能有所不同，所求得的评估参数数值缺乏比较意义。对各参数进行归一化的意义是获得其无量纲量，并建立各参数的统一描述。根据结构效率系数的内涵，归一化的目标是使所得数值属于 $[0,1]$，且值越高表示该项力学性能越优异。

对于转静子间隙变化量，可以初始间隙为基准进行归一化处理，如式（6.28）所示：

$$\bar{C}_V(x_i) = \begin{cases} [1 - C_V(x_i)/C(x_i)] \times 100\%, & C_V(x_i) \leqslant C(x_i) \\ 0, & C_V(x_i) > C(x_i) \end{cases} \tag{6.28}$$

式中，$C_v(x_i)$ 为第 i 个关键截面的初始间隙。当间隙变化量超过初始间隙时，可能会发生转静摩碰，故令此时的 $\bar{C}_V(x_i)$ 为 0，表示变形协调能力最差。

应变能分布系数归一化参数直接采用支承应变能分布系数代替，如式（6.29）所示：

$$\bar{\eta}_i = \frac{W_{s,i}}{W_{t,i}} \times 100\% \tag{6.29}$$

式中，$W_{s,i}$ 表示支承应变能。当 $\bar{\eta}_i$ 为 1 时表示整机结构应变能全部集中在支承上，为最理想状态。

通常，在共振转速下整机结构会产生较高振动，因此对共振转速下的敏感度系数需要重点关注。归一化公式如式（6.30）所示：

$$\overline{S}_{ij} = \left[1 - \frac{\sum_{\overline{\omega}_d \leqslant \omega_i \leqslant \overline{\omega}_u} S_{ij}^2(\omega_i)}{\sum_{0 \leqslant \omega_i \leqslant \overline{\omega}_u} S_{ij}^2(\omega_i)} \right] \times 100\% \qquad (6.30)$$

式中，$\overline{\omega}_d$ 为慢车转速频率；$\overline{\omega}_u$ 为最大工作转速频率；ω_i 表示第 i 阶共振转速频率；$S_{ij}(\omega_i)$ 表示共振转速频率 ω_i 下的敏感度系数。

$\overline{S}_{ij}$ 能综合反映工作转速范围内共振阶次及这些共振阶次下的响应情况。当 $\overline{S}_{ij}$ 为 0 时，表明共振转速全部集中在工作转速范围内；当 $\overline{S}_{ij}$ 为 1 时，表明工作转速范围内不会共振，表示最优设计；当 $\overline{S}_{ij}$ 属于 (0，1) 时，表明工作转速范围内外均存在共振，同时工作转速范围内共振转速下的敏感度系数越小，则 $\overline{S}_{ij}$ 越大，表明设计越优。

2）结构效率系数运算法则

结构效率的参数包含多个层次，结构效率系数是顶层参数，称为系数项，它涵盖承载能力、抗变形能力及力学环境适应能力三项，将这三项称为参数项。对于每项参数，又可能包含多项具体评估参数，统称为子参数。子参数分为单状态子参数和全状态子参数，单状态子参数是对应一种计算状态所得出的子参数，如某阶共振模态下的应变能分布系数，全状态子参数是综合考虑各计算状态所得出的子参数，其值通过综合单状态子参数计算得来。图 6.3 为整机结构效率的各层次评估参数（图中单状态子参数只列出了对应的计算状态）。

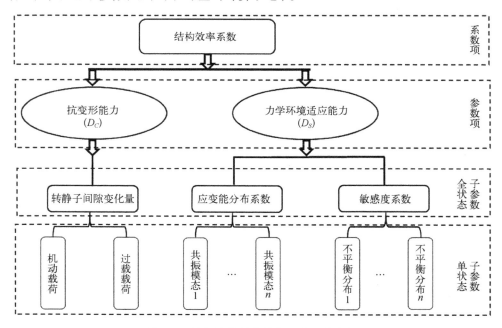

图 6.3　整机结构效率的各层次评估参数

建立运算法则的目的在于用统一的运算方法综合多层次评估参数完成结构效率系数的计算。在计算中规定两种运算法则：① 对于单状态子参数到全状态子参数及全状态子参数到参数项的计算，采用乘法运算；② 对于参数项到系数项的计算，采用加法运算。需要说明的是，在结构效率系数的计算中，参与运算的子参数均要先进行归一化处理，这样才能保证求得的各层次的评估参数数值具有比较意义。

6.2　转子-支承结构安全性设计

航空发动机结构安全设计是以在恶劣环境下结构失效后产生的危害度最小为目标，以结构系统为对象，进行危害度控制的设计。

6.2.1　结构安全性

结构安全性就是结构系统在可能遭受的危险状态下仍能保证安全的能力，是系统的固有特性之一，取决于设计、制造、维修、设备和设施的质量等诸多因素。

航空发动机结构安全性指航空发动机系统在正常使用环境下承受可能出现的各种危险的能力，以及在偶然事件（恶劣环境）发生时和发生后仍保持必要的整体稳定性且能安全运转的能力。航空发动机是一套复杂的旋转机械系统，其复杂性体现在结构特征复杂（转静件耦合、板壳结构耦合）和载荷特征复杂（热载荷、气动载荷、机械载荷）上，对结构系统的结构效率的要求极高，既要减轻重量，又要提高承载能力。因此，航空发动机结构安全性与一般地面旋转机械相比，既有共性，还有相当大的个性。

航空发动机结构安全性可以分为本体安全、操纵安全、系统安全和使用安全，其反映的内涵和程度是不同的，如图 6.4 所示。本体安全指系统设计时留有一定的安全裕度，即设计按照一定的安全系数；操纵安全指发动机由于结构部件失效产生故障时，仍能保证飞行器安全着陆；系统安全是指结构系统整体失效时，仍然不至于有致命的危险发生；使用安全指驾驶员操作使用不当不至于引起破坏性的故障。

安全性 {
本体安全 —— 核心：留有余地、许用量
操纵安全 —— 核心：失效时仍能安全着陆
系统安全 —— 核心：失效安全
使用安全 —— 核心：使用操作不当不引起破坏性故障
}

图 6.4　安全性的分类及内涵

为提高系统安全性，在系统安全分析的基础上，设计人员必须在设计中采取各种有效措施，保证所设计的系统具有满足要求的安全性，其中包括消除和降低危害度的设计策略。常用方法有：① 能量控制，即从设计角度考虑消除和控制危害度；② 故障隔离，即确保在出现故障之后，不会影响系统安全；③ 薄弱环节法，即从安全性考虑可在系统中设计"薄弱环节",使系统在出现故障之前,在薄弱环节处出现失效,以减轻故障的危害度;④ 告警装置,即在故障发生前后告警装置发出相应的提示,以采取相应的控制措施,减小危害度。

需要注意的是,危害度是美国 NASA 针对叶片丢失的安全性考核所提出的一套评估指标。在危害度评估过程中,综合考虑了结构相对破坏程度、破坏发生的概率以及不同位置发生叶片丢失的概率,计算公式如下:

$$危害度 = 相对破坏程度 \times 破坏概率 \times 丢失概率$$

各系数的定义为:① 相对破坏程度。依据叶片丢失产生故障可能诱发的破坏形式,将破坏程度划分为 10 个等级,1 级表示破坏最轻微,10 级表示破坏最严重,典型的一些破坏形式的相对破坏程度数值如表 6.2 所示。② 破坏发生的相对概率。将一定发生的事件定为 1,较低的数值表示较低的破伤发生概率。③ 不同位置发生叶片丢失的概率。其中破坏发生的相对概率和丢失概率的数据需要来源于大量的工程实际经验。

表 6.2　相对破坏程度(部分)

故 障 描 述	可能诱发的破坏形式	相对破坏程度
停车	全部动力损失	10
摩碰-失效	低压轴失效	10
安装节失效	机匣、支柱脱离	10
严重推力损失	推力丧失 70%	6
摩碰-严重	轴脱离原位	4
结构破坏	结构脱离原位	4
中等推力损失	推力丧失 40%	3
摩碰-轻微	涂层磨损	1

在介绍航空发动机结构安全性的基础上,进一步提出适航性的概念:适航性指的是飞机能够安全飞行的适用性指标。适航标准不同于用来指导发动机设计工作的设计规范,但是要求设计规范必须覆盖适航标准的要求。从使用上来讲,由于仅仅考虑保证乘客和飞行器的安全,所以适航标准是标准飞行器安全的最低要求;从结构设计上来讲,由于考虑的载荷状态极其严酷,所以安全性是设计的最高标准。

航空发动机安全性与适航性和可靠性紧密相连,三者的关系如图 6.5 所示。

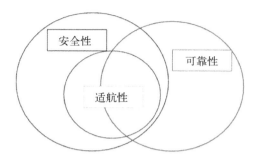

图 6.5　安全性、可靠性和
适航性的关系

安全性和适航性的关系是:安全是目标,适航是手段;传统意义上的安全是无事故,适航安全是可接受的安全。

安全性和可靠性的关系是:安全不一定可靠,可靠不一定安全;在结构设计之中,安全性是由可靠性决定的。

安全的对立面是失效。当航空发动机按设计要求的方式工作和维修时,由自身缺陷、失效或损坏而非外部因素引起的发动机的功能、性能不能满足使用要求,称为失效。在航空发动机的使用过程中,根据其危害程度,结构系统失效可以分为轻微失效、重大失效和危险失效。

轻微失效的后果主要是影响发动机的性能,如丧失部分推力或输出功率。

重大失效对发动机的影响程度很大,会导致工作负荷增加,安全裕度降低。典型的重大失效包括:① 受控制的着火;② 烧穿机匣,但不可能危及发动机;③ 低能量结构件飞出,但不可能危及发动机;④ 导致机上人员不舒服的振动;⑤ 发动机向座舱引气中的有毒物质浓度足以降低机组人员的操作效能;⑥ 产生与驾驶员指令方向相反的推力,但低于规定的最危险的水平;⑦ 发动机支承系统的载荷路径失去完整性,但发动机没有实际脱开;⑧ 产生的推力大于最大额定推力;⑨ 相当大的、无法控制的推力振荡。

危险失效对发动机、飞机以及机载人员和装备的影响是摧毁性的、致命的。典型的危险失效包括:① 高能碎片不包容;② 发动机向座舱引气中的有毒物质浓度足以使机组人员或乘客失去正常行为能力;③ 产生与驾驶员想要的推力方向相反的相当大的推力;④ 失去控制的着火;⑤ 发动机安装系统失效,导致发动机脱开;⑥ 不能使发动机完全停车。

6.2.2　转子防断轴安全性设计

航空发动机主轴是指发动机中用于传递涡轮功率的旋转轴,因此主轴断裂是严重危害发动机结构安全性的事故之一。由于成熟航空发动机的强度设计一般均能满足正常工作需要,因此航空发动机主轴在常见类型和大小的载荷下,一般仅会产生发动机设计所允许的强迫振动,不会导致断轴事故的发生。然而当发动机处于叶片飞失、外物打伤、极限过载等极端恶劣条件下时,可能发生转静件间的严重摩碰现象,主轴会承受强烈的切向摩擦载荷,相应接触面所产生的摩擦热会使界面融化而黏滞,引起转子系统产生非协调涡动和自激振动,此时转子的转动能量逐渐转化为横向弯曲变形势能,能量的注入大于系统内部的能量耗散,主轴振动逐渐发散,其内部交变应力逐渐超过材料极限,造成发动机主轴断裂故障,对飞行安全性造成影响,这是飞机及发动机适航条例中严禁发生的。抱轴载荷下高速柔性转子的安全性问题如图 6.6 所示。

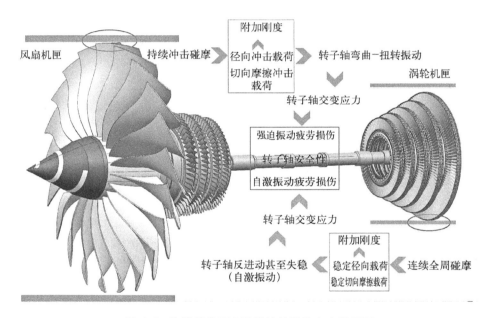

图 6.6　抱轴载荷下高速柔性转子的安全性问题

　　根据实际使用统计分析使转子发生严重摩碰的原因:一是脱落物卡在转子与静子之间,使转子无法正常运转,即通常所说的转子卡滞;二是转静子之间发生持续的径向冲击与切向摩擦力学效应,其中,以切向摩擦为主,转静子之间有剧烈的作用力,阻止转子正常旋转,称为抱轴。需要说明,卡滞载荷和抱轴载荷有很大的相似性,但抱轴载荷的含义更为广泛,覆盖的摩擦力的变化范围和作用效果更为宽泛,抱轴所产生的严重摩擦力会使转子的运动发生变化,但转子还在旋转,而转子卡滞则侧重于摩擦力使转动停止。

　　转子系统发生抱轴激励对转轴安全性具有严重的影响:① 扭转断裂损伤失

效,当抱轴载荷为持续大扭矩时,可使转子产生扭转断裂。即在稳态抱轴载荷下,转静件发生强烈的摩擦现象,较高温度使转静件发生局部熔化,造成转子卡死,巨大的扭转力矩使转子发生扭转断裂。② 当转子系统在高转速下工作时发生抱轴,因转子与静子件发生持续刚蹭接触,其受力状态主要表现出转子系统受到切向摩擦力作用,可使转子产生反进动,在一定的条件下,会造成自激振动失稳,转子的反向涡动频率会在轴上产生大的高频应力,最终导致转轴和轴承、支承结构发生疲劳损伤失效。③ 当高速旋转的柔性转子系统受到严重抱轴载荷作用时,由于转子系统的弯曲、扭转刚性较弱,转动惯量较大,会产生一定的横向弯曲和周向扭转振动幅值,转静件在径向冲击和切向摩擦载荷作用下,可引发转子的扭转振动,当扭转模态振动频率与弯曲共振频率相近时,还会使轴发生弯曲-扭转耦合振动,属于自激振动,严重时会导致转子系统发生失稳、断轴故障。

总之,根据航空发动机转子的结构特征及其力学特性,抱轴载荷可以引起转子系统的自激振动,从而使转子产生非协调涡动失稳;也可能使转子在径向冲击、切向摩擦载荷作用下发生弯曲-扭转耦合振动,导致转子轴系内产生大应力高周疲劳损伤失效,即转子弯曲-扭转自激振动疲劳损伤失效。

1. 抱轴引起的转子自激振动

航空发动机以及一切旋转机械在设计中均要避免在转静件之间发生严重的摩碰。因为转静件之间的干摩擦容易引起转子卡滞、抱轴等现象,从而发生转子结构破坏故障。航空发动机中的转静件摩碰主要发生在转子叶片与机匣以及转子与封严结构之间。当转子的质量、转动惯量较大时,如果摩碰所产生的干摩擦力相对较小,不会改变转子的进动方向,但是会影响转子的进动速度,使转子做非同步(或称非协调)正进动;如果干摩擦力足以影响转子的进动方向,转子会发生反进动,这时转子系统的进动速度方向和自转速度方向相反,称为反向涡动。当转子发生反向涡动时,转子系统的动力学特性也会发生巨大变化,对转子结构的安全性具有重要影响。

图 6.7 为转子摩碰力学模型,转子自转转速为 ω,进动转速为 Ω,两者方向相反,转子发生反向涡动,摩擦力 F 的方向与摩碰位置转静件的相对切向速度相反。将摩擦力 F 平移到转子形心 O_1 位置,得到力 F' 以及关于 O_1 的扭矩 M;摩擦力将推动转子,促使其做反进动,扭矩 M 使转子的转速降低,耗散转子轴的旋转动能。当转子的进动转速与转子系统的某阶共振转速相等时,转子系统的强迫振动会转换为自激振动,发生反向非协调涡动失稳。

在抱轴载荷作用下,转子进动转速会发生变化,出现分频与倍频成分,转子进动速度与自转速度不同,会导致转子上产生交变应力。图 6.8 为转静件间断冲击

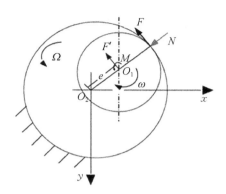

图 6.7　转静件干摩擦力对转子涡动的影响

摩碰的运动示意图,以 1/2 倍频和 3 倍频为例,若转子每自转 2 周才与静子接触一次,将导致转子运动中存在转速 1/2 倍频成分;若转子在一个自转周期内与静子接触 3 次,则将导致转子运动中存在转速 3 倍频成分。

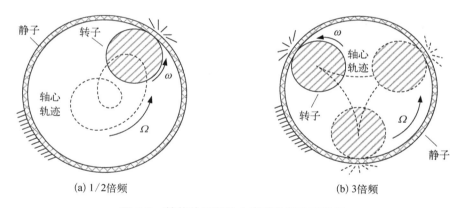

(a) 1/2倍频　　　　　　　　　　(b) 3倍频

图 6.8　转静件间断冲击摩碰的运动示意图

　　转轴上交变应力的频率为转子自转和进动转速的代数差,大小则取决于旋转激励载荷。发动机转子系统的运动一般为同步正进动,主要是由于转子自身质量不对称所产生的不平衡激励。转子进动轨迹与转轴交变应力的关系如图 6.9 所示。

　　如图 6.9(a) 所示,转子进行同步正进动时,转子进动轨迹中心为 O 点,自转轨迹中心为 O_1,当 A 点处于自转轨迹中与 OO_1 垂直的法线 MN 上时,其所受应力为 0,当 A 点处于 MN 法线的外围时,其受到拉应力,当 A 点处于 MN 法线的内侧时,受到压应力。故转子进动轨迹为同步正进动时,转子上 A 点一直受拉应力,即转轴上没有交变载荷作用。

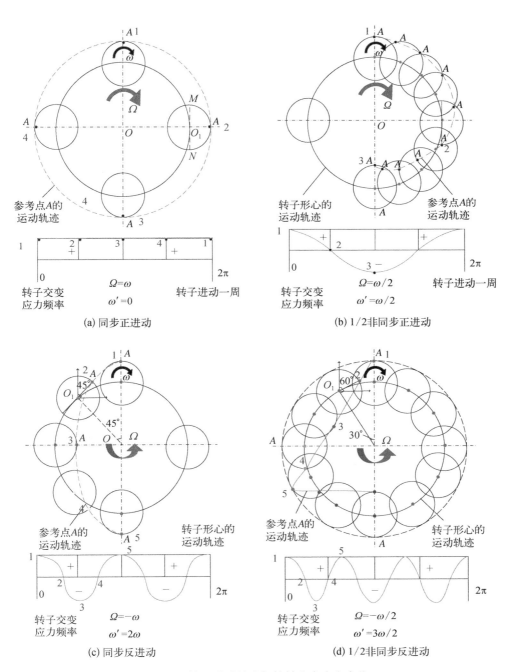

图 6.9　转子进动轨迹与转轴交变应力变化

当转子受到其他外部激励时,影响的是转子的进动速度和方向,图6.9(b)为正进动次谐波形式 $\Omega = \omega/2$,进动转速为自转转速的1/2,进动方向与自转方向相同,当转子进动角度为90°时,转子上点 A 的自转角度为180°,此时 A 点恰好落在法线 MN 上,其应力为0;当进动角度为180°时,转子上点 A 的自转角度为360°,A 点处于转子自转轨迹最内侧,压应力最大,因而绘制出转子轴上 A 点的应力变化曲线如图6.9(b)所示,转子交变应力频率为 $\omega' = \omega/2$。

当转子的进动轨迹为同步反进动时,由图6.9(c)可知,当反进动角度为 $-45°$ 时,自转角度为45°,此时 A 点正好落在与 OO_1 垂直的法线上,交变应力幅值为0,转子交变应力频率为 $\omega' = 2\omega$。当转子进动轨迹为反进动次谐波形式时,$\Omega = -\omega/2$,转子上 A 点的进动轨迹如图6.9(d)所示,转子交变应力频率为 $\omega' = 3\omega/2$。

对比可知,当进动转速相同的状况下,反进动时自身交变应力频率要比正进动时高。将转子进动转速设为 Ω,其自转转速为 ω,转子交变应力频率 ω' 的计算公式为

$$\omega' = |\Omega - \omega| \tag{6.31}$$

2. 低压涡轮轴防飞转措施

在涡轮风扇发动机结构设计中,防止低压涡轮轴在工作中折断后,低压涡轮转子进入飞转状态的措施,是涡扇发动机低压转子结构设计时必须考虑的安全设计。

1)断轴因素

众所周知,低压涡轮轴套装在高压涡轮轴内,虽然转速小于高压转子,但直径小,扭矩大。随着发动机涵道比的增加,其转速差增大,但传递的功率却比高压涡轮轴大,特别在高涵道比涡扇发动机中更是如此。因此,低压涡轮轴承受的扭矩远比高压涡轮轴大,加之其直径小于高压涡轮轴,使得低压涡轮轴上承受的剪切应力远大于高压涡轮轴。如果高低压转子的转轴均采用同样的材料制作,低压涡轮轴的安全系数显然小于高压涡轮轴。故在设计时,一定要保证低压涡轮轴的安全系数,确保其失效概率小于 10^{-7} 次/发动机飞行小时。

发动机在工作中,可能会因为转子自激振动或弯曲-扭转耦合振动引发断轴,也可能会由于一些偶然的极端因素,低压涡轮轴发生折断。历史上,轴承剥落、叶片破坏引起不平衡、轴内部腐蚀、燃油流量不稳定导致轴共振、轴周围滑油着火、轴承破坏、结构应力集中引起高循环疲劳、套齿失去润滑等,均导致过涡轮轴断裂失效。

例如,1988年5月30日,中国民航的一架图-154三发客机在广州起飞时,装在飞机垂尾中部的发动机,由于高压压气机转子内的钛合金空气导管在外压作用下突然失稳向内变形,将低压涡轮轴磨出了一道较深的磨痕,低压涡轮轴在巨大的

扭矩下折断。

又如,2010 年 11 月 4 日,QF32 航班 A380 在起飞爬升阶段,因一根滑油管疲劳断裂后滑油溢出并自燃,导致安装在 2 号位的 Trent 900 发动机的中压涡轮轴失去强度而折断,中压涡轮盘超转过后破裂、飞出,打坏飞机多处,如图 6.10 所示。而在此事一个月之前,同出自罗罗公司的一台 Trent 1000 发动机由于中压转子刚性联轴器套齿端面的磨损量过大,中压涡轮轴向后移动导致轴承腔封严失效,滑油自燃造成中压涡轮轴断裂失效。两台 Trent 三转子发动机,因为在中压涡轮转子上没有设置超转保护措施,在断轴后产生了同样的涡轮盘非包容事故。

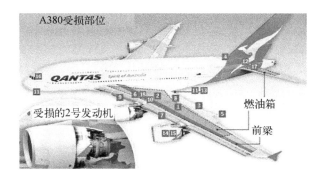

图 6.10　涡轮盘飞出的 Trent 900 发动机及飞机损伤部位

再如,2012 年 7 月 28 日,即将交付给印度航空公司的一架 B787 飞机在做地面滑行试验时,所装的 GEnx 发动机发生了一起严重的断轴故障,其低压涡轮轴从前端紧固螺纹的最后螺纹根部断裂,如图 6.11 所示。好在 GEnx 发动机设置了低压涡轮轴断裂后防止涡轮盘超转的保护措施,所以涡轮盘未破裂,仅是涡轮转子在气动力作用下后窜,使工作叶片与导向叶片相碰撞,造成一些叶片破裂。事后经过六

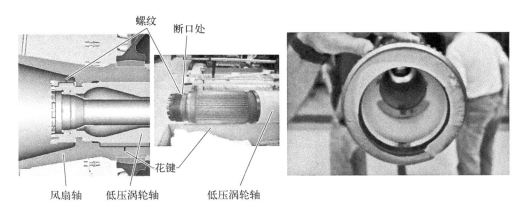

图 6.11　GEnx 发动机低压联轴器(左)与断裂的低压涡轮轴(右)

周的调查和反复试验对比,发现断轴是由为使该轴端螺纹易于装配而采用的新配方涂料造成的。

如上所述,低压涡轮轴折断是因为一些极端因素,其发生概率极小,一种发动机几年甚至十几年不一定遇到,但若不幸遇到就会带来灾难性事故。因为一旦低压涡轮轴折断,低压涡轮转子与风扇转子之间就失去了机械联系,低压涡轮失去了负荷。此时,高温燃气仍继续流入低压涡轮中膨胀做功,失去负荷的低压涡轮就会急剧增速以至飞转,工作叶片与轮盘所受的离心载荷急剧增大,大大超出其允许值,叶片会在根部折断并高速甩出,轮盘也会四分五裂。甩出去的碎片能量很大,击穿涡轮机匣后若打到飞机要害构件或系统,就会给飞机带来灾难性事故。

涡轮螺旋桨发动机、涡轮轴发动机与由航空发动机改型的地面燃机,在某些特定条件下,同样也会发生低压(或动力)涡轮转子飞转的情况。研究表明,如果没有超转保护措施,涡轴发动机的动力涡轮转子失去负载后其转速将在 $200 \sim 300$ ms 内上升至160%。

2)防飞转安全设计

为避免低压涡轮轴折断使得转子飞转造成灾难性事故,应在结构设计中采取防止低压涡轮转子在断轴后进入飞转的措施,即安全设计。当前,各国主要利用断轴后低压涡轮的轴向位移或离心载荷触发断油控制装置、切断转子叶片或转静子摩擦减速,来实现超转保护设计。

(1)断油控制装置。

常用的断油控制装置是断轴后立即将进入发动机燃烧室的燃油全部放掉,形成不了高温燃气,不会继续驱动低压涡轮做功,使转子不会飞转,这是从根本上解决的措施。

对于紧急放油措施,在现有发动机中有两种方法:在 JT15D 发动机中(图6.12),是在低压涡轮轴的后端设有一顶杆,在后轴承机匣内相应位置处设有一摇

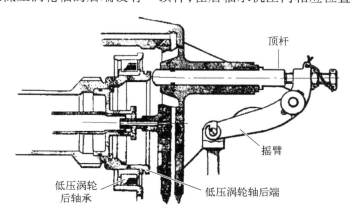

图 6.12　JT15D 防低压转子飞转装置

臂,摇臂一端用钢索与设在燃油总管处的紧急放油活门相连,另一端与转子上的顶杆保持一定间隙。正常情况下,顶杆与摇臂绝对不会相碰,而一旦低压涡轮轴突然折断,转子在燃气作用下快速向后移动,顶杆顶到摇臂上,钢索将放油活门急速拉下,高压燃油被快速放出。

在斯贝与 RB211 等发动机上,同样采用了类似于 JT15D 的顶杆与摇臂结构,但是顶杆的移动利用了一般车床上的刀架行车结构。具体结构如图 6.13 所示,在低压涡轮轴内装有滑油管,滑油管前端与风扇轴的前端固紧,后端焊有带外套齿的管头,一个带多头外螺纹的顶杆插在管头的外套齿中,可以前后轴向移动。低压涡轮轴内固定一个带多头内螺纹的衬筒。顶杆通过外螺纹拧到衬套的内螺纹中。当低压涡轮轴折断时,断口前方的转子转速会下降以致最终停转,使得和风扇轴固紧的滑油管转速逐渐下降。而断口后方的转子转速迅速上升,即固定于低压涡轮轴中的衬筒转速上升。由于顶杆是通过花键套在滑油管上的,因此顶杆不转,这样就在顶杆与衬筒间有相对转动,在螺纹的作用下,顶杆快速向后移动,顶到摇臂上,将钢索拉下,放油活门被打开,使高压燃油快速放出。

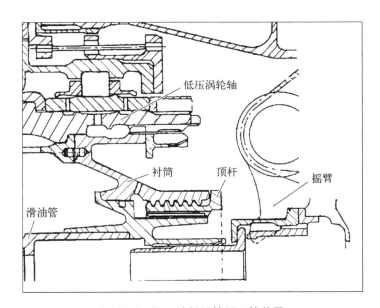

图 6.13　斯贝防低压转子飞转装置

当前,在采用全权限数字控制系统(FADEC)装置的现代先进航空发动机上,通过电调装置来限定低压转子转速,当发生断轴、低压转子转速超转时,电调装置将自动切断供入燃烧室的燃油,使转子滞止下来。例如,CFM56 发动机采用转速测量系统结合液压执行机构,控制涡轮转速在 106%以下;V2500 发动机采用独立的

EEC 超转保护电路,配合力矩马达和燃油超转活门,在可能发生超转时控制进入燃烧室的燃油流量。

（2）切断转子叶片。

如图 6.14 所示,切断转子叶片防超转措施的主要原理是,在紧挨着首级涡轮转子叶盘的静子叶环内径前缘设计锯齿结构。当低压涡轮轴断裂之后,涡轮转子受气动力作用后移,首级转子叶片和静叶切刀首先接触,利用静子锯齿结构切断首级动叶,随后断裂的叶片会打断后续转子叶片。失去转子叶片后,气动力不再作用于涡轮转子上,从而防止超转。

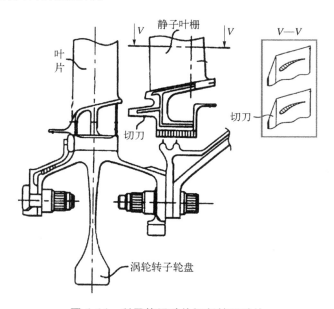

图 6.14　利用静子叶片切断转子叶片

此外,还可在涡轮转子叶片的叶根与榫齿连接处合理设置薄弱结构,该薄弱结构的强度受限,当转子转速超过某一极限值时断裂,也可达到防止超转的目的。

（3）转静子摩擦减速。

采用转静子摩擦减速或者机械制动的方式防止转子飞转。其中一种方式如图 6.15 所示,对转子叶片与静子叶片间确定一定的轴向相对位置,当涡轮轴断裂后,转子在燃气轴向力作用下向后移动,转子叶片和静子叶片相互卡咬,起到制动作用。

另一种方式是在末级涡轮盘缘和相邻静子结构处设置摩擦端面,达到摩擦减速的目的,如图 6.16 所示。在两个端面之间可以设置摩擦阻尼效果较高的材料,以提高降低转速的效果。

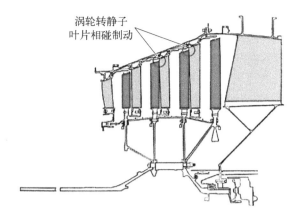

图 6.15　转静子叶片卡滞

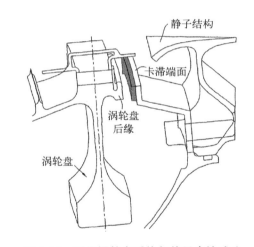

图 6.16　利用涡轮盘后缘与静子摩擦减速

6.2.3　支承结构安全性设计

航空发动机转子支承结构安全性设计指在正常工作状态下,保证转子的正常运转,并通过转子支承结构设计优化载荷分配、调节转子系统动力特性,保证极限载荷状态下轴承及支承结构的完整性。在安全性设计中则是通过易断结构或薄弱环节设计,全部或部分降低支点的支承刚度,以达到改变转子临界转速及保护轴承结构完整性的目的。

叶片丢失所产生的冲击载荷和突加不平衡激励对转子支承结构安全性的影响最大,也是最为常见的极限载荷,以典型转子-支承结构系统为对象,进行支承结构安全性设计,分析支承方案、支承刚度的选取对转子系统动力特性的影响规律,并给出可以在工程中应用的支承结构安全设计方案。

1. 双转子系统

图 6.17 为典型高推重比涡扇发动机带中介支点的双转子系统简化模型,主要包括由一个轮盘模拟的高压转子和两盘三支点组成的低压转子。转速参数设定如下:0 时刻叶片丢失,低压转子转速为 12 000 r/min,0.8 s 后转子开始做匀减速,直到 3.6 s 转子保持在 1 200 r/min 稳定运转;高压转子转速为 15 000 r/min,0.8 s 后转子开始做匀减速,直到 3.6 s 转子保持在 1 500 r/min 稳定运转,在此基础上研究不同轮盘发生叶片丢失对支点动载荷的影响规律。

图 6.17　双转子系统模型

图 6.18 为风扇轮盘叶片丢失后支点动载荷随时间的变化规律,计算结果表明:1 号、2 号支点距离风扇最近,载荷幅值较高。减速过程中经过风扇轮盘的平动临界转速,各个支点动载荷发生突增变化。

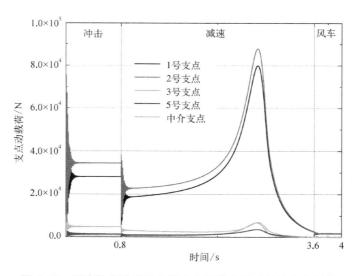

图 6.18　风扇轮盘叶片丢失后支点动载荷随时间的变化规律

图 6.19 为低压涡轮轮盘叶片丢失后支点动载荷随时间的变化规律,计算结果表明:中介支点距离低压涡轮较近,载荷幅值较高。

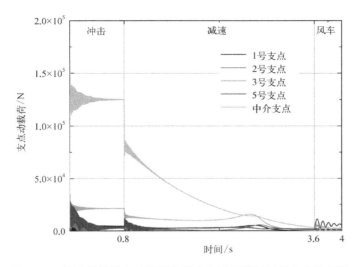

图 6.19　低压涡轮轮盘叶片丢失后支点动载荷随时间的变化规律

图 6.20 为高压涡轮轮盘叶片丢失后支点动载荷随时间的变化规律,计算结果表明:中介支点距离高压涡轮较近,载荷幅值较高,并且经过两个临界转速,形成两个峰值。

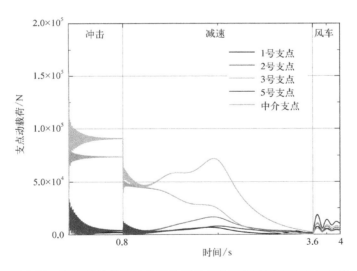

图 6.20　高压涡轮轮盘叶片丢失后支点动载荷随时间的变化规律

通过仿真计算可知,对于带有中介支点的双转子系统而言,不同位置突加不平衡激励所产生的振动响应和对支点动载荷的影响不同:① 对于位于低压转子前端风扇位置叶片丢失所产生的突加不平衡激励,风扇轮盘的两个支点处的动载荷远大于其他支点,并且最大的动载荷发生在转子减速通过临界转速的过程中,这是由于风扇轮盘具有大的极转动惯量,支点除要承受大不平衡的横向载荷外,还要承受旋转惯性力矩载荷。② 对于高压、低压涡轮轮盘叶片丢失所产生的突加不平衡激励,中介支点处的动载荷最大,并且高压涡轮轮盘叶片丢失下的中介支点动载荷大于低压涡轮轮盘叶片丢失下的支点动载荷,这是由于突加不平衡位置与中介支点较近,中介支点动载荷对其敏感度相对较高。

2. 抗冲击支承结构

极限载荷状态,如风扇叶片丢失,对发动机转子-支承结构系统所产生的影响分为两类:一是瞬态冲击损伤破坏;二是大不平衡转子在风车状态下运转的稳态响应。

瞬态冲击损伤破坏由风扇叶片丢失所引起的横向冲击产生,作用于转子及支承结构上。这种冲击载荷势必会对轴承、支承结构产生一定破坏。需要从结构设计上通过降低轴承及支承结构对转子的约束,来控制极限载荷下传递到轴承及支承结构上的载荷,以降低其损伤。

在工程应用中,风扇转子后的 1 号支点(滚棒轴承)采取变刚度设计,以保证在巨大的突加不平衡激励条件下,支承刚度瞬间下降,以阻止横向冲击载荷通过轴承传递到支承结构和发动机其他部位,使转子在一定的间隙下绕轴转动,控制整机结构的损伤失效范围。变刚度设计的优点在于:通过改变支承刚度,降低转子的临界转速,使低阶临界转速降低到风车转速以下,从而降低转子减速通过临界转速时共振所造成的结构损伤,以及使具有大不平衡的转子在风扇转速下保持一定的运转能力。

然而,这种变刚度的设计方法也会带来一定的问题:风扇转轴的弯曲变形会对风扇后的 2 号支点(滚珠轴承)产生弯矩载荷,弯矩载荷会使轴承产生严重的不协调变形,同时对支承结构产生一定破坏。为了保证风扇后的 2 号支点滚珠轴承的安全性,可以通过降低轴承对转子的约束强度以解决上述问题。这里采用增加轴承间隙的方法,2 号滚珠轴承对转子的约束刚度下降,但同时对发动机的风车状态产生一定影响,增大了转子在风车状态的振动。

从上述分析过程中可知,针对风扇叶片丢失的情况,瞬态安全设计与稳态安全设计存在一定矛盾:瞬态安全设计要求降低轴承及支承结构对转子的约束强度;稳态安全设计要求提高轴承及支承结构对转子的约束强度来降低风车状态下的振动。

为了解决上述矛盾,分别从约束释放和缓冲阻尼两种角度给出以下几种支承结构设计方案。

1) 约束释放设计

约束释放设计包括两种:轴向约束释放方案与径向约束释放方案。

轴向约束释放方案下风扇转子轴承-支承结构布局如图 6.21 所示,位于轴心线上的风扇转子由滚棒轴承(1 号支点轴承)和滚珠轴承(2 号支点轴承)支承。1 号滚棒轴承外环通过锥壳 3 与发动机静子承力结构连接,当 1 号支点位置处的载荷超出许用值时,锥壳发生局部断裂,以实现 1 号支点支承刚度的突降。

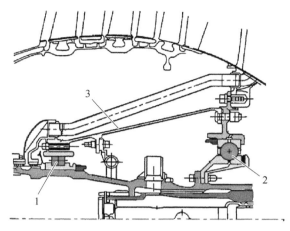

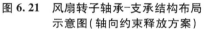

图 6.21　风扇转子轴承-支承结构布局
示意图(轴向约束释放方案)

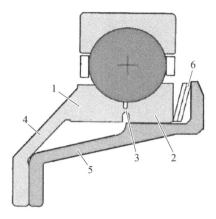

图 6.22　轴承装置截面图

2 号滚珠轴承为止推轴承,对转子具有轴向约束作用,由外环、内环滚子和保持架组成。轴承外环固定在支承结构上,轴承内环向前伸出形成锥壳,并通过螺栓连接固定在转子安装凸边上。

图 6.22 为轴承装置的截面图,主要包括滚动体、保持架、轴承外环、轴承内环及其延伸锥壳。

轴承内环包括前半环 1 和后半环 2,其通过连接环 3 连接。该连接环在几何结构上可以是连续的,也可以是不连续的以允许轴承润滑。由于两个半环之间为刚性连接,轴承内环形成一个整体。连接环构成轴承内环的薄弱区域。

前半环径向向内延伸,形成延伸锥壳 4,并终止于法兰,通过螺栓连接将其固定到旋转轴的法兰上。

轴承安装结构包括保持环 5,该保持环由四部分组成:安装法兰、锥壳轴颈、支承安装环、轴向约束法兰。轴承安装结构还包括一个弹性构件 6。

在正常情况下,轴承内环的两个半环彼此连接,滚动体在轴承内环滚动。当发生极限载荷情况,如风扇叶片断裂、丢失时,将会产生巨大的横向冲击载荷。在这种情况下,假设 1 号轴承处的支承结构已经释放约束,这会破坏旋转轴正常的旋转状态,旋转轴发生弯曲变形。2 号轴承在承受相当大的径向载荷、弯曲载荷的同时进行运转,这导致 2 号轴承产生严重不协调变形。

当 2 号轴承产生严重不协调变形或所承受的弯矩载荷大于预定值时,连接环 3 在拉力下断开,两个半环彼此分离。前半环被固定在旋转轴上,后半环轴向向后移动,同时由保持环 5 提供支承,后半环与保持环之间具有径向间隙。这种轴向位移是有限的,轴向约束凸缘能够对后半环进行轴向限位。插入的弹性构件 6 用于阻碍后半环向轴向约束法兰移动,当施加在轴承上的载荷降低时,弹性构件推动后半环向前

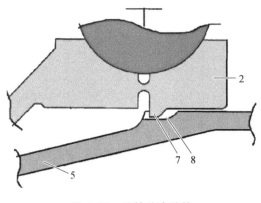

图 6.23　旋转约束结构

移动,从而可以确保在风车阶段转子能够稳定运转。在图 6.22 所示的示例中,弹性构件由两个弹簧垫圈组成。

当前后半环已经分离后,后半环 2 不能相对于保持环 5 自由旋转。2 号轴承设置有旋转约束结构,如图 6.23 所示。该旋转约束结构包括位于保持环 5 径向向外的凹槽 8,以及后半环 2 的突齿 7。凹槽与突齿相啮合,凹槽的尺寸设计应允许当两个半环分离之后,后半环 2 能够轴向移动。

两个半环分离使 2 号轴承释放角向约束,两个半环之间的轴向间隙增大,进而增加 2 号轴承的径向间隙,并因此补偿由弯矩载荷引起的严重不协调变形。径向间隙的增加可以限制传递到附近静子支承结构上的弯矩,同时降低了高低压转子摩碰事故发生的可能性。

风车状态下,轴承上的载荷降低到一定程度时,在弹性构件 6 作用下后半环向前移动,两个半环的轴向间隙减小,轴承径向间隙随之减小,轴承对转子的约束作用增强,降低了风车状态下转子的振动。

径向约束释放方案下风扇转子-支承结构布局设计如图 6.24 所示。风扇转子位于轴心线上,并带有风扇叶片,环形风扇机匣具有包容性。

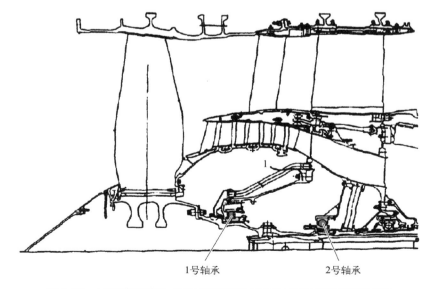

1号轴承　　　　　　　　2号轴承

图 6.24　风扇转子轴承-支承结构布局示意图(径向约束释放方案)

低压转子前端有两个轴承,其中前端为滚棒轴承(1 号轴承),位于风扇后,滚珠轴承(2 号轴承)位于 1 号支点后。滚棒轴承外环由支承结构固定,支承结构与发动机的中介承力框架机匣通过保护螺栓 1 连接。这些保护螺栓 1 组成了低压转子第一个约束释放结构系统:当低压转子的不平衡载荷超过预设定的阈值时,保护螺栓 1 断裂,从而断开低压转子和中介承力框架机匣的连接。

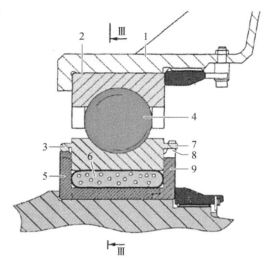

图 6.25　正常工作状态的滚珠轴承-支承结构

同样,滚珠轴承由后端的支承框架支承固定,支承框架通过螺栓与发动机的中介承力框架机匣相连。

如图 6.25 所示,轴承的轴承内环安装位置靠近低压转轴,轴承外环与支承框架相连,轴承内外环确定了滚珠的转动轨道。轴承外环与支承框架通过螺母轴向压紧。

轴承内环安装在内环支座 5 上。内环支座与低压转轴为过盈配合,并且通过螺母轴向压紧。内环支座 5 设计为分半结构,前挡板为 5,后挡板为 9。

为了将扭矩从低压转轴传向轴承内环,轴承内环向后伸出一圈凸耳 7,与内环支座 5 后挡板末端上的齿 8 配合传扭。

2 号轴承内环向前伸出,作为保护轴颈实现轴承内环与内环支座前挡板的定心。不平衡载荷未超过预设定的阈值时,保护轴颈使轴承内环与内环支座定心。

保护轴颈内侧设计有一个凹槽 3,形成薄弱区,当不平衡载荷超过预设定的阈值时,凹槽处断裂,从而释放轴承内环与内环支座之间的径向约束。预设定的阈值应该满足下列要求:一旦 2 号轴承的阈值确定,当 1 号轴承-支承结构约束释放后,2 号轴承的保护轴径应相继断开。

轴承内环 3 与内环支座 5 之间沿周向设计有一圈密封的缓冲体 6,缓冲体内部为特殊的非均质结构。缓冲体轴向与前后挡板接触,径向与内环支座的底座以及轴承内环接触。此外,这些缓冲体不间断地覆盖了整个内环支座的环形腔(图 6.26)。

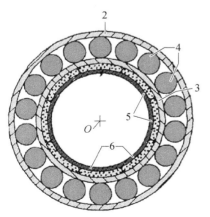

图 6.26　2 号轴承横向剖面图

　　这些内部含有非均质结构的缓冲体是密封的,非均质结构由多孔的毛细管固体基体和与该基体疏离的液体组成。非均质结构具有的特性如下:包裹毛细管固体基体的液体不能自发地渗入与之疏离的基体的毛细管网络或气孔,只有当非均质结构上作用有合适大小的压力时才会存在渗入过程。压力的阈值必须确定,以保证液体渗入非均质基体毛细管网络成气孔的过程是已知并且可控的。设计时应保证:在连接轴承内环与内环支座的保护轴颈断裂后,缓冲体内的非均质结构立刻承载。

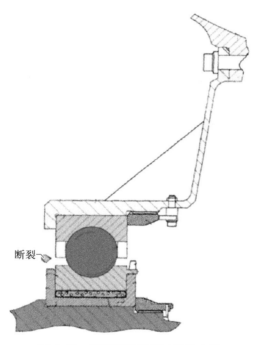

断裂

图 6.27　不平衡载荷超过阈值支承
安全结构断裂释放能量

　　当一个作用在转轴上的不平衡载荷在对应旋转坐标系下的静力未超过预设定的阈值时,静力全部通过这些密封缓冲体传出,并且在这个过程中缓冲体的体积不会发生变形。而当作用在转轴上的不平衡载荷对应的静力超过预设定的阈值时,轴承内环与内环支座之间的约束释放,轴承内环与内环支座之间能发生相对运动。在不平衡载荷作用下,轴承内环与内环支座之间的径向相对运动会压缩缓冲体,缓冲体的压缩会使得液体渗入非均质结构的固体基体的毛细管网络中(整个渗入过程是瞬发的,并且是等温的)。因此,缓冲体的体积迅速下降,从而增大了低压转轴和轴承内环之间的间隙。如图 6.27 所示,一定程度上释放了 2 号轴承与转子之间的径向约束,降低了传递到轴承及支承结构上的载荷。

　　当发动机处于风车状态下时,作用在轴承上的载荷降低,缓冲体迅速膨胀,轴承内环与转子轴之间的径向间隙减小,2 号轴承对转子的约束作用增强,降低了风车状态下转子的振动。

　　2) 缓冲阻尼结构

　　本部分给出一种针对 2 号支点(滚珠轴承)所采取的支承结构缓冲阻尼设计,并仿真验证转子系统在该设计下对降低支点动载荷的有效性。

　　航空发动机低压转子为典型的高速柔性转子,具有局部振动和整体振动特征。当风扇叶片丢失时,产生的不平衡载荷会对 2 号支点产生显著影响;此外,2 号支点的支承刚度对转子系统临界转速具有重要影响,可通过减小该支点的支承刚度调整转子的临界转速。因此,针对低压转子 2 号轴承,设计具有抗冲击隔振性能的"内环缓冲"轴承-支承结构,如图 6.28 所示。

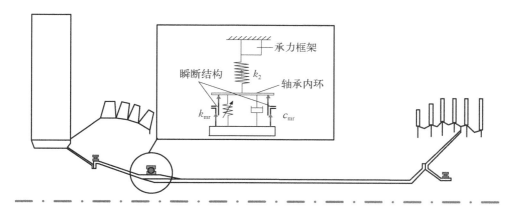

图 6.28　"内环缓冲"轴承-支承结构设计方案

　　滚珠轴承安装于风扇轴段的轴承安装座上,轴承内环与安装座间填充有周向分布的金属橡胶。正常工作状态下,轴承与轴承座通过定位结构和瞬断结构相互固定,保证轴承可以支承转子正常运转并承受一定的转子负荷;叶片丢失等极限载荷状态下,作用在转轴上的巨大冲击载荷超过瞬断结构设定的阈值,瞬断结构发生剪切破坏,轴承内环和转轴之间失去定位约束,在径向产生相对位移,挤压金属橡胶;金属橡胶在径向上设计有较小的刚度,在转轴和轴承内环的相对运动中挤压变形,起到缓冲、隔振、抗冲击和吸收振动能量的作用,降低了极限载荷状态下转子剧烈振动对支承结构安全性的影响。瞬断结构破坏失效,释放了轴承和轴承座间的位移约束,金属橡胶在轴承内环与转轴间起到"内环缓冲"作用,同时降低了该支点的刚度,是一种支承结构变刚度设计。

　　根据上述支承结构安全性设计策略,建立缓冲阻尼支承结构力学模型,如图 6.29 所示,将轴承的力学特性简化为线性弹簧 k_2 和阻尼 c_2,将金属橡胶的力学特性简化为非线性弹簧 k_{mr} 和阻尼 c_{mr}。

　　如图 6.29 所示,在正常工作状态下,瞬断结构起到转子定心作用,转子的径向力通过瞬断结构传递到轴承,再由轴承传递到承力框架,转子的轴

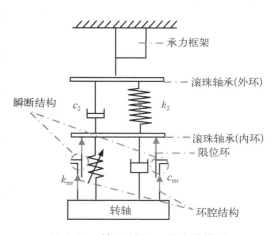

图 6.29　轴承-支承结构力学模型

向力则由环腔结构传递到轴承,再由轴承传递到承力框架。

如图 6.30(a)所示,在突加不平衡激励下,瞬断结构断裂,支点的传力方式改变,转子的径向力通过金属橡胶传递到轴承,再由轴承传递到承力框架。轴承内环在环腔中径向移动挤压金属橡胶,起到缓冲隔振的作用。金属橡胶在初始状态下刚度较低,2 号支点支承系统的刚度主要由金属橡胶起主导作用,随金属橡胶的挤压变形,刚度逐渐增加,H 表示金属橡胶的挤压极限。

如图 6.30(b)所示,当金属橡胶达到挤压极限 H 时,轴承-支承结构的传力方式再次改变,金属橡胶无法再被压缩,转子的径向力一部分通过金属橡胶传到轴承,另一部分通过限位环结构传到轴承,再由轴承传到承力框架。此时 2 号支点支承系统的刚度主要由轴承-承力框架刚度 k_2 起主导作用。

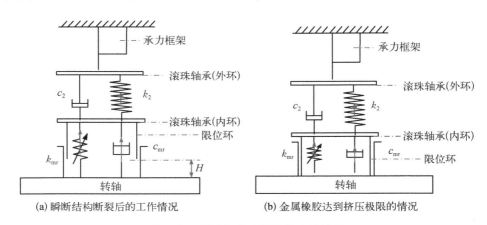

(a) 瞬断结构断裂后的工作情况　　　　　(b) 金属橡胶达到挤压极限的情况

图 6.30　缓冲阻尼支承结构力学过程

基于上述缓冲阻尼支承结构力学模型,得到缓冲阻尼支承结构力学模型中支承刚度随转子幅值的变化规律,如图 6.31 所示。① 在线性低刚度 k_1 区,主要由金属橡胶构件提供转子的径向约束刚度,金属橡胶中金属丝之间的相互作用提供一定的阻尼隔振作用,有利于降低支点动载荷,达到缓冲隔振的目的;② 当转子支点幅值超过线性低刚度极限位移 a 时,金属橡胶构件的径向刚度呈现出非线性变化,此时转子该支点处的径向约束刚度随挠度逐渐增大,有利于限制转子振幅,避免转静子摩碰等情况的发生;③ 转子支点幅值超过线性高刚度 k_2 极限位移 b 时,金属橡胶被完全压缩,金属丝之间无法产生相对运动,失去了阻尼效果,由轴承-承力框架为转子支点处提供较大的径向约束刚度,防止转子振幅进一步增大。

根据上述缓冲阻尼支承结构的支承刚度随支点幅值的变化过程,得到支点动载荷在 x 方向的数学表达式:

$$f(x, \dot{x}, r) = \eta \left[\tilde{k}(x, r) + \tilde{c}(\dot{x}) \right] \tag{6.32}$$

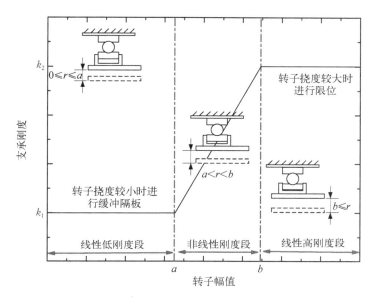

图 6.31　缓冲阻尼支承结构力学模型中支承刚度随转子幅值的变化规律

式中, r 为支点幅值, $r = x^2 + y^2$, x、y 表示支点在 x 方向、y 方向的位移; η 为阶跃函数, $\eta = \begin{cases} 0, & k_2 r \leqslant \alpha \\ 1, & k_2 r > \alpha \end{cases}$, α 表示瞬断阈值, k_2 表示 2 号支点的轴承-支承框架刚度; $\tilde{c}(\dot{x})$ 为支点载荷阻尼成分, $\tilde{c}(\dot{x}) = c_{\mathrm{mr}}\dot{x}$, c_{mr} 为金属橡胶阻尼; $\tilde{k}(x, r)$ 为支点载荷刚度成分:

$$\tilde{k}(x,r) = \begin{cases} k_{\mathrm{low}}x, & 0 \leqslant r \leqslant a \\[2mm] \dfrac{x}{r}\left[k_{\mathrm{low}}r + (k_2 - k_{\mathrm{low}})\dfrac{(r-a)^2}{2(b-a)}\right], & a < r < b \\[2mm] \dfrac{x}{r}\left[k_{\mathrm{low}}r + (k_2 - k_{\mathrm{low}})\dfrac{b-a}{2} + (k_2 - k_{\mathrm{low}})(r-b)\right], & b \leqslant r \end{cases}$$

(6.33)

式中, a 表示线性低刚度极限位移; b 表示线性高刚度极限位移。

下面对采用缓冲阻尼支承结构设计后的转子系统在叶片丢失下的振动响应特性进行仿真计算。设定支承结构的关键参数为 $a = 0.1\,\mathrm{mm}$, $b = 1\,\mathrm{mm}$, k_2 为 2 号支点的轴承-承力框架刚度, $k_1 = 0.1k_2$, $c_{\mathrm{mr}} = 2.1 \times 10^4\,\mathrm{N \cdot s/m}$。

当发生叶片飞失时, 计算出不考虑转静子摩碰时转子系统的响应特性。如图 6.32 所示, (a) 为采用缓冲阻尼支承结构设计下支点动载荷随时间的变化规律, (b) 为采用缓冲阻尼支承结构设计下风扇轮盘幅值随时间的变化规律。

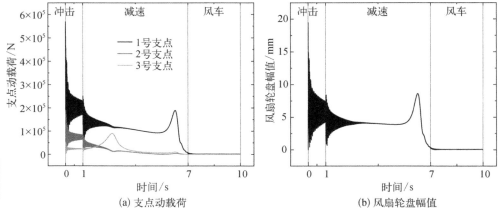

图 6.32　采用缓冲阻尼支承结构设计后转子系统的响应特性

对比计算结果表明,当 2 号支点采用缓冲阻尼支承结构设计时,临界转速点处的支点动载荷明显减小,临界转速点处的风扇轮盘幅值明显减小。原因在于,一方面,2 号支点整体刚度较低,转子系统的临界转速降低,临界转速点处的支点动载荷降低;另一方面,支承结构的阻尼特性有助于吸收转子振动所产生的能量,进一步减小了经过临界转速时的支点动载荷。

通过上述计算分析可知:① 对于具有定位功能的滚珠轴承支承结构的安全设计,需要考虑其定位功能不能被破坏;② 采用"内环缓冲"阻尼结构,可以通过支点径向约束的释放,通过转轴的变形,将振动能量分给其他支点和转轴的弯曲,从而减小滚珠轴承的动载荷;③ 滚珠轴承的动载荷变化涉及转子质量分布和模态振动等多方面的交互影响,在工程设计中需要根据具体结构进行多参数优化。

6.3　发动机安装结构安全性设计

安装结构是航空发动机与飞机的连接结构系统,并将发动机的推力和载荷传递到飞机。

图 6.33 为某型双转子涡扇发动机吊装示意图,其中主安装节和辅助安装节均与飞机承力系统连接。

发动机安装节主要承受以下几种载荷:① 发动机的重量;② 在飞机机动飞行中发动机及附件产生的惯性力;③ 转子系统产生的陀螺力矩;④ 转子不平衡产生的惯性力;⑤ 发动机推力。为有效传递载荷,须保证安装节具有良好的强度与刚度。一般主安装节承受和传递发动机的推力、重力和力矩,辅助安装节承受发动机的重力和力矩。

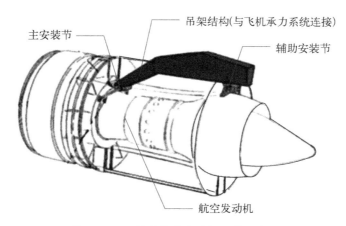

图 6.33　双转子涡扇发动机吊装示意图

对于现代航空发动机的主安装节,不仅要求其具有较强的承载能力,还对其减振隔振性能提出了较高的要求,在工作过程中,希望主安装节能将由发动机传来的振动进行有效地削弱。主安装节为发动机在机身上的固定点,须具有足够的刚性,以保证载荷的有效传递。传统的通过大位移耗散能量的减振装置无法满足承载设计要求。同时,由于发动机的振动主要源于转子不平衡振动,高、低压转子振动频率的分布范围相差较大,现存的干摩擦减振器很难满足相距较远的两个频带振动的减振要求。针对以上两点性能要求,本节将介绍某型发动机主安装节所采用的双频吸振结构设计,针对高、低压转子的不同振动频率及载荷特点,采用两种吸振和能量耗散结构(动力吸振及液压阻尼减振)对来自发动机转子系统的振动进行有效地隔离和抑制,同时很好地满足了安装节结构刚性设计的要求。辅助安装节则采用准刚性设计,在保证较好的承载能力的同时,也提高了其减振阻尼特性及抗冲击性能,有利于衰减由发动机传递至机身的振动响应。

6.3.1　结构安全性

航空发动机在飞机上的安装如图 6.34 所示,主、辅安装节位于前后两个平面内,并垂直于发动机的轴线。其中主安装节一般位于靠近发动机质心位置的一个平面处,而第二个安装平面则远离第一个固定点,用于平衡辅助力矩和当飞机机动飞行时产生的惯性载荷,辅助安装节位于此处。需要注意的是,两个安装节安装的跨度一般较大,其目的是降低安装节给发动机机匣施加的附加载荷。

在结构设计中要求对不同大小和出现概率的载荷有不同的设计要求。对于正常工作状态,要求发动机在正常工况下可以安全停车。对于很少发生的大的突加不平衡事件,要求其发生时,安装节必须能够保持结构完整性,且整个发动机必须满足以下要求：① 发动机保留在安装节上；② 不着火；③ 零件脱落飞出发动机但对飞机不造成伤害；④ 风车状态下应满足飞机可接受的载荷能力。表 6.3 为典型的不平衡载荷情况。

表 6.3　典型的不平衡载荷情况

不平衡量	严重载荷	极限载荷	极限载荷	极限载荷	正常载荷
事件 持续时间	15 s	2 min	30 min	180 min	不限制
注解	发动机保留在安装架上，不着火，零件不脱落或无其他危险	180 min 风车状态后可以安全停车；允许小的损伤和裂纹	180 min 风车状态后可以安全停车；允许小的损伤和裂纹	可以在 85%状态下工作	低循环寿命计算中应考虑不平衡量载荷的影响

在安全性设计和适航性要求中，安装节的结构安全是重要的考核内容，在保证安全的策略中，除结构强度安全系数的保证以外，采用冗余设计和合理的使用检查也是十分有效的措施。

如图 6.34 所示，对于具有单一承力结构的安装节，其检验的时间间隔是由工作中的可见裂纹来确定的。当发现有可见裂纹时，要确定这时距离首个承力件失效的剩余寿命，以此来确定其更换时间。

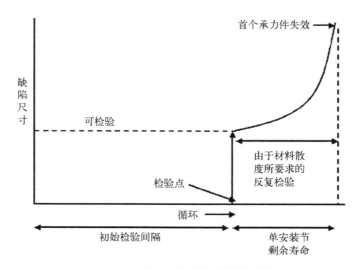

图 6.34　承力结构安装节检验间隔

图 6.35 为具有两个承力件的冗余设计情况下安全检验时间间隔的确定。对于具有失效保险安全设计的结构来讲，当首个承力件出现可见裂纹时，安装系统具

有足够的安全寿命,首个承力件失效后,这时载荷重新分配,结构仍然可以保持安全运转。剩余寿命可根据材料散度和可靠性来确定。

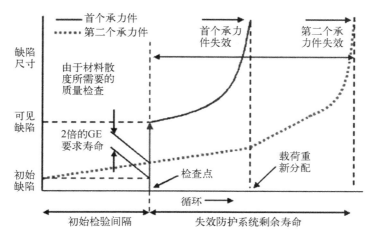

图 6.35　带冗余保护的安装节检验间隔

安装结构主要实现发动机各部件的连接,并将其一并与飞机连接,是传递载荷的结构。发动机安装结构安全性设计的准则如下:① 对于一般常规使用载荷,结构应具有低应力、慢的裂纹扩展速率,并具有适当的疲劳寿命;② 对发生概率很小的严酷载荷,应具有充分的承受能力,有足够的强度保证结构的完整性和安全性;③ 具有足够刚度保证转静子的相对位置和变形;④ 对整机而言,具有合适的刚度以控制其动力响应;⑤ 发动机结构满足损伤容限要求。

6.3.2　安装结构安全性设计

安装节的结构设计除了要考虑在正常载荷作用下,结构的强度安全储备和不产生永久变形等设计要求,还要考虑在极限状态下发动机安装结构的安全性。在极限状态下,如叶片丢失、外物打伤、喘振和硬着陆等极限状况,发动机上会产生巨大的冲击载荷和动载荷。而安装节结构是此类载荷的主要受力对象,因此需要在结构设计中,采用安全性结构设计原则以满足适航性的要求。

例如,PW1000G 发动机前后安装节的结构设计中均采用了冗余设计,以保证其安全性。在后安装结构的承载结构设计中,设计了 3 个承受横向载荷的侧边连接拉板和抗剪切销钉,但是在使用中,只有外侧两个拉板受力,中间位置的拉板作为冗余设计储备。当两侧拉板损坏时,冗余设计的中间拉板可以完全保证发动机的正常使用。同时,这种设计策略有利于地勤人员从发动机的位置变化上及时发现发动机结构的损伤失效。

为了提高发动机安装结构的可靠性,避免在工作过程中冲击和振动载荷对结构件造成疲劳损伤,在安装结构设计中,也会设计一些隔振、阻尼结构以提高安装结构的可靠性和减少振动能量向飞机的传递。

1. 安装结构冗余设计

航空发动机可以安装在飞机上的不同位置,如机翼、机身和尾部,并通过前安装节和后安装节来将各种载荷传递到飞机上。载荷包括垂直载荷——重量、轴向载荷——推力、横向载荷——气流抖振、机动载荷——机动飞行等,同时要求安装节不能阻碍承力框架在受热状态下沿轴向和周向的自由膨胀,如图 6.36 所示。

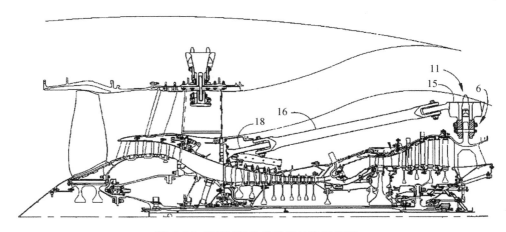

图 6.36　PW1000G 发动机结构示意图

典型的安装系统包括前安装节和后安装节。其中,前安装节具有沿周向间隔开的连杆,将垂直于发动机中心线截面的载荷从发动机传递到飞机上,因此前安装节可承受垂直载荷和侧向载荷。后安装节除具有沿周向间隔开的连杆以外,还包括用于传递发动机推力和反推力载荷的推力杆,如图 6.37、图 6.38 所示。

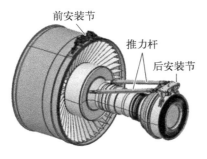

图 6.37　PW1000G 安装承力结构

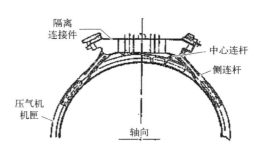

图 6.38　前安装节

对于现代高涵道比涡扇发动机安装结构中普遍使用的传递轴向力的双推力杆结构,为保证发动机的安全性,需要对推力杆及后安装节形成的推力载荷传递路径进行破损安全设计。破损安全设计就是指双推力杆中任何一条载荷传递路径失效时,另一个推力杆应能承受 100% 的额定推力载荷。一般发动机中普遍使用两个推力杆,作为保证其安全性的冗余设计,这使得安装系统的零件数目加倍、成本高、重量大、结构复杂。

这里介绍一种发动机安装结构系统中采用单推力杆的安全性结构设计方案。

如图 6.39 所示,后安装节主要由后承力平衡组件 11、推力杆 16 和一个失效保护结构组成,通过螺栓等连接结构固定在飞机吊挂上。后承力平衡组件 11 包括从吊挂接口处向下延伸的两个具有轴向间隔的凸缘 5,沿轴心剖面成 U 形夹,并通过两个连接杆 13 与发动机后承力框架机匣连接。需要说明的是：连接后安装节和发动机后承力框架机匣之间的两个连杆 13,在垂直发动机轴心线的截面内彼此相反倾斜一定的角度,以保证其合力通过发动机轴心线,便于更好地传递发动机的垂直载荷、侧向载荷和机动载荷。

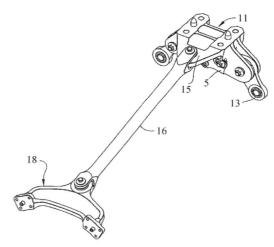

图 6.39　单推力杆结构示意图

传递发动机推力的单推力杆 16 一端连接到后承力平衡组件 11 中向前延伸的凸缘 15 上,另一端通过传力连杆 18 连接到发动机风扇后中介机匣承力框架上。为保证推力杆在角向的自由转动,在前后两端均设计中央凸缘并通过螺栓等连接结构固定。

防止推力杆失效的保护结构 6 如图 6.40 所示,位于发动机后承力框架 8 与后安装节的连接位置。失效保护结构 6 通常不传递轴向载荷,仅在主要轴向传载部件推力杆 16 失效时传递轴向载荷。

如图 6.40 和图 6.41 所示,防止推力杆失效的保护结构 6 由发动机后承力框架结构外伸吊耳 1 和与之配合的后安装节的 U 形夹构型的凸缘 5 组成。吊耳位于两个连杆 13 的中心处。凸缘和吊耳加工有同心螺栓孔 4、10,并配有螺栓 7、9 穿过凸缘和吊耳的螺栓孔,将吊耳和凸缘连接起来。需要说明的是,由于螺栓孔大于螺栓外径,吊耳可以沿着螺栓轴向滑动,在正常工作状态下,该连接结构处于松弛、无约束状态,并不传递力且没有约束作用。

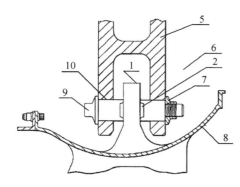

图 6.40　后安装节中的失效保护结构示意图

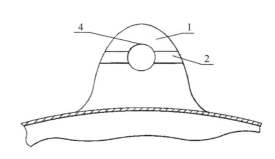

图 6.41　失效保护结构前视图

　　防推力杆失效的安全设计的关键是,在吊耳 1 前后端面各设计一个凸台 2,如图 6.41 所示,凸台 2 的厚度要小于 U 形夹凸缘之间的轴向距离,以保证在正常工作时,推力杆 16 传递轴向载荷,而失效保护结构 6 不传递载荷。

　　当推力杆 16 在发动机工作中失效时,发动机将向前偏移,吊耳 1 与 U 形夹前凸缘接触,推力从发动机吊耳 1 传递到前凸缘 5 再传递到飞机吊架上。相反,在发动机着陆时,推力反向,发动机将向后偏移,凸耳 1 与 U 形夹后凸缘 5 接触,反向推力从发动机吊耳 1 传递到后凸缘 5 再传递到飞机吊架上。

　　因此,在吊耳 1 的强度设计中,应保证其可以承受发动机推力产生的轴向载荷,并具有一定的安全裕度。吊耳 1 一般可设计为梯形结构,并在与承力机匣连接处进行局部加强,以保证应力分布和变形的合理性。在结构配合间隙设计中,重点是确保凸耳与 U 形夹凸缘之间的接触仅发生在凸台 2 处,因此,需要准确掌握安装结构系统在受力状态下的变形和径向接触位置。同时,吊耳 1 必须具有足够的强度来承受预计的推力。

　　2. 推力杆减振设计

　　航空发动机安装系统中推力杆的主要结构件是一个可承受拉压载荷的横跨杆,其两端分别与后安装节和风扇后承力框架连接,传递轴向载荷。

　　由于推力杆具有大长径比的结构特征,其工作环境横跨中介机匣承力框架和涡轮后承力框架,除承受巨大的轴向载荷以外,还必须考虑高低压转子的振动激励对其高周疲劳损伤的影响。

　　高低压转子在旋转过程中产生的不平衡力是发动机中主要的激振源,而安装系统中的细长推力杆可能具有和不平衡激励频率相同或者非常接近的低阶模态频率。又因为安装系统的阻尼较小,所以可能出现高振幅的振动响应,可能使安装系统中的部件产生高周疲劳、接头磨损或冲击损伤。

　　对于大长径比杆件的振动损伤控制最有效的设计方法一是调整模态频率,采取避开共振的方法;二是增加结构阻尼,减小振动应力。

　　目前,在结构设计中,一般尽可能使安装系统部件的模态频率远离发动机激振频率。这一目标通常通过减小推力杆的长径比来实现。然而,在推力杆长度已经根据其他设计要求确定了的条件下,为了减小长径比,通常要使推力杆的体积变大。推力杆体积的增大使得安装系统的总重量增加,同时,因为每个部件的安装空间有限,也不利于安装系统的装配。因此,通常采用另一种可行的方法:通过推力杆结构动力学设计,使振动应力水平控制在可以承受的高循环疲劳载荷以内。

　　如图 6.42 所示,推力杆结构组件的主要构件是细长的横跨杆 1,横跨杆 1 每端各有一个连接结构 2,其构型为一对轴向延伸的平行板 3 形成的 U 形夹结构,在板上有孔 4,通过螺栓或销(图中未画出)将横跨杆和其他结构连接起来。

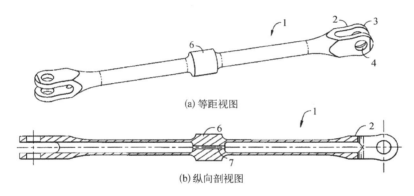

(a) 等距视图

(b) 纵向剖视图

图 6.42　可调模态频率的推力杆结构

　　细长的横跨杆 1 上设计有一个直径较大的集中质量结构 6,用于调整推力杆的模态频率,使其远离发动机激振频率,从而使振动响应最小,将其称为推力杆的频率调节装置。在具体结构动力学设计中,该装置的主要设计参数为集中质量结构的质量大小和位置。通过调整设计参数,使推力杆的模态频率转速位于发动机风扇最大转速和核心机转子最小转速之间。

　　在推力刚度的动力学设计中,应对整个系统进行分析,并考虑多个因素(如横跨杆 1 的长度):一般情况下,集中质量结构应布置在推力杆模态振幅最大处,集中质量块的质量大小和位置确定需保证在满足避开共振要求的同时对推力杆的结构质量和强度具有最小的影响。

　　需要说明的是,上面所介绍的推力杆为中空管,具有重量轻、抗弯刚度大的优点。但是在中空的推力杆中需要设计轴向贯通的通气孔 7,以连通推力杆两个中空部分,防止推力杆内的气体堵塞。

　　在推力杆的几何构型设计中,也可以采用分体式结构布局。如图 6.43 所示,推力杆由细长的横跨杆 5 和独立的集中质量块 1 组成。集中质量块通过固定连接结构与细长横跨杆连接。通过调整质量块的质量大小和位置,使推力杆的模态频率远离发动机激振频率。

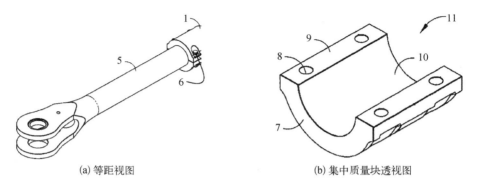

(a) 等距视图　　　　　　　　　　(b) 集中质量块透视图

图 6.43　推力杆的结构示意图

集中质量块 1 分为两个半圆环 11,对于圆形截面的推力杆,每个半圆环 11 具有对应的凹形表面 10 和大致上呈 U 形的主体 7。安装边 9 从主体 7 的每个端面垂直向外延伸。每个安装边 9 上有两个孔 8 用于安装紧固件 6。半圆环 11 可以由具有足够强度和耐腐蚀的任何材料制成。通常半圆环材料的密度大于推力杆材料的密度,同时还需避免不同材料之间产生接触磨损。

3. 安装结构隔振设计

航空发动机的安装结构不仅需要承受巨大的推力和惯性载荷,同时由于发动机整机及转子系统的不平衡激励作用,最终会将一部分振动能量外传到飞机上,其中以转子旋转频率的振动最为显著。双转子航空发动机主要存在两个振动频段的振动频率,分别对应于发动机低压转子和高压转子的转速,两振动频率相距较大,且均为高频小振幅振动,如图 6.44 所示。其中 N_1 为低压转子的不平衡激励频率,N_2 为高压转子的不平衡激励频率。

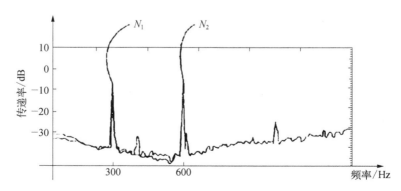

图 6.44　某双转子涡扇发动机安装结构上的振动传递率

　　为有效削弱两种频率的不平衡振动响应对机身的影响,需要采用振动控制结构设计。一般的阻尼减振方案均是以降低结构刚度通过相对位移利用摩擦耗能的方法进行振动控制。但对于安装结构,其刚度特性是有严格的控制范围的,需要针对两个不同频率的激励进行耗能隔振结构设计,其基本思路是采用吸振、耗能、隔振的原理进行振动控制设计。按照其工作原理的不同,耗能隔振结构可分为动力吸振器和液压吸振器。动力吸振器主要用于吸收高频振动,液压吸振器主要用于隔阻低频振动。

　　图 6.45 为某型航空发动机上的主安装节吸振结构示意图。主安装节主要由液压吸振器和动力吸振器两部分构成。其中,两个动力吸振器分别位于安装节主体结构的两侧,动力吸振器通过悬臂伸出轴与安装节壳体连接,装配时通过螺栓轴向拉紧。液压吸振器由安装节壳体、上端盖、定压阀和轴向减振器组成。

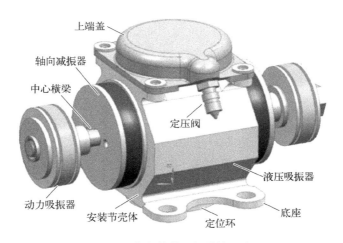

图 6.45　主安装节吸振结构示意图

　　主安装节通过主体底座的圆柱面与发动机进行定位,在底座处通过螺栓将吸振器主体与发动机相连;主体与飞机承力系统在伸出轴两侧通过叉形结构相连接。位移和载荷依次通过吸振器和叉形结构传向机身。

　　液压吸振器的原理图如图 6.46 所示。液压减振器为被动减振装置。由结构分析可知,液压减振器的液腔由上液腔和下液腔组成,上下液腔由节流孔连接。整个装置的减振机理为:发动机低压转子的振动传至安装节,支承于安装节壳体的浮动衬套相对于刚性连接的吸振器壳体和发动机产生相对运动,挤压上/下液腔的减振液,致使减振液通过节流孔流向下/上液腔,产生巨大的节流阻尼,使得振动幅值受到抑制,从而达到减振的目的。在装配前,根据所需衰减的频率范围调节气腔的气压可以有效调节减振液的压力,从而调整减振液的阻尼和刚度,到达衰减不同频带振动的目的。

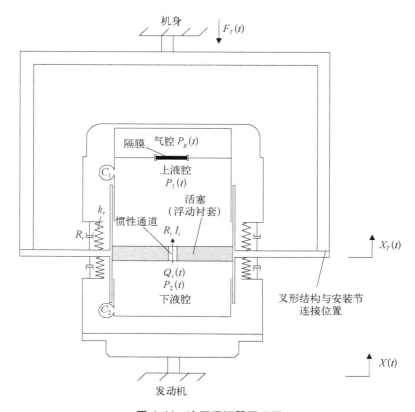

图 6.46　液压吸振器原理图

　　在液压吸振器结构中,液压吸振器内部结构提供等效刚度 K_r 和阻尼 R_r,支承浮动衬套及其附属结构的同时起到衰减振动和缓冲的作用。

　　安装结构中的动力吸振器的作用主要是吸收发动机中高速转子传来的振动。动力吸振器的原理图如图 6.47 所示,吸振原理为:在安装节上附加辅助子系统,使得发动机传来的振动能量分配到结构与辅助子系统上,并使分配到结构上的振动能量最小,达到结构减振的目的。这里的辅助子系统就称为动力吸振器。在安装节结构中,动力吸振器为弹簧-质量系统,其中,主系统为发动机-液压减振器-机身系统,辅助子系统为弹簧-质量系统。当发动机高压转子的激振频率与弹簧-质量系统的模态频率相近时,发动机高压转子传来的高频振动激起辅助子系统共振,将大部分振动能量吸收到自身结构上,此时主系统上分布的振动能量较小,从而到达减振的目的。设计时,考虑到发动机高压转子工作较为稳定的特点,即动力吸振器的有效工作频率带宽较窄,动力吸振器宜采用小阻尼设计,可提高吸振效果,同时小阻尼也有利于简化结构设计,提高动力吸振器的可靠性。

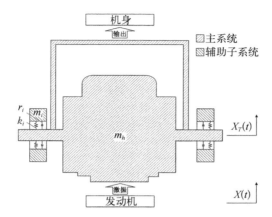

图 6.47　动力吸振器原理图

第 7 章
外 部 结 构

7.1 概　　述

　　航空发动机外部结构是指发动机主机以外的结构,大多布置在机匣以外,主要是为了适应飞机的装发,需满足飞机对发动机安装接口及空间的要求,如与飞机连接的机械接口要求、与飞机之间的结构间隙要求等,此外,还要满足在飞机上的使用要求,如发动机的装机维护性,同时外部结构应满足飞机在全飞行状态下的安全性要求等。航空发动机外部系统十分复杂,就结构来说,主要包括发动机外部成附件的安装结构、外部管路连接及管路支承结构、发动机电缆安装结构等。外部成附件数量多、管路和电缆连接关系复杂、固定形式多样。其设计活动需要与主机结构、各系统不断地进行协调和迭代,最终要满足飞机的使用要求。

　　如图 7.1 所示的典型小涵道比涡扇发动机的成附件主要集中布置在发动机上方。外部成附件和管路从前向后依次布置在进气机匣至加力燃烧室机匣上,成附件之间的距离适中。为适应各种成附件的结构特点,发动机的外部成附件采用多种形式的安装固定结构,如桥型支架、盒型支架、吊耳型支架。此外,在发动机机匣

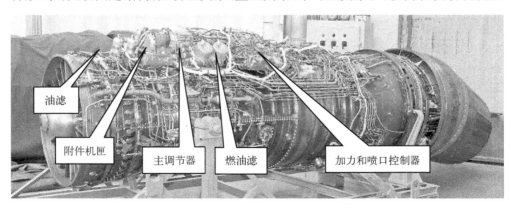

图 7.1　典型小涵道比涡扇发动机外部结构布局(AЛ - 41Φ 发动机)

外有一百余根管路用于连接各系统成附件,实现主机的供油、润滑和通气等。外部管路采用卡箍固定在发动机机匣安装边或安装座上。

7.2　外部成附件布局

7.2.1　外部成附件

外部成附件是指航空发动机主机机匣以外的成附件,主要包括控制系统附件、传动系统附件、燃油系统附件、滑油系统附件等。以苏联的 AЛ－31Φ 与 AЛ－31ΦH 发动机为例(图 7.2),燃油系统附件主要有燃油增压泵、主燃油泵、加力和喷口控制器、燃油滤等,滑油系统附件主要有滑油箱、滑油泵、滑油滤等。此外还有一些其他附件,如液压机构、换热器、控制器等,它们共同组成了发动机的外部附件。

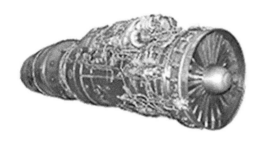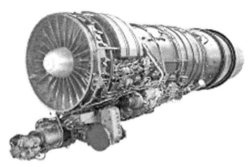

(a) 上置附件　　　　　　　　　　　　　(b) 下置附件

图 7.2　AЛ－31Φ 发动机和 AЛ－31ΦH 发动机

俄罗斯现役的发动机,如 AЛ－31Φ,外部成附件数量多,成附件结构和功能集成度较低,外部结构较为复杂,由于配装飞机需求原因,外置附件机匣采用上置状态布置方案。

美国现役的发动机,如 F100、F110(图 7.3),欧洲的 EJ200、M88 等发动机外置附件机匣与成附件均采用下置状态布置方案,成附件进行了集成化设计,成附件数量较少,外部结构设计较为简洁,管路走向明了、简单。通过对比可以看出,美国和欧洲发动机的外部布局更为合理,这主要由欧美的成附件研制能力所决定,成附件的集成化更高,如 M88 发动机、EJ200 发动机,其滑油箱与外置附件机匣采用一体化集成结构。

7.2.2　布局设计要求

发动机外部成附件布局设计是外部结构设计的主要内容,成附件位置的合理

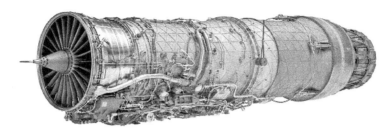

(a) F100涡扇发动机

(b) F110涡扇发动机

图 7.3　F100 和 F110 小涵道比涡扇发动机

性直接影响外部布局的合理性、飞发设计的合理性、发动机的维护性等。外部成附件布局设计工作从发动机方案论证阶段便开始开展,之后一直贯穿整个外部结构的设计阶段,不同的设计阶段,成附件布局设计工作的侧重点有所不同,如图 7.4 所示。

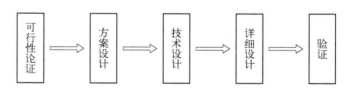

图 7.4　成附件布局设计过程

在发动机研制的方案论证阶段,外部成附件的布局设计工作主要为成附件的外廓要求评估、发动机装机后的维护性要求评估、发动机外廓评估、初步可行性分析、成附件布局初步设计、风险评估等。在该阶段应提出基本的外部成附件布局思路,依据飞机的整体布局方案,确定发动机外部结构的布局方案,确定发动机在飞机上的维护要求,确定发动机外置附件机匣采用上置还是下置,以及其他相关传动成附件的布局位置要求,基本确定大型成附件的布局位置,依据现有成附件的研制能力提出成附件的集成方案。

在发动机的方案设计阶段,依据论证阶段的设计结果对外部成附件布局工作进行展开。在这个阶段,发动机各系统、成附件型号已基本确定,在发动机传动方案确定后,进行附件传动机匣设计,根据传动方案确定传动成附件的布局位置。采用多种方案对比分析的方法考虑各种方案的利弊,对成附件的外廓、接口、维护性、连接管路合理性等因素进行权衡,对外部成附件布局位置进行选择和确定,对成附件外廓接口进行协调和确定,考虑成附件的安装要求和使用要求等。在方案设计末期,确定外部主要成附件的位置和安装姿态。若发动机为改进发展型,在该阶段应考虑现有成附件的继承使用。

在发动机的技术设计阶段,依据方案设计阶段的设计结果完善外部成附件布局,包括对成附件位置和安装姿态进行微调,对成附件外廓接口进行微调,对小型附件位置进行选择等。在技术设计末期,外部所有成附件的技术状态冻结,同时开展与成附件连接的管路和电缆的设计工作。

在发动机的详细设计阶段,对完成设计的外部成附件进行环境适应性和可靠性评估,建立必要的实体虚拟样机,对维修性和可达性进行评估和改进。

在发动机的验证阶段,通过发动机数字模型的虚拟装配技术或者发动机实物配装飞机,在试车台、高空台和飞行试验中进行不同类型的结构可靠性、安全性、维修性、测试性等试验验证和评估。

7.2.3　主要影响因素

1. 飞机的限制要求

在发动机外部成附件布局过程中,应不断梳理设计需求,考虑飞机对发动机的接口要求、维护要求等因素。

1) 成附件在发动机上布局的确定

根据飞机的结构要求,确定发动机成附件布局。目前世界上主流小涵道比发动机外部成附件的布局形式有两种：上置布局和下置布局。当飞机发动机舱采用下机身结构时,发动机舱下方空间小,维护口盖位于发动机舱上蒙皮,发动机采用成附件上置布局结构,发动机附件机匣采用上置结构,典型的发动机有 АЛ - 31Ф 发动机,如图 7.5 所示。

飞机附件机匣和发动机附件机匣根据飞机需求采用分体设计或一体化设计。如美国的四代机 F135 发动机(图 7.6),飞机附件机匣和发动机附件机匣采用一体化设计,附件机匣整体变大并继承原飞机附件机匣的起动、发电、伺服等功能,与民用高涵道比发动机非常相似,这也是未来的一个发展趋势。该方案可有效节省发动机舱的设计空间,为其他飞机和发动机附件提供有利的设计条件。

2) 发动机外廓空间控制要求

发动机外廓控制线是根据飞机上的发动机舱的结构限制,由飞机方和发动机方协调确定的。发动机外部限制轮廓是指进气端至尾喷前端之间发动机所有零组

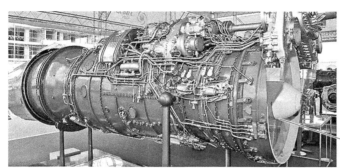

图 7.5　苏 - 30 飞机(装配 AЛ - 31Ф 发动机)

F135发动机

图 7.6　F135 发动机一体化设计附件机匣

件装配及工作时所允许不超出的最大空间区域形状的边界或外形线。

　　成附件在布置时,应在发动机外廓控制线以内。如图 7.7 所示,该发动机外部附件采用下置布局结构,发动机外廓内、主机机匣外的空间狭小,需要布置多型成附件,在具体设计中,附件机匣的外轮廓根据发动机外廓控制线随形设计,并距离外廓控制线留有一定的距离。完成附件机匣的初步设计后,对其他传动附件进行布置,其他成附件也应满足外廓控制线要求。当无法通过调整成附件位置满足外廓控制线要求时,应修改成附件外形。

　　成附件布局设计时,发动机附件机匣一般为发动机外部轮廓的最高突起点,其他成附件的外形一般应低于附件机匣最高突起点。如图 7.8 中的 F119 发动机,其成附件均低于附件机匣最高突起点。

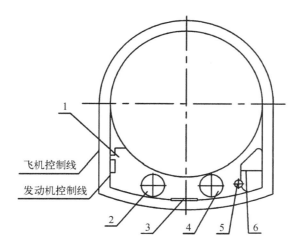

图 7.7　发动机外廓控制线

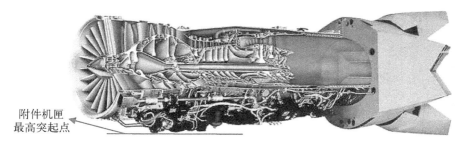

图 7.8　F119 发动机外廓

3) 可维护性要求

成附件布局设计时,应考虑飞机维护窗口位置。发动机上有维护需求的成附件应布置在飞机的维护窗口下,以便满足成附件安装、拆卸、调整、定期检查、排故等工作中的可视性和可达性要求。对于频繁更换或故障率高的附件,则应留出附件安装和拆卸空间。

如图 7.9 所示的俄罗斯苏-30 飞机上方维护区域显示飞机机身上方有两处大的维护窗口,飞机附件机匣、起动机、电机、燃油泵、滑油箱等主要成附件均布置在维护窗口内,便于调整和维护。可以在发动机不脱发的状态下,通过维护窗口进行成附件更换。在飞机机身上还存在多处小的维护窗口,可以对一些小型附件或调整点进行操作。通过对苏-30 飞机维护窗口与发动机成附件的匹配设计,可以极大地提高发动机的装机维护性,有效保证飞机的出勤率。

如图 7.10 所示,附件在沿发动机外机匣周向布置时,有意避开孔探维护通道。如果在附件布置过程中,无法避开现有的孔探维护通道,可以对孔探的周向角度进

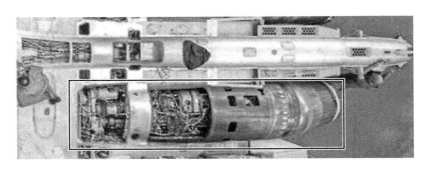

图 7.9 苏-30 飞机上方维护区域

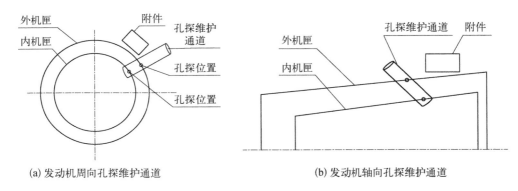

(a) 发动机周向孔探维护通道　　　　　　(b) 发动机轴向孔探维护通道

图 7.10 发动机孔探维护通道

行调整。在沿发动机轴向布置附件和管路时,也要避开孔探维护通道。

2. 管路电缆对成附件布局的影响

在成附件布局设计过程中,除要考虑安装在发动机外部的成附件的空间位置以外,对相关的管路敷设路径/电缆敷设路径也要做统一考虑。在设计中需要遵循的主要原则如下:

(1) 在附件的布置过程中,策划附件相关管路、电缆的敷设路径,包括管路路径的合理性、装配性、维护性和美观性等;

(2) 在布置相连接的两型附件或多型附件时,要考虑相连接管路、电缆的设计;

(3) 附件的布置要尽量减小相关管路和电缆的长度,但管路和电缆的长度也不能过短,还要考虑附件、电缆的装配性和可制造性;

(4) 附件的接口位置应适应管路和电缆走向进行调整,附件上的管路和电缆接口形式应考虑与管路进行协调匹配;

(5) 当附件布置存在特定性和局限性,管路敷设困难时,可以尝试采用软管连接,但必须对软管进行相关的试验;

（6）在附件布局中,针对连接附件的大直径管路,为保证发动机外部结构的协调性和合理性,必要时其他小型附件应为其让出通道。

以上是管路、电缆路径敷设时需要考虑的主要因素和一般设计原则,对于具体问题的处理,则需要设计人员的经验积累和创新性思维。

7.2.4　外部成附件布局设计

1. 基本原则

发动机外部需要布置的成附件较多,在选择成附件并进行布局设计时,既要满足系统的工作要求,又要满足发动机的外部布局要求。成附件的选用和在发动机上的布置事关总体设计的成败,一定要按照各部分的技术特点进行充分论证,并借用现有的成熟设计方案进行适应性修改,切勿生搬硬套而影响整机结构系统的完整性。

选择附件时应考虑:① 成附件结构和功能的效率要高,附件要在尽可能小的空间里实现其功能,重量越小越好;② 附件与主机的协调性要好,除性能满足发动机要求外,附件外形和接口的可修改性要好,在具体的附件布局和姿态调整中,附件外形和接口应能及时调整;③ 附件的配套协调性要好,保证协调过程的高效和畅通;④ 附件的可布置性要好,尽量满足发动机各主机机匣的布置要求,附件的耐温、抗振能力要强,可用性好。

2. 集成设计

在发动机各系统中,受限于狭小的外部空间,单功能的附件采用得很少,通常在某一成附件上集成不同的结构,一般具备两种以上的主要功能,以提高发动机外部空间的利用率。附件集成的好处是:外部成附件的数量减少,管理和协调的工作量减少,外部结构得到进一步的优化和简化,空间利用率得到进一步提高,原有需要在主机上连接的管路和电缆现完全在附件内集成,外部管路、电缆数量进一步减少,支座和支架减少,发动机外部的整体重量得到降低,发动机的外部维护性进一步得到改善。附件集成也对成附件的结构设计提出了更高的要求,随着不同功能在成附件结构上的集成,结构更加复杂,各种功能组合到一起,之间存在关联耦合,设计难度进一步增加。所以,应该根据实际研发能力进行附件的集成,切忌好高骛远,提出不切实际的附件集成要求,导致出现新的设计难题,研制周期延长、成本增加;此外,附件的组合集成要适度、合理,避免外廓尺寸太大,无法装机。

在外部附件设计中常用多功能组合或多附件组合设计方式。

在燃滑油附件系统设计中,滑油箱、低压散热器、滑油滤等为多功能组合一体结构,而燃滑油散热器、自动放油活门等为一个大的组合件。在滑油系统设计中,滑油增压泵、滑油回油泵、滑油滤等附件也是多个泵组合成一体的结构。主泵调节器的附件:燃油泵、调节器、起动器、控制器等,组合成一体结构。加力泵调节器的附件：增压泵、调节器、转速表等为一体结构组合件。电气控制的附件：起动控制器、尾喷口操控器等为一体结构组合件。飞机附件机匣和发动机附件机匣一般为一体组合结构。防冰附件：防冰活门、防冰电磁阀根据功能使用安装组合成一体结构。滑油系统的滑油箱与滑油滤一般也是一个一体组合结构，燃油系统的主泵调节器与燃油滤为一体组合结构等。

以上是典型航空发动机上外部附件的基本组合方式。从结构布局设计角度看，集成化附件和单功能附件相比，工作效果一致，而从外部设计布局来看，集成化附件的收益非常明显。由此可见成附件的集成组合是获得良好外部设计布局的主要手段。

如图 7.11 所示的法国 M88 发动机采用滑油箱与附件机匣一体化集成结构。滑油箱是发动机上比较大型的附件，自身占用了大量的外部设计空间。滑油箱与附件机匣采用一体化设计，节省了外部布局的空间，取消了滑油箱与附件机匣之间连接的油路，发动机整体管路的数量减少，外部其他附件布局的空间限制因素减少，增加了其他附件布局设计的自由度和可能性，外部结构更加简洁。

图 7.11　M88 发动机的滑油箱与附件机匣的集成组合

3. 传动附件布置

附件机匣上的传动附件布置常用的方法为传动功率对称分布，大功率附件置于传动链短的位置上，小功率附件置于机匣的外侧。传动附件在附件机匣上确定安装位置后，传动附件布置时应该考虑的主要因素如下：

（1）传动附件的布置应确保各传动附件之间留有一定的间隙；

（2）传动附件布置位置在发动机外廓尺寸控制范围内，并留有足够的间隙，对间隙小的位置提出极限间隙要求；

（3）在确定位置时，要考虑传动附件上的维护点位置和调整点位置；

（4）对于传动附件具体机械接口与其他附件连接的位置,要注意该位置的可达性、可操作性、可连接性;

（5）应确保管路、电缆、反馈钢索实现连接的可行性和合理性;

（6）应使管路路径尽量简化。

4. 非传动附件布置

非传动附件布置时,布置位置应在发动机外廓尺寸控制范围内,并留有足够的间隙。遵循先布置外形较大的附件,后布置外形较小的附件的原则。若发动机外廓要求苛刻,外部设计空间较小,则将较大的附件布置在发动机的蜂腰处;若发动机外廓要求不苛刻,优先考虑环境温度和机匣振动,将附件布置在工作环境较好的机匣上。非传动附件布置时应该考虑以下因素:

（1）附件的布置位置应确保各附件之间留有一定的间隙;

（2）附件的布置位置应确保避开运动机构并留有一定间隙;

（3）附件不宜布置在发动机的高温区和振动大的部位,若无法避免,应采取隔热和减振措施;

（4）附件的布置位置应确保管路、电缆、反馈钢索实现连接的可行性和合理性;

（5）附件的布置位置应使管路路径尽量简化,应考虑外部管路的走向,给管路留够排布空间;

（6）附件的布置位置应考虑附件支架设计的可行性和合理性。

如图 7.12 所示的附件布置示例一,发动机上共有 4 个机匣,当发动机外廓要求严苛时,附件可以考虑选择在机匣 2 上和机匣 4 的蜂腰处,机匣 2 受转子影响,外部环境振动较大,而机匣 4 外部环境振动较小,考虑到减少振动对附件的影响,故将附件布置在位置 2 处。在设计中这种考虑也不是绝对的,当附件布置在位置 2 后,当相连管路敷设路径复杂、连接困难,或者附件难以维护,位置 2 无法满足上述要求时,可将附件布置在位置 1,并采用相应的减振措施。

如图 7.13 所示的附件布置示例二,当发动机外廓要求不苛刻时,除了位置 1

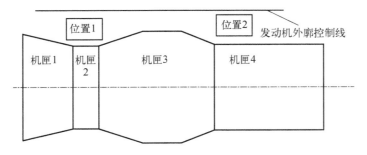

图 7.12　附件布置示例一

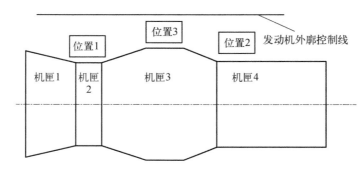

图 7.13　附件布置示例二

和位置 2,附件还可能布置在位置 3 处,附件布局设计有多种可能性,需综合多种因素对附件的布置位置进行选择。

　　电气附件布置除应考虑上述原则外,还应考虑避开导管装拆时油液可能滴落到电子元件上的部位;电气附件布置应满足振动环境要求;确保满足与电气附件连接的电插头的拆装限制要求;确保连接电缆的路径合理性和固定可靠性。从国外成熟的小涵道比涡扇发动机外部成附件布局可知,数字控制器布置在外涵机匣下方,与控制器连接的电缆布置在外层,控制器附近的油路较少,可有效避免油液泄漏对控制器的影响。

　　5. 附件外形、接口协调

　　不仅发动机外廓控制线影响成附件的外形和接口结构,主机机匣形状对外部成附件的外形和接口结构也十分重要。发动机外部的设计空间尺寸要求苛刻时,为保证成附件布局的合理性,需要开展成附件外形、接口协调设计。

　　成附件在沿发动机机匣周向布置时,应考虑成附件沿机匣内形面设计,如图 7.14 所示。附件 A 布置在机匣上,附件 A 外廓近似为长方体,在机匣上安装后外形棱角突出,占据了大量外部设计空间,同时存在超出发动机外廓的风险。通过协调将附件模型进行修改,修改后的附件 B 的下侧形面更贴近机匣的外形面,原右下方的空间被充分利用,整体上附件 B 的外形更加贴合发动机机匣,结构更加合理。

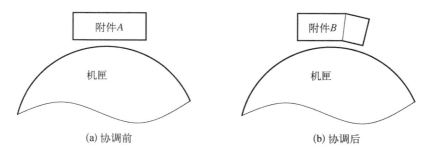

(a) 协调前　　　　　　　　　　　　　　(b) 协调后

图 7.14　成附件沿发动机机匣周向布置

成附件在沿发动机机匣轴向布置时,应考虑成附件与机匣相近内形面的设计,如图 7.15 所示。附件 C 近似为长方体,布置在机匣 2 上,附件上沿形面几乎与发动机外廓控制线重合,不满足外部设计要求。通过协调将附件模型进行修改,修改后的附件 D 的整体外形高度降低,在发动机轴向上的宽度有所增加(作为补偿),附件 D 的外形在轴向上沿机匣 1 和机匣 3 随形设计。该方案有效保证了附件与发动机外廓限制线的要求。

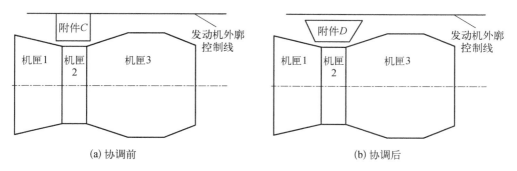

图 7.15　成附件沿发动机机匣轴向布置

为适应外部设计布局,除对成附件的外形进行协调外,对成附件的安装接口、维护接口、管路接口、电缆接口也要重新协调。成附件安装接口的协调可有效简化附件的支撑结构、减小外部结构重量。图 7.16 中附件 E 通过支架 A、支架 B 固定安装,其中支架 A 安装在机匣安装边上,支架 B 安装在机匣上,通过重新协调附件的安装接口,在附件上增加安装座,将附件 F 直接安装在机匣上,取消了附件支撑结构的中间环节,附件的整体高度有所降低,外部重量减轻。

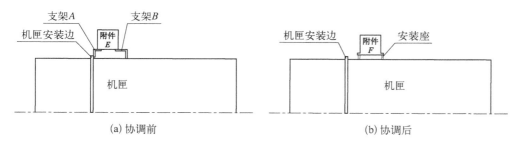

图 7.16　成附件安装接口协调

成附件上的接口位置和朝向协调也应考虑与其连接管路、电缆路径合理性。图 7.17 中协调前的附件 G 上的管路接口朝上,管路敷设后,超出发动机外廓。协调结果 1 为将管路接口移至附件侧面,可有效降低管路高度,协调结果 2 为将管路接口移至附件侧面,且接口朝向斜下方,连接管路更加贴合发动机主机,所以协调

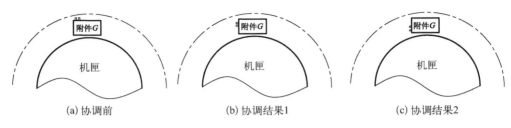

(a) 协调前　　　　　　　　(b) 协调结果1　　　　　　　　(c) 协调结果2

图 7.17　成附件管路接口位置协调

结果 2 更加合理。

图 7.18 中协调前的附件 H 上的管路接口 1 和接口 2 并列放置,尺度相同。协调后的附件 H 上的管路接口 1 的长度增加,接口 1 和接口 2 之间存在高度差,管路安装更加便利,管路装配性有效提高,结构的防错能力增强。

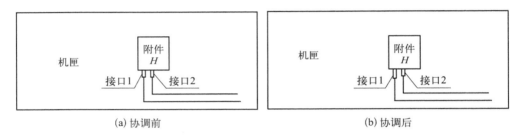

(a) 协调前　　　　　　　　　　　　　　(b) 协调后

图 7.18　成附件管路接口位置协调

6. 附件固定安装

在附件位置布置设计过程中,还应考虑附件的固定安装形式。从国外发动机成附件的安装结构分析,常见的固定形式有以下几种:附件通过支架转接固定安装在发动机机匣上;附件直接安装在机匣上;附件采用箍紧式安装在机匣上;附件安装在其他附件上。以上只是部分附件安装结构,还可以列举很多。

附件通过支架转接固定安装在发动机机匣上,其结构固定可靠,结构紧密。主要有两种形式:通过支架转接安装在机匣安装边上,通过支架转接安装在机匣安装座上。如图 7.19(a)所示,附件安装在一桥型支架上,支架固定在机匣两侧的安装边上,该结构能保证附件安装底面的平面度要求;如图 7.19(b)所示,附件采用 2 件 L 型支架进行安装,支架分别安装在机匣两侧的安装边上,该结构适用于较大跨度长距离的附件安装;如图 7.20 所示,当附件外形和重量较小时,可采用单侧 L 型支架转接固定在机匣安装边上,必要时可增加加强筋;如图 7.21 所示,当附件距离机匣安装边较远,机匣两侧的安装边无法利用时,附件可通过转接支架安装在机匣安装座上。

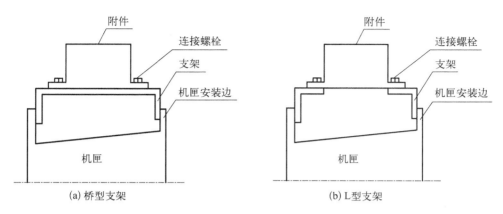

图 7.19　附件安装在机匣安装边上

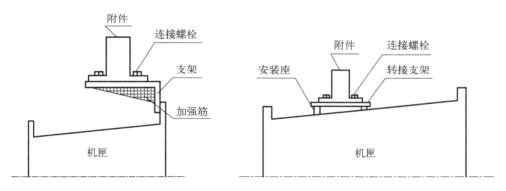

图 7.20　附件安装在悬臂型支架上　　图 7.21　附件通过转接支架安装在机匣安装座上

附件固定多采用安装在机匣上的方式,这种方式最大限度地简化了附件支撑固定,同时节省了外部设计空间,如图 7.22 所示,附件通过连接螺栓直接安装在机匣安装座上。对于一些对振动环境敏感的附件,如电气附件,应在机匣和支架之间安装减振结构,将机匣传递过来的振动吸收,减小对附件的影响。在 EJ200 发动机

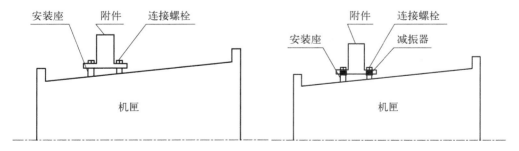

图 7.22　附件安装在机匣安装座上

上(图 7.23),由于发动机外涵道机匣采用了化学铣的结构形式,在机匣加强筋位置设计有一体结构的安装座,机匣上顺航向左侧可视的 6 型较大附件均直接固定在发动机机匣上。大量采用该种附件安装结构后,EJ200 发动机的外部布局在外观上比较简洁、美观。此外,附件在布局过程中,要充分考虑机匣加强筋的位置,使其布局尽量适应机匣结构,附件的固定点尽量设计在机匣加强筋的结合处,避免机匣加强结构出现大的改动。

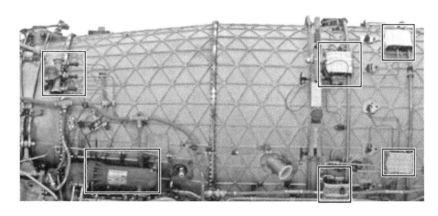

图 7.23　EJ200 发动机附件安装结构

　　箍紧安装也是常用的附件安装形式,外形较大的成附件通常采用箍带进行压紧安装,外形较小的、外形面规则的成附件,如外形面为圆形或方形的成附件,可采用卡箍进行压紧安装。如图 7.24 所示,支架安装在机匣安装边上,通过对箍带施加一定的拉紧力,通过箍带压紧将附件 A 安装在支架上;附件 B 的外形面为规则的圆形,通过卡箍压紧,实现附件 B 在支架上的安装。

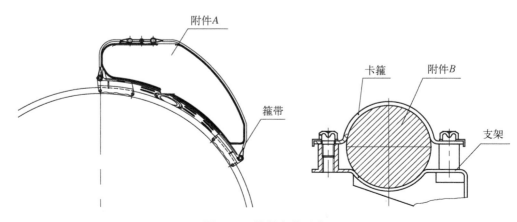

图 7.24　箍紧安装形式

　　采用薄壁结构的大型附件,可采用箍带压紧的安装结构,如 F100 发动机(图 7.25)。发动机滑油箱箱体为薄壁结构,滑油箱固定在风扇机匣上的右下方,滑油箱外形根据风扇机匣和发动机外廓采用随形设计,箍带采用沿发动机轴向的横向拉紧安装结构。在滑油箱支撑结构设计中,箍带安装方向根据滑油箱的安装位置、结构形式、机匣振动方向确定,需进行细致的计算分析。

图 7.25　F100 发动机滑油箱
箍带压紧安装结构

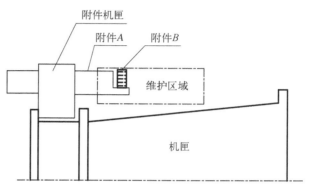

图 7.26　附件 B 安装在附件 A 上

　　从发动机维护性、外部结构布局等角度考虑,小型成附件可安装在其他大型附件上。如图 7.26 所示,附件 B 为满足维护性要求,需布置在维护区域内,附件 A 的布局位置的维护性好,故将附件 B 直接安装在附件 A 上。

7.3　外部管路及支架设计

7.3.1　外部结构数字样机

　　外部结构数字样机是指在计算机上表达的发动机外部结构的数字化模型(图 7.27),包含发动机主机外露部分、外部成附件、外部管路、电缆等结构模型,它与真

图 7.27　外部数字样机

实物理发动机之间在结构上具有 1∶1 的比例和精确尺寸表达,外部数字模型能够真实地表达物理发动机的外部轮廓、接口结构、维护位置、管路连接结构等物理信息。

外部数字样机用于发动机外部结构设计,包括外部成附件布局、支架设计、外部管路/电缆敷设等;用于指导发动机外部结构的生产装配;用于和飞机进行虚拟装配协调;用于验证发动机外廓限制符合性和飞发接口正确性。

在航空发动机研制早期,外部结构设计手段比较原始,发动机需制造金属样机,外部管路采用现场取样的制造方法,通过金属样机配装飞机,验证发动机外廓限制符合性、飞发接口连接正确性和发动机装机危害性等,检查内容包括发动机与飞机的干涉问题,以提前暴露设计问题。发动机外部结构设计由于存在金属样机阶段、管路取样阶段、发动机试装飞机验证阶段,整个研制周期较长。近年来随着科技的进步,进入 21 世纪以来,数字化设计在制造业信息化领域得到突飞猛进的发展,航空发动机外部设计手段也在不断演变。如今三维数字化设计手段已广泛应用在航空发动机外部结构设计过程中,外部结构已经可以实现数字样机设计,外部管路的敷设、外部成附件的装配仿真、外部管路生产数据的应用、飞机与发动机的协调已经完全实现数字化,设计效率和设计准确性极大提高。目前在实践中,航空发动机管路布局设计主要依靠经验丰富的技术人员或专家通过计算机辅助的方式去完成。由于航空发动机管路数量庞大、约束规则繁多及布局空间复杂,这种方法的设计过程十分复杂与耗时,不仅使发动机管路布局设计很难实现最优化,而且使设计周期、设计质量与设计效率难以满足装备制造业发展的需求。

外部数字样机具备以下技术特点。

(1)外部数字样机具有真实性。外部数字样机的根本存在目的是取代金属样机,所以外部数字样机必须具有同金属样机一致的结构,其几何外形、物理结构应与金属样机保证一致,能够真实反映外部结构包括成附件、管路、电缆的装配关系和层级关系。

(2)外部数字样机面向发动机外部结构产品的全寿命周期。外部数字样机是对物理产品全方位的计算设计和仿真,包括外部管路和支架数字模型、结构外观模型、管路或支架结构强度计算、管路动力学仿真、管路流阻计算、发动机维护性仿真、结构运动仿真等。

(3)使用外部数字样机进行外部管路设计,管路走向调整方便、快捷,直到满足设计要求。管路数据可以直接用于数控弯管,实现了外部管路设计的数字化,外部附件、管路/支架设计过程更直观,支架尺寸的设计准确性、一致性好,且支架结构易修改和完善。

7.3.2 外部数字样机设计原则和流程

外部数字样机设计流程如图 7.28 所示。

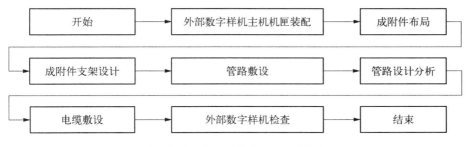

图 7.28 外部数字样机设计流程

7.3.3 外部数字样机搭建

1. 概述

外部数字样机整机的搭建包括主机机匣装配、成附件布局、成附件支架设计、管路/电缆敷设、外部数字样机检查等,具体架构如图 7.29 所示。成附件安装位置确定后,采用自顶向下的设计方法进行成附件支架设计建模和管路、电缆的设计工作。在发动机数字样机环境中细化完善成附件安装位置和支撑结构,完成管路结构、管路支撑结构、管路连接结构外部结构件的三维数字模型设计和电缆敷设,构建外部数字样机完整产品结构树。

2. 机匣装配

基于三维外部数字化设计,首先应构建发动机数字样机环境,样机坐标系一般按照相应标准定义,示例如图 7.30 所示。

原点 O: 主安装平面与发动机轴线的交点。

纵轴 x: 发动机轴线,顺气流方向从前指向后。

横轴 y: 位于发动机水平基准面内,垂直于纵轴 x,指向气流方向的左方。

竖轴 z: 位于发动机竖直平面内,垂直于横轴 y,指向上方。

依据发动机总图对数字样机机匣进行装配,保证机匣装配位置的正确性。机匣装配过程中,容易发生的设计问题主要包括机匣未对正、相连接机匣的安装孔装错、有的机匣间漏装垫片等。

考虑到主机机匣的复杂程度,为减少主机机匣模型的数据量,在不影响机匣外廓尺寸和接口的前提下,适当对模型进行简化处理,主要要求为:主机机匣应为 1:1 的精确实体模型;模型应能表达机匣的详细结构尺寸;机匣与机匣之间的接口应符合总体协调图和总体结构文件;运动机构和万向接头应带有符合运动情况的约束和产品结构;发动机模型应去除不必要的结构,减小模型数据量;涉及飞发

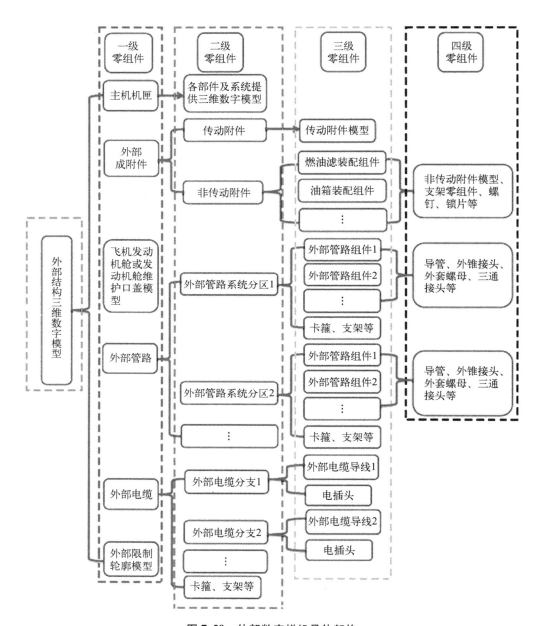

图 7.29　外部数字样机具体架构

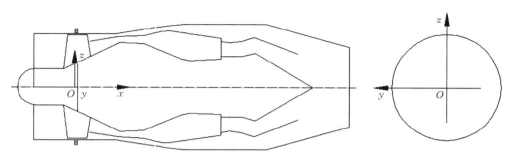

图 7.30　外部数字样机坐标系

接口和维护点的模型在接口处不允许简化,其模型结构应可拆分;发动机各安装点、托点、吊点、工艺用安装点等模型信息要齐全。

　　模型可以进行适当简化处理,应装配(包含)所有外部可视结构,但需要保证以下要求:机匣(包括安装在上面的零组件)的最大轮廓应与图纸尺寸一致,如机匣总长、机匣厚度、机匣上凸起的周向/轴向位置等,机匣模型为机匣的最大外形面;机匣的安装边尺寸要求与图纸尺寸一致,包括安装边厚度、孔位分布、孔径尺寸,以及安装边与机匣转接处的倒圆或倒角;机匣上与管路连接的接口的空间位置及结构尺寸与图纸一致,不允许简化;机匣上为管路和附件提供的安装座、孔探仪安装座和堵头、堵盖等的空间位置(轴向、周向、径向位置以及安装平面的倾斜角度等)及结构尺寸与图纸一致,该类安装座与机匣转接处的倒角或倒圆与图纸尽量一致;机匣上的其余凸起相对机匣的空间位置要求与图纸一致,其与机匣转接处的倒角或倒圆可以简化;运动机构模型应为运动包络模型,包含中间位置模型、最大和最小理论极限位置状态模型。

　　3. 成附件布局及成附件支架设计

　　外部数字样机成附件的安装点按预先建立的基准进行约束装配,如图 7.31 所示。根据最终确定的附件位置,给出各机匣上安装点和支架的设计要求。

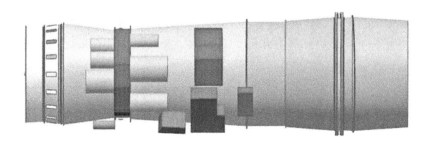

图 7.31　成附件的装配

成附件支架设计主要从支架建模、支架基本结构等方面进行介绍。

1）支架建模

外部数字样机装配环境下,支架的建模采用自顶向下的设计方法,操作步骤如图 7.32 所示。

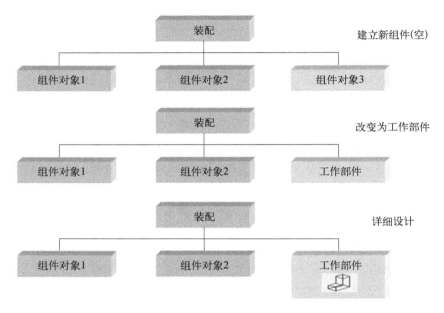

图 7.32　支架建模过程

以 UG 建模软件为例,采用 WAVE 几何链接器实现相关部件间的建模,WAVE 几何链接器的主要功能是将几何体从装配中的其他部件复制到工作部件。几何体包括曲线、面、体、点、草图、基准等,如图 7.33 所示。

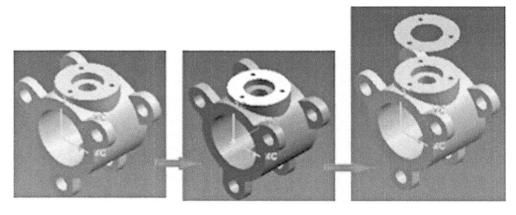

图 7.33　WAVE 几何链接器

通过在数字样机环境中抓取结构特征(图7.34)进行支架的建模设计,设计过程中要考虑支架结构应简单、易于安装、支架零件数量少;同时支架尽量采用快卸安装结构;通过选用减重孔、轻质材料,实现支架结构的减重设计;增设加强筋、弯边加强结构,满足支架的强度要求。

链接出的面1 链接出的面2

图 7.34 支架建模过程

2)支架基本结构

附件支架的基本结构主要包括铸件支架、模锻件支架、钣金支架、焊接支架等,根据方案设计结果中支架的使用环境和安装空间进行选择。

支架结构设计的基本原则如下:① 对于空间小位置的附件安装,尽量采用铸件、模锻件支架;② 对于空间充裕位置的附件安装,尽量采用钣金、焊接、铆接支架;③ 对于重量较大的附件安装,采用模锻件支架;④ 对于结构复杂的附件安装,尽量采用焊接支架和铸件支架;⑤ 对于新研机型,在满足附件安装要求的前提下,可尝试新材料支架。

铸件支架、模锻件支架适用于批量生成的零件,其特点是采用模具加工,零件的切削加工量少,生产成本低。对于设计空间宽裕的位置,采用钣金、焊接支架或者铆接支架,其特点是支架结构简单,加工工序少,生产成本低,适用于大批量生产。

在支架设计过程中,对成附件有减振要求的支撑结构,应进行成附件支架减振结构设计,主要采用带减振垫的支架结构,减振垫结构包括金属毡、橡胶、塑料等减振材料。在发动机工作环境下,由于成附件工作环境温度的变化,在支架设计过程中,应考虑附件支架的热补偿能力,对支架热变形量进行计算,计算支架强度在使用环境下是否满足材料要求。成附件支架设计还应充分考虑外部结构重量控制,可以通过模型简化或进行软件分析优化支架结构,通过设置减重孔等方法进行支架减重设计。

3)支架强度分析

依据数字模型开展支架的强度计算分析,分析过程中应考虑飞机过载条件、安装应力、支架热变形等问题。

4. 管路设计

1）管路接头

管路接头结构形式主要包括扩口型、球面型、柱面型、锥面型、法兰型、插入型、快卸卡箍型等,应依据各系统要求进行接头选择和设计,管路接头的结构形式及应用范围一般如下:① 扩口型,适用于低压小管径测量管路系统;② 球面型,适用于高温高压管路系统;③ 柱面型,适用于温度低于 150℃,工作压力小于 32 MPa,并用胶圈端面密封的管路系统;④ 锥面型,适用于高温高压管路系统,其功能和性能与球面型相当;⑤ 法兰型,适用于大直径管路系统,安装螺栓的数量和分布要合理;⑥ 插入型,适用于温度低于 150℃,并用胶圈径向密封且需要轴向补偿的大直径管路系统;⑦ 快卸卡箍型,适用于直径大于 40 mm,且连接结构有特殊要求的导管,此外,在管路连接设计中,应尽量选择标准结构的管路接头,若需重新设计,应根据具体要求并按相关标准进行设计。

2）管路的折弯

通用的导管弯曲半径的计算公式为

$$R = 0.5ID \tag{7.1}$$

式中,I 为大于 4 的整数;D 为导管外径。

最小弯曲半径一般取两倍导管外径。

现代发动机外部管路设计已经实现了数字化,管路采用数控加工设备完成弯曲工序。在设计一个型号发动机的管路时,同一规格导管弯曲半径相同的优势在于数控弯曲设备安装某一管径的配套装置后,可完成整台发动机这一规格导管的弯曲,提高了管路生产效率,降低了生产成本。相邻弯曲间最小直线段长度要求主要适应数控弯曲设备要求,数控弯曲设备上有一个将导管夹紧的夹块,不同管径时夹块长度不同,夹块的长度一般为可将管路夹紧的最小长度,随着导管外径的增加而加长。

3）管路的敷设

在数字样机环境下开展管路敷设,采用自顶向下的设计方法,如图 7.35 所示。

管路敷设要满足发动机维护要求、装配性要求、测试性要求等,基本敷设一般要求如下:

（1）满足燃油、滑油、引气、漏油等系统要求;

（2）不超出发动机外廓尺寸的控制范围;

（3）管线结构应简单、可靠;

（4）控制器引气管路的形状应防止蒸汽凝固存水,也可设置水槽或除水阀;

（5）发动机各引气管路应合理,引气总管向各支管的分气量应符合要求;

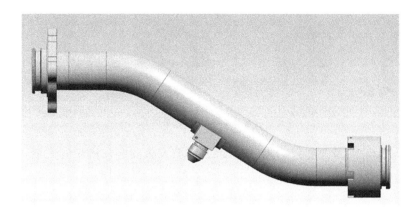

图 7.35 管路模型

（6）燃油、滑油、液压油管路应布置在电缆下方，防止装卸管路时油液滴落在电缆上，影响电缆可靠性；

（7）根据系统要求必要时在管路上增加节流嘴、单向活门、放气阀等；

（8）避免管路损坏时溢出的燃滑油吸入发动机或流入发动机热端部件上；

（9）发动机各附件漏油点与发动机主流道的漏油点要设置收集器，并将漏油排出机外；

（10）两根管路通过卡箍固定时，大管径管路的支承刚度要大于小管径管路的支承刚度；

（11）高温区应避免安排管路接头，当必须布置时，应采取必要的保护、检测措施，提高管路的密封可靠性。

以上只是管路敷设过程中基本的指导原则，设计过程中具体问题还要具体分析。

4）软管设计

针对有装配补偿、位移补偿、减振补偿需求的管路，必要时应采用软管结构，软管结构设计时一般考虑：软管管形应平顺，避免极度弯曲；软管设计应保证无扭转；软管中心线尽量保持在同一平面内；刚性管路与软管或软管与软管之间要保证一定间隙；非金属软管通过高温区时，应有防护措施；软管的位移补偿能力应满足相关设计要求，长度应尽量短；软管结构应满足可靠性和寿命指标等相关设计要求。

5）管路的固定

管路通过卡箍安装，一般采用支架固定在发动机机匣上。管路卡箍一般选用标准件，图 7.36 中为几种常用的卡箍形式。要根据管路和支架的具体情况以及环境温度等进行选择，无论选用何种材料，卡箍都要有衬垫，它不但有减振功能，还能防止卡伤导管。

图 7.36　几种管路卡箍形式

管路支架是按因地制宜的原则设计的,它们大多固定在机匣的安装边上,或专门设计在机匣支座上,如图 7.37 所示。刚性支承固定选用的原则是防止管路在发动机工作转速范围内发生共振,一般要保证导管的自振频率大于发动机转速频率 25%。弹性支承固定选用的原则是,虽然管路存在一定振动应力,但管路的振动应力小于振动许用应力。活动支承固定选用的原则是,为了解决管路热变形问题,辅

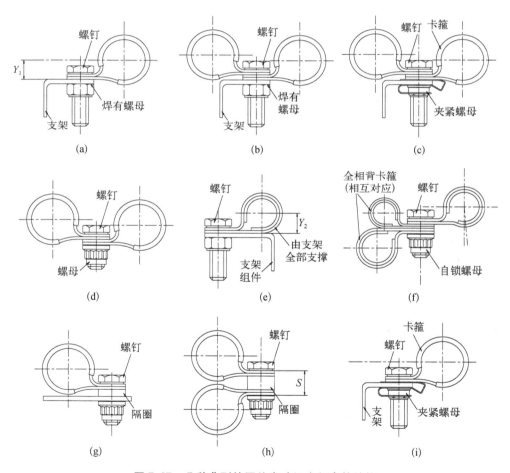

图 7.37　几种典型的国外发动机支架卡箍结构

助支承固定是最经济的,它只用悬挂式卡箍固定在一起,在于提高管路集束的刚性。将两根或多根管路固定在一起时,一定要防止细管支承粗管的情况。

6）其他设计

管路设计中除考虑以上因素外,管路设计还应考虑管路的爆破压力、管路的结构强度、管路的可靠性设计、管路的工艺性/维修性设计、管路的流阻计算等。

5. 电缆敷设

在管路设计过程中,应考虑进行电缆的基本走向和安装设计,主要包括:① 确定和安装数字样机上电缆插头模型,电缆插头包括直头和弯头;② 为适应发动机外部结构,对电缆插头的外形和方向进行协调与改进;③ 确定电缆主体的敷设路径;④ 电缆设计过程中,对外部管路结构的影响进行分析及对管路进行修正。

6. 外部数字样机检查

在完成外部数字样机附件安装位置调整及支架设计、管路敷设、电缆敷设后,根据设计输入要求和数字样机设计结果,对数字样机中外部成附件安装结构、管路、电缆模型等的结构完整性、设计符合性、生产可行性、维护性、测试性、结构间隙、系统连接等进行检查和校验,保证外部数字样机的准确性。

第8章
结构材料与制造工艺

8.1 概 述

航空发动机结构设计所用材料处于材料工程最富有挑战性的前沿,对航空发动机气动性能和结构可靠性具有重要影响。航空发动机是典型的高转速旋转热机,具有使用条件复杂多变、可靠性要求高等特点,对材料性能和制造工艺的要求较高,因此,先进航空发动机对材料性能、加工装配工艺等技术的要求具有特殊性和挑战性。

航空发动机更新换代是与材料和工艺的发展交互促进的,材料和工艺的发展促进了发动机更新换代,发动机更新换代的需求也是材料和工艺发展的指南。

早期航空发动机的主要结构件均采用传统机械设计的通用材料和加工工艺,如铝合金和各种合金钢;在高推重比发动机的研制过程中,质量轻、比强度高的钛合金在发动机中应用得更加广泛,同时复合材料开始在发动机中应用;涡轮前温度升高促使发动机大量使用高温合金,其占比可以达到发动机总重的60%甚至更多;同时多种先进的涂层材料也在发动机上广泛应用。在工艺方面,借助计算机技术和信息技术的快速发展,在发动机生产制造过程中,大量采用自动化设备,提高了效率和稳定性,同时降低了人为因素对产品质量的影响。

随着先进航空发动机负荷的进一步加大及结构可靠性要求的进一步提高,将会发展和采用更多的先进材料和加工工艺。钛合金、树脂基复合材料、单晶高温合金、陶瓷基复合材料、隐身材料、新型涂层将更多地应用到发动机部件上。同时在工艺选用方面,宽弦空心叶片制造技术、整体叶盘成形技术、整体转子焊接技术、双性能盘技术等也将得到应用。发动机材料和工艺的选用一般遵循以下基本原则。

(1)使用环境适用性:材料在不同温度下的力学、物理、化学性能和环境适应性等综合性能应满足零件的结构、强度、功能、可靠性和耐久性设计要求。

(2)材料和工艺匹配性:在性能满足零件设计要求的条件下,材料加工工艺性应满足零件成形和加工制造技术要求,根据材料特性选择相应的工艺,重视工业化批量供应能力和工艺质量稳定性。

（3）成熟性和继承性：优先选用具有使用经验、经过鉴定、同类发动机已经应用、性能数据较多、性能及工艺稳定、制造成熟度高并已纳入国家或型号标准的材料和工艺。

（4）兼顾效率和成本：在满足零件设计要求和不降低可靠性与耐久性的前提下，优先选用成本低、有利于批产的材料与工艺。

（5）对新材料需要系统试验验证：在先进发动机研制中，有些关键件需要选用专门研制的新材料、新工艺，需要采用材料试验、零部件试验、发动机挂件试验和相应的可靠性试验等进行分阶段和分层次的试验验证。

（6）综合考虑材料性能、密度和工艺性：在其他性能相近的情况下，优先选用比强度、比刚度好的材料和先进工艺，以便于减轻发动机重量，在提高单位推力的同时提高发动机的推重比。

（7）环保、安全优先：在满足以上原则的基础上，还应该注重对人员和环境的保护，应优先选用对环境污染小、对操作者人身危害程度最低的、安全的工艺方案。

8.2　风扇、压气机材料与工艺

航空发动机风扇部件、压气机前端部件的工作温度一般不高于 450℃，可以选用密度低、比强度高、耐腐蚀性好的钛合金，同时机匣、传动装置、静子叶片和紧固件可选用钢、铝、镁合金以及铁基高温合金等材料。高压压气机后端部件的温度、负荷加大，一般选用 650℃ 以下性能优异的 GH4169 合金。同时，耐磨涂层、封严涂层等先进涂层材料也在现代高负荷发动机风扇和压气机中广泛应用。

随着风扇和压气机单级压缩效率提高，整体压力增大，出口温度升高，将采用耐温性更好的新一代钛合金、钛基复合材料、密度小和耐高温的金属间化合物等新材料。采用整体焊接钛合金风扇转子、金属基复合材料风扇整体叶环、高空心率钛合金转子叶片、金属基复合材料风扇静子叶片等更多减重措施。同时为了满足发动机的"包容"结构设计以及前向雷达隐身要求，还要采用全复合材料风扇进气机匣以及在风扇叶片上涂敷防冰、隐身一体化功能涂层。

8.2.1　叶片

1. 材料

航空发动机风扇、压气机叶片大量应用钛合金材料，Ti－Al 系金属间化合物和复合材料等在航空发动机上也逐渐得到应用。

钛合金主要用于制造发动机的风扇和压气机盘、叶片和隔离装置，以及发动机进气机匣等零件。高推重比航空发动机的发展与高温钛合金的大量应用密切相关。根据发动机零件长期工作的最高温度,可将发动机用钛合金分为 350℃、400℃、450℃、500℃、550℃、600℃和 650℃使用的高温钛合金。此外,为了防止"钛火",还研制了阻燃钛合金。世界各国和地区研制的高温钛合金如表 8.1 所示。

表 8.1　世界各国(地区)研制的高温钛合金

工作的最高温度/℃	350	400	450	500	550	600	650	阻燃钛合金
中国	TC1 TC2 TC4	TC6 TC17	TA11	TC11 TA7 TA15	TA12	Ti60	TD3 (Ti₃Al)	Ti40
俄罗斯	BT6 BT22	BT3-1	BT8M	BT9 BT20	BT25	BT18y BT36	-	BTT-1 BTT-3
欧美	Ti64	Ti6246 IMI550 Ti17	IMI679 Ti811	IMI685 Ti6242	Ti6242S IMI829	IMI834 Ti1100	Ti25Al10Nb 3V1Mo	AlloyC

350℃使用最多的高温钛合金是 TC4(ZTC4)。TC4 的组成为 Ti6Al4V,属于 α+β 型钛合金,具有良好的综合性能,成本低,生产和使用稳定,性能数据齐全,主要用于制造发动机的 400℃以下工作的叶片、压气机盘、鼓筒等。

400℃使用的高温钛合金主要有 TC17、TC6。TC6 是一种综合性能良好的马氏体型两相钛合金,变形抗力小,塑性高,可进行各种机械加工和焊接。此合金可在 400℃长时间工作 6 000 h 以上或者在 450℃工作 2 000 h 以上,主要用于制造发动机的风扇叶片、压气机叶片等。

450℃使用的高温钛合金主要是 TA11,TA11 是一种近 α 型钛合金,组成为 Ti8Al1Mo1V,具有较高的弹性模量和较低的密度,比刚度是工业钛合金中最高的,主要用于制造发动机的高压压气机转子叶片。

500℃使用的高温钛合金主要有 TC11、TA15(ZTA15)和 TA7(ZTA7)。TC11 是一种 α+β 型热强钛合金,综合力学性能好,可进行焊接和各种方式的机械加工,主要用于制造发动机在 500℃及以下使用的压气机叶片、盘、鼓筒等零件。

Ti-Al 系金属间化合物(TiAl、Ti₃Al)在航空发动机上也逐渐被应用。TiAl 合金比其他常用结构材料的比刚度高约 50%,有利于低间隙要求的部件,可延长叶片等零件的寿命;另外,由于 TiAl 具有较高的比强度,可以实现发动机减重或降低相关支承件的载荷。TiAl 合金最佳的使用部位是高压压气机叶片和低压涡轮叶片。Ti₃Al 是 650~700℃下长期使用的轻质材料,通过添加合金元素提升其塑性和韧性,已经被制成多种零件进行试验验证。

在金属基复合材料的众多增强体中,SiC 纤维研究得最广泛。SiC 纤维增强金属基复合材料已由最初的 SiC 纤维增强钛基复合材料扩展到 SiC 纤维增强铝基复合材料和 SiC 纤维增强镍基高温合金复合材料。目前采用 SiC 纤维增强钛基复合材料研制的构件类型广泛,包括发动机压气机叶环、涡轮轴和连杆等部件,同时 SiC 纤维增强镍基复合材料可应用于涡轮盘,SiC 纤维增强铝基复合材料可应用于风扇叶片等。

碳纤维具有低密度、高强度、高模量、耐高温、抗化学腐蚀、低电阻、高热导、低热膨胀等优异特性,广泛应用在航空结构件上。通用公司的 GE90 和 GEnx 发动机的风扇叶片均采用碳纤维增强环氧树脂复合材料,经过长期使用后,通用公司认为复合材料风扇叶片在使用中可以免维护,而且在抗颤振等方面优于金属叶片,更利于实现高涵道比,进而达到降低油耗和提高效率的目的。

耐磨、耐腐蚀、耐冲刷涂层的功能是抵御空气中的尘埃、水滴和沙粒等在高速气流作用下对风扇、压气机叶片的冲蚀及海洋环境对部件的腐蚀,其性能要求为硬度高、抗腐蚀、涂层结合力高,一般采用多弧离子镀、磁控溅射、等离子喷涂等方法制备,在发动机上一般应用于风扇叶片、压气机叶片、轴、轴承、燃油泵柱塞等部件。同时钛合金压气机叶片和机匣之间相互摩擦,也容易产生“钛火”,因此,这些部件上需要涂覆一层保护涂层,以防止发生冲刷腐蚀、热腐蚀以及“钛火”等故障,提高冷端部件的使用寿命。

2. 工艺

发动机风扇、压气机叶片的毛坯多为模锻件或精锻件。在叶片机械加工方面,采用数控加工(数控铣削、数控磨削、数控抛光)。叶片表面采用喷丸和振动光饰,榫头采用数控铣削或拉削。

为了提高叶片的抗疲劳与抗应力腐蚀等使用性能,常采用喷丸强化工艺,通过高速运动的弹丸流使零件表层发生弹塑性变形,产生残余压应力,达到强化的目的。由于其技术成熟、成本低,喷丸技术被广泛应用于叶片、轮盘的制造中。

按喷丸介质喷丸强化可分为干喷丸和湿喷丸。干喷丸可分为铸钢丸喷丸强化、玻璃丸喷丸强化、陶瓷丸喷丸强化和切割钢丝丸喷丸强化,由于航空发动机零件的粗糙度要求较高,前三种弹丸在航空发动机中的应用较多。其中铸钢丸主要用于高强度的喷丸强化,应用于钛合金零件时需要注意铁污染问题;玻璃丸和陶瓷丸的表面质量更高,近年来在航空发动机中的应用逐渐增加,但这两种弹丸在喷丸过程中容易破碎,应用时需要加强对介质形状和破碎率的检查。湿喷丸可分为玻璃丸湿喷丸强化和陶瓷丸湿喷丸强化,目前主要用于空心风扇叶片的表面强化。

激光冲击强化是一种新型表面强化技术,利用高功率密度、短脉冲激光辐照材料表面,材料表面吸收层(涂覆层)吸收激光能量发生爆炸性气化蒸发,产生高压等离子体,该等离子体受到约束层的约束在爆炸时产生高压冲击波,作用于金属表面并向内部传播与传统喷丸强化相比,激光冲击强化能够使残余压应力更高、应力层更深、表面质量更好,因此能够提高零件的疲劳性能,能使材料表层产生应变硬化,对提高处于发动机进气端的风扇和压气机叶片的抗外物损伤能力十分有利。

8.2.2 轮盘

1. 材料

目前先进航空发动机风扇和压气机转子多采用整体叶盘结构,风扇整体叶盘主要采用钛合金材料,压气机整体叶盘主要采用钛合金和高温合金材料。

TC17 钛合金的成分为 Ti5Al2Sn2Zr4Mo4Cr,属于可固溶强化的近 β 型两相钛合金,蠕变抗力比 TC4 更好,主要用于制造发动机的风扇盘、压气机盘等要求承载力较高的零件。

压气机盘、篦齿盘等轮盘类零件大量应用以 GH4169 为代表的变形高温合金。变形高温合金是指将合金元素熔炼浇铸成铸锭,通过热加工或冷加工变形制成各种型材或零件毛坯,最后制成热端零件的一类高温合金。变形高温合金是最早开始研制的高温合金,1939 年英国首先研制成功 Nimonic75,1944 年 Nimonic80A 正式使用。我国于 20 世纪 50 年代开始研制高温合金,目前生产的变形高温合金牌号超过 70 个,其中固溶强化高温合金有 20 多个,沉淀强化高温合金有 50 多个。变形高温合金的特点是合金化程度较低,γ' 相的数量相对较少,成分均匀,组织稳定,晶粒细小,疲劳强度高,热加工塑性较好,变形抗力较低。与铸造高温合金相比,低的合金化程度使得变形高温合金的熔点较高,再结晶温度较低。变形高温合金的产品往往多种多样,一种合金可以制成棒材、板材、管材、丝材等。某发动机选用了 GH4169、GH738、GH536 等 20 余种牌号的变形高温合金。其中以 GH4169 合金的应用最为普遍,用量约占整个变形高温合金用量的 60%。GH4169 是 Ni‐Cr‐Fe 基沉淀硬化型变形高温合金,长时使用温度为 $-253 \sim 650℃$,短时使用温度可达 800℃。合金在 650℃ 以下强度较高,具有良好的抗疲劳、抗辐射、抗氧化和耐腐蚀性能,以及良好的加工性能、焊接性能和长期组织稳定性。GH4169 合金可以进行锻、轧、挤压、拉拔等变形,可以制成盘、环、棒、板、带和管等各种锻件和型材,适于制作航空航天等领域中的盘件、环件、叶片、板材结构件等。

2. 工艺

发动机的风扇和压气机盘多为模锻毛坯。各型面主要采用数控车削加工。盘的精密定位孔用数控坐标镗床或数控钻镗床加工。盘的轴向直榫槽采用高速拉削加工,轴向弧形榫槽采用数控铣削加工,周向燕尾榫槽采用数控车削加工。盘类零件的连接除采用常规的螺栓连接外,还可采用焊接结构,盘鼓连接常用的焊接工艺有电子束焊接和摩擦焊。此外,为实现整体叶盘结构,还发展了整体叶盘成形技术、整体转子焊接技术等。

整体叶盘是航空发动机实现结构创新和技术跨越的重要零件,它具有减重增效并提高可靠性等显著优点。整体叶盘成形技术主要包括锻造式和焊接式两种。

锻造式是通过锻造成形获得可以包含叶片和盘的大尺寸毛坯,再通过加工的方法制造,如精密数控加工、电化学加工等。其中精密数控加工技术能够实现复杂叶型的高精度成形,但它对加工设备、加工程序等技术要求较高,在小批量生产时可以体现出该技术的优势,但在批量较大时加工效率低和加工成本高成为该技术的主要问题。电化学加工技术的发展可以解决大批量时出现的加工效率低和加工成本高的问题。

焊接式是分别加工叶片和盘,再通过焊接的方式实现叶片和盘的连接。可以实现空心叶片结构整体叶盘和异种材料整体叶盘,相比于锻造式整体叶盘,焊接式整体叶盘有助于解决大批量时出现的加工效率低和加工成本高的问题。

为提高风扇、压气机盘的抗外物损伤能力和疲劳强度,有必要采取激光冲击强化、喷丸强化等措施。对于轮盘榫槽等可达性差的结构,还可采用超声喷丸工艺进行强化。超声喷丸工艺是以高频(一般在 20 kHz 以上)、功率高达数千瓦的超声波为能量源,利用换能器将其转换为同频的机械振动纵波,经变幅杆放大,驱使弹丸或撞针将高能量密度的机械能冲击波作用于零件表面,促使表层材料发生剧烈塑性变形,使其微观组织得到极大细化(可至纳米级),同时在材料内部产生高幅的残余压应力分布,从而实现工件表面强化或弯曲变形的一种先进喷丸工艺。与传统喷丸相比,这种强化方法一方面能够处理形状复杂或被喷表面可达性差的零件,另一方面加工效率高、被喷表面强化一致性好、表面质量高。此外,还可采用自动化边缘倒圆、倒角、去毛刺工艺、自动化光整工艺,进一步提高整体叶盘的表面完整性和工艺稳定性。

整体叶环结构(图 8.1)的压气机叶片直接固定在承力内环上,由于承力内环采用 SiC 纤维增强后强度大幅度提高,可以取消承载负荷的轮盘,使转子重量不但

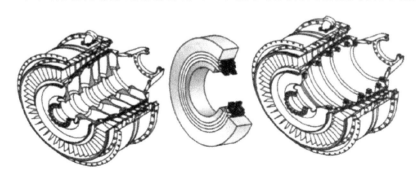

图 8.1 整体叶环

相对于传统盘榫结构大大减轻,相对于整体叶盘也明显减轻。

针对风扇轮盘辐板螺栓孔等应力集中部位,可采用孔挤压强化技术。孔挤压强化是一类接触型表面强化技术,利用一定过盈量的芯棒强行通过孔结构,产生可控的周向塑性形变,在孔结构表面引入残余压应力和组织强化效果。孔挤压强化工艺在产生很小的塑性变形量的情况下,可实现孔边可控的深层、高残余压应力,而且能够在热和机械载荷下更加稳定地保持,因而更适用于提高孔结构的疲劳性能。

8.2.3　机匣

1. 材料

先进航空发动机风扇、压气机机匣主要应用钛合金和树脂基复合材料。

阻燃钛合金可用于制备高压压气机机匣、静子叶片、喷口调节片等零件。钛合金在航空发动机中应用可以减轻发动机结构质量、提升发动机性能,但由于钛合金一旦发生高能摩擦,会增加发生"钛火"的可能性,带来严重的危害,因此出现了阻燃钛合金,主要有 Ti-V-Cr 系和 Ti-Cu-Al 系两种合金系。

树脂基复合材料在发动机机匣上大量应用,树脂基复合材料具有质量轻、费用低、阻燃能力优良等特点,采用相应的成形工艺可以实现形状复杂的结构件成形,不仅使所有外部气流通道的表面粗糙度、最终尺寸精度可与经机械加工的钛合金构件相媲美,而且能实现整体成形并减少零件总数,因而可以大幅度减轻结构质量和降低成本。如波音 787 客机的 GEnx-1B 发动机,其风扇机匣采用了纤维增强树脂基复合材料,这是将复合材料首次用于民用航空发动机的风扇机匣上,减重效果明显,且复合材料风扇机匣抗外物打伤能力优于铝机匣。

此外,在发动机风扇、压气机机匣上有各类封严结构和封严涂层的应用。封严涂层的功能是减小气体泄漏、降低油耗,提高压气机和涡轮效率,要求具有抗热震性能、抗氧化性能、足够的结合强度、优良的可磨耗性能及抗气流冲刷性能,一般采用等离子喷涂、冷喷涂等方法制备,在发动机上一般应用于压气机机匣、涡轮外环等部件。

2. 工艺

机匣作为航空发动机的关键部件,由于形状结构复杂,材料加工难度大,主要加工方法有多坐标联动的数控加工、电火花放电铣削、电解加工、磨粒流加工等,后3 种方法普遍难以掌握,设备相对昂贵,污染严重,因此多坐标联动的数控加工方法目前仍占主导地位。风扇、压气机机匣多采用模锻件。对于环形机匣,半回转体的外表面通常采用铣削加工,回转体的内表面采用车削加工。

精密铸造是对开机匣主要的精密成形技术之一,通过精确的铸造型腔设计以及合理稳定的铸造工艺实施,所得到的精密铸造对开机匣的精度和质量能够达到标准要求。但难变形高温合金、钛合金精密铸造时所固有的冶金缺陷是工艺控制难点,对于一些使用条件要求高的对开机匣,仍然采用塑性成形进行工艺保障。精密环轧工艺是制备机匣的主要塑性成形工艺。20 世纪 80 年代以来,欧美等地的发达国家均采用精密环件轧制技术生产高质量的航空发动机压气机机匣、涡轮机匣、燃烧室机匣等精密环件。由于大尺寸复杂结构对开机匣的铸造难度大,多采用环轧和半环模锻两种方法。

8.3 燃烧室、喷管材料与工艺

8.3.1 燃烧室

1. 材料

燃烧室是发动机中温度较高的部件,其材料要求抗氧化、抗腐蚀、抗冷热疲劳性能好,强度高。在第三代发动机中,机匣一般选用 GH4169、GH141 材料,燃烧室及喷管多为焊接式壳体机匣结构。焊接式壳体机匣可根据不同部位的使用要求采用不同的材料,这样既可以满足性能要求,又能节约贵重金属,降低成本。先进发动机燃烧室材料以钴基和镍基高温合金为主,其中火焰筒材料主要为镍基高温合金并涂覆陶瓷热障涂层,且相应采用先进的冷却结构。如 F119 发动机和 F135 发动机采用了浮动壁结构,而 F136 发动机采用了 Lamilloy 结构,浮动壁式火焰筒结构是用多环段连接而成的,浮动片是精密铸造而成的,冷却隔热环局部喷涂热障涂层,以降低部件表面温度。浮动壁结构的制造工艺涉及精密铸造技术及涂层的喷涂和修复技术等。

2. 工艺

燃烧室一般由带扩压器的燃烧室外套、机匣内套、火焰筒、带喷嘴的燃油总管及电嘴组成。燃烧室将高压压气机出口气体与燃油混合燃烧,产生热能推动涡轮做功。

1)燃烧室机匣

燃烧室机匣由带扩压器的燃烧室外套和机匣内套组成。

带扩压器的燃烧室外套由外机匣前段、外套中段、中安装边、后套壁、后安装边、锥壁、前置扩压器以及安装边组成,经电子束焊接连成一体。前置扩压器为整体精铸件,高压压气机末级整流叶片铸于其中。整个工艺流程中有机械加工、焊接、热处理、喷丸以及组合加工。机械加工主要是型面、孔的加工。安装边上的精密定位孔、机匣壁上的精密孔的位置精度要求高,需要采用坐标镗孔加工工艺。机匣上的非精密孔和安装边上的花边可以选用数控钻、铰孔和数控铣削加工工艺。焊接接头采用锁底结构,便于零件装配,防止焊缝塌陷。在焊缝背面安装防护板防止电子束流二次穿透打伤零件。

对带扩压器的燃烧室外套部分表面进行喷丸,喷丸后全部零件均应进行检查,表面无明显裂痕、折叠、残留弹丸,表面凹痕均匀一致,边缘应是光滑的。喷丸表面无测量深度的浅形缺陷,如擦痕、划痕,是可以接受的。在喷丸表面,喷丸前遗留的抛光痕迹是可以接受的。外形上的所有凸台端面及各安装边为非喷丸区,喷丸后的加工过程中要注意喷丸区表面严禁有划碰伤,喷丸区表面严禁用砂布、锉刀等工具进行修理。

机匣内套除用于固定火焰筒和构成燃烧室流道外,还设置了涡轮部件冷却空气流路。机匣内套的主要特种工艺为电火花加工叶型槽,叶型槽试片金相检查合格后方可加工正式零件,在加工中注意观察电极损耗情况。

2)火焰筒

火焰筒的结构主要由内导流罩、外导流罩、主涡流器、文氏管、径向涡流器、外壁、内壁等零件组成。

内外导流罩由板料冲压件与机械加工件焊接而成,它们严格地控制了进入火焰筒内的空气流量,并可向火焰筒提供均匀和预定的流场。火焰筒头部含有主涡流器,主涡流器主要采用铸造和机械加工制造。文氏管位于主涡流器的下游,同径向涡流器钎焊在一起,它可以有效地防止高温燃气到达燃油喷嘴端面而产生积碳。火焰筒的内外壁分段,采用整体环形锻件机加而成,分段的火焰筒外壁组合件采用高温钎焊、真空电子束焊和氩弧焊连成一体。分段的火焰筒内壁组合件采用真空电子束焊连成一体。在火焰筒内外壁上沿角向分别分布有主燃孔和掺混孔,通过机械钻孔而成。在火焰筒表面喷涂热障涂层。

8.3.2　喷管

1. 材料

先进发动机喷管部件主要选用高温合金,部分构件选用了陶瓷基复合材料以提高承温水平。

陶瓷基复合材料(ceramic matrix composites,CMC)是以陶瓷为基体与各种增强纤维复合的一类复合材料。陶瓷基体可为氮化硅、碳化硅、氧化铝等高温结构陶瓷,增强纤维主要有碳纤维、碳化硅纤维、氮化硅纤维等。由于其具备良好的耐高温、低密度、对裂纹不敏感等优异性能,满足热端部件在高温条件下的使用要求,可以应用于高压压气机叶片和机匣、高压和低压涡轮盘及叶片、燃烧室、加力燃烧室、火焰稳定器和排气喷管等热端部件。CMC 的密度仅为高温合金的 1/3。由于 CMC 的承温水平较高,可以降低 15%~25% 的冷却空气流量,进而使工作温度提升 200~300℃,因而是发动机高温区的理想材料。

目前,航空发动机上主要应用了两大类陶瓷基复合材料:一类是连续纤维增强 SiC 基复合材料;另一类是连续氧化铝基纤维增强氧化铝基复合材料。CMC 已在航空发动机的中温中载件上成功应用,例如,F414 发动机喷管调节片与密封片

上应用了 C_f/SiC 复合材料,通用公司公布在全球研制的庞巴迪"环球 7000"和"环球 8000"公务机的 Passport 发动机的排气混合器、锥形中心体和核心机整流罩上采用了 Al_2O_3/Al_2O_3 复合材料。而 CMC 在高温中载件上也得到了大量应用验证,如在高压涡轮外环、导向叶片、燃烧室火焰筒等部位均已得到验证,CMC 的应用不仅能减重、减少引气量,还能提高燃烧效率和耐久性。随着 CMC 制备工艺的不断成熟、性能的不断提高,其在高温高载件上的应用潜力也十分巨大。通用公司已在 F414 发动机平台上尝试应用 CMC 低压涡轮叶片,开辟了 CMC 应用的新时代。

国内早期因为连续碳化硅纤维(SiC_f)的产能有限,主要以开展连续碳纤维增强碳化硅基(C_f/SiC)复合材料为主,但由于碳纤维在 600℃ 以上的氧化速度较快,不适合长期使用,因此在连续碳化硅纤维(SiC_f)产能有所提高后,主要开展 SiC_f/SiC 的研究工作。

2. 工艺

喷管一般有固定喷管和可调喷管。

常用的固定喷管采用了"内锥体+内涵外壁"形式,主要由内锥体和内涵外壁两大部分组成。内锥体采用分段钣金成形,每段采用的工艺均为板材滚圆、焊接、胀形,因此每段锥体沿轴向会有一条氩弧焊焊缝,每段通过氩弧焊周向对接焊形成内锥体。内涵外壁与内锥体的工艺相同,也是板材滚圆、焊接和胀形。在内锥体和内涵外壁上可以通过铆接或者电阻缝焊加强筋。

常见的可调喷管有收扩喷管,主要零件有作动筒、弹性片、外调节片、调节片/密封片等。作动筒通过机械加工而成,液压管路通过弯管和管与管的接头焊接而成。弹性片、外调节片采用板材冲压成形。调节片/密封片为带加强筋的薄壁铸造零件。

8.4　涡轮部件材料与工艺

8.4.1　叶片

1. 材料

发动机涡轮叶片主要采用无余量精密铸造,铸造叶片的发展方向主要为定向单晶和定向柱晶,如 DZ125 合金、DZ40M 等,要求更高的可采用单晶高温合金。叶片型面通常采用无余量铸造成形,榫头、叶冠等采用数控磨削加工。提高涡轮进口温度也可提高发动机性能,推重比 10 一级的发动机涡轮进口温度已达到 1 850~1 950 K。为实现高涡轮前温度,在采用先进的冷却结构设计的同时采用了承温水平更高的新材料,如先进的单晶材料、具有更低导热率的热障涂层、陶瓷材料等。国外先进发动机的涡轮转子叶片主要采用第二代单晶镍基高温合金并沉积热障涂层,涡轮导向叶片采用第二代单晶高温合金或陶瓷,如 F135 发动机涡轮导向叶片选用陶瓷材料,F136 发动机涡轮选用 Lamilloy 结构的单晶镍基合金,F119 发动机涡轮叶片采用第二代单晶高温合金。

更高的涡轮前温度、更大的涡轮转子负荷,对涡轮叶片材料提出了更严峻的挑战。要求叶片材料初熔温度高、组织长期稳定,并具有优异的持久性能、高温塑性、抗高温氧化性能、耐腐蚀性能及热疲劳性能,且合金应具有良好的铸造和焊接工艺性能,如第三代单晶高温合金、第四代单晶高温合金、Ni_3Al 金属间化合物及陶瓷基复合材料。同时,在涡轮叶片表面还要通过制备热障涂层提高其抗高温能力和延长其疲劳寿命。

2. 工艺

早期涡轮叶片用镍基变形高温合金采用锻压技术制造。其主导制造工艺为下料—剥皮—顶锻—车锥体—预锻—终锻—切边—热处理—铣榫头—磨榫齿—叶身电解加工—抛光。随着发动机涡轮前温度的提高,锻造变形高温合金已逐渐被铸造高温合金所取代。其主导制造工艺为毛料—打磨冒口—磨榫齿—集成加工—磨缘板—去毛刺—榫头尖边倒圆—超声波清洗—荧光检查—电加工气膜孔。

目前国内外涡轮叶片的精密铸造技术有很大的发展,从有余量的精密铸造到无余量的精密铸造,从实心到空心,从等轴晶到定向凝固柱状晶、单晶,为充分发挥冷却空气对叶片冷却降温的潜能,层板冷却涡轮叶片除采用高效的内部强化冷却结构外,在叶片外表面也设置了精密的气膜孔,为提高气膜覆盖冷却的有效性并降低对主流气流的掺混损失,采用组合结构、复合角度的气膜孔。由于层板冷却涡轮叶片壁面为中空结构,加工气膜孔时极易打伤甚至打穿叶片的内层壁,影响叶片冷却和强度,因此,开发超快激光等先进精密制孔技术,是层板冷却涡轮叶片实现冷却结构优化的关键之一。

8.4.2 轮盘

1. 材料

第三代发动机涡轮盘主要选用变形高温合金 GH4169,使用温度和性能需求更高的涡轮盘也可选用粉末高温合金,毛坯采用模锻或热等静压+模锻。粉末高温合金轮盘的成形工艺包括热等静压、热挤压、等温锻造、喷射成形技术等。

由于涡轮部件的燃气温度高、转速高,常规结构涡轮盘在强度、重量等方面难以满足设计要求。为提高涡轮盘的承温/承载能力、减轻涡轮盘重量,需要采用先进结构涡轮盘。双幅板结构的涡轮盘优化了涡轮盘的应力分布,可对盘内部进行冷却,使涡轮盘能适应高温环境的使用要求。双辐板涡轮盘是由 2 个零件焊接形成的空心结构盘。需在涡轮盘结构、强度和冷却方面进行综合优化,建立设计方法,突破盘的焊接技术,实现减轻重量和提高承温、承载能力的目标。

2．工艺

涡轮盘的材料主要为高温合金,为难加工材料,切削性能不好。其主要表面的尺寸精度要求高,基准表面的形状公差要求严,主要表面之间的相互位置要求项目多且位置公差要求严格。在加工过程中需要同时保证这些高精度的要求,加工难度大。

涡轮盘上有轮缘、辐板、安装边、轮毂,加工过程涉及车削、拉削榫槽、磨基准、镗孔、铣槽以及喷丸、喷涂、振动光饰等多种特种加工工艺方法。涡轮盘配合表面的尺寸精度高,表面粗糙度小,最后精加工用精密车床车削保证。内腔、辐板型面的壁薄、型面复杂且转接圆弧大,表面粗糙度小,精加工选用数控车床。枞树形榫槽采用拉削工艺。精密孔的尺寸精度、位置精度要求高,需要采用数控坐标镗床或数控钻镗床加工。涡轮盘在加工过程中易变形,应安排消除应力的热处理工序,并采用端面压紧和修正端面基准平面度的办法来减小变形。

涡轮盘的几何尺寸检验工序包括中转外车间加工工序之前的检验、拉削榫槽前特性尺寸的检验、成品检验和最终检验。在加工过程中安排的检验材料缺陷的工序有超声波探伤、荧光检查等。

8.4.3　机匣

1．材料

第三代发动机低压涡轮机匣主要选用变形高温合金 GH4169,涡轮后机匣主要选用铸造高温合金 K4169。K4169 是镍基沉淀硬化型等轴晶铸造高温合金。合金在很宽的中、低温度范围内具有较高的强度和塑性,优良的耐腐蚀性,以及良好的焊接和成形性能,并具有较好的抗应变时效裂纹的性能。K4169 广泛用于航空航天发动机等领域,适用于制作 650℃ 以下工作的发动机叶片、机匣以及其他结构件。

在下一代发动机研制过程中,将选用耐温更高的铸造高温合金,其适用于制作在 750℃ 以下工作的涡轮机匣等结构件。

2．工艺

涡轮机匣是发动机装配的关键部位,属于整体式环形机匣壳体,轴承座等零件的装配都需要以涡轮前后机匣的端面和孔作为装配基准,因此保证零件加工后的尺寸精度和形位公差便显得至关重要。

涡轮机匣属于薄壁类焊接结构零件,加工过程中会经常出现振颤、变形等问题,影响发动机的装配质量。因此,为提升发动机装配质量而对涡轮机匣的加工工艺进行优化的意义重大。

1）工艺性分析

涡轮机匣在加工工艺上的技术难点主要表现在：① 由于其尺寸规格较大,壳体为薄壁,刚性弱,加工过程中易产生振动,加工后易产生变形;② 设计基准的形状公差小,主要表面之间的相互位置要求项目多,且位置公差小,要同时保证这些高精度要求,加工难度很大;③ 常采用的材料 GH4169 为难加工材料,切削性能不好。

2) 主要工艺路线

涡轮机匣的主要工艺路线为毛坯→超声波检查→修基准→粗车→热处理→修基准→半精车→清洗→腐蚀检查→清洗→精车→钻、镗端面孔(铣花边)→铣外形凸台→镗径向孔→攻螺纹→去毛刺→清洗→荧光检查、着色检查等→清洗→中间检验→钎焊蜂窝、喷涂等→加工蜂窝表面、车磨喷涂表面等→最终检验→包装入库。

3) 主要工艺方案

前后安装边和圆锥形壁采用车加工。由于内表面设计有各类 T 形和环形槽,且机匣壁有圆锥形旋转表面,故半精车和精车均采用数控车削工艺。对于安装边上的精密定位孔位置精度要求高,需要采用坐标镗孔工艺。

机匣上的非精密孔和安装边上的花边可以选用数控铣钻、铰孔。

此外,在机匣加工过程中,需要安排一些辅助工序及特种工序:① 粗加工完成后,通常应安排消除应力的热处理工序,以去除残余应力,防止机匣在后续加工中发生变形。② 对于设计有涂层的机匣,应将喷涂工序安排在全部机匣加工工序之后。③ 特种检验,如超声波检查、腐蚀检查、荧光检查、着色检查等工序,应合理安排。超声波检查一般安排在锻件表面见光后的粗加工之前进行;腐蚀检查一般安排在粗加工或半精加工之后、精加工之前进行;荧光检查一般安排在最终机械加工之后进行;着色检查一般安排在安装边精加工之后进行。

8.5　外涵机匣材料与工艺

8.5.1　金属材料外涵机匣

国内外发动机外涵机匣材料前期多采用金属材料,以钛合金为主;为满足高推重比发动机的减重要求,外涵机匣材料逐渐采用树脂基复合材料。

钛合金外涵机匣主要采用 TA15 钛合金,其长时使用温度可达 500℃,瞬时(不超过 5 min)可达 800℃,具有良好的热强性和焊接性能。该合金大量用于制造飞机和发动机承力结构件。外涵机匣可以采用板材焊接成形和锻件整体成形。采用板材焊接成形时,由于外涵机匣的结构尺寸大、壁薄,对板材的尺寸精度要求较高;尤其当后续采用化学铣加工时,对大尺寸板材的尺寸精度控制要求更高,以尽量保证后续化学铣削的最终尺寸达到设计要求。采用锻件整体成形时,尤其要注意锻造和热处理机匣过程中的应力控制,以改善机匣变形问题;同时由于外涵机匣锻件的结构尺寸大,对锻造设备的压力要求也较高。

外涵机匣制造工艺通常可采用薄板钛合金成形后焊接安装座工艺,或者锻铸件配合机械加工工艺。对于外涵机匣等薄壁件的焊接,当焊接完成,焊件冷却后,剩余的热应力易造成焊件变形,因此宜选择先进的焊接方法,如电子束焊接等。电子束焊接具有高功率密度、焊接热输入量小、焊接变形小、焊缝深宽比大、焊接接头无氧化、焊接后残余应力小和焊缝质量好等特点,适合于外涵机匣的连接。此外,为了降低外涵机匣的机械加工成本,提高制造效率,还常采用化学铣特种加工工艺。

化学铣特种加工工艺是利用化学溶液(酸、碱、盐等)与金属产生化学反应,导致金属腐蚀溶解,从而改变零件形状、尺寸的加工方法。它的特点是:① 能加工难切削的金属材料,不受材料强度和硬度限制;② 适用于大面积零件加工和批量件加工,加工效率较高;③ 零件加工后的变形小,没有应力裂纹、毛刺等缺陷。在化学溶液中添加合理的表面活性剂与光亮剂,能够提高零件表面的光洁度和粗糙度,从而提高零件的装配工艺性。化学铣特种加工工艺因适应性广、无刀具损耗、无切削内应力等优点,成为制造领域中一项重要的加工技术,有着广阔的应用前景。

8.5.2　复合材料外涵机匣

树脂基复合材料因具有比强度和比刚度高、耐疲劳与耐腐蚀性好、阻噪能力强的特点,目前已经在先进航空发动机外涵机匣上得到广泛应用,起到了减轻结构重量、提高发动机性能的作用。

纤维增强树脂基复合材料在涡扇发动机上的应用研究始于 20 世纪 50 年代。目前,英国的罗罗公司、美国的通用公司和普惠公司、德国的 MTU 公司以及法国的 SNECMA 公司都进行了大量的开发和验证工作,也取得了很大的进展,已经将纤维增强树脂基复合材料成功地应用到了部分高涵道比和小涵道比涡扇发动机上。

与原钛合金外涵机匣相比,F404 发动机复合材料外涵机匣的质量减轻了15%~20%,费用降低了 30%~35%,强度和寿命方面没有损失,且阻燃能力优良。

在 F404 发动机上取得成功后,该种复合材料外涵机匣又推广应用到 F414、F110-GE-132 和 F136 发动机等小涵道比涡扇发动机,以及 GE90-115B、GEnx等高涵道比涡扇发动机和联合涡轮先进燃气发生器(JTAGG)验证机上。F136 发动机树脂基复合材料外涵机匣与 F110-GE-132 发动机相似,质量较金属材料的外涵机匣减轻 9 kg。

我国于 20 世纪 90 年代初期开始涉足耐高温树脂基复合材料的研究领域,耐温 310℃ 的 BMP316 聚酰亚胺树脂,成功应用于发动机复合材料外涵机匣上,该外涵机匣采用了前段对开、后段复合材料翻边圆筒的两段式结构,减重达到 20%以上。

8.6 新材料、新工艺应用及发展

8.6.1 新材料

1. 单晶高温合金

单晶高温合金具有优良的高温性能,是目前制造先进航空发动机涡轮叶片的主要材料。为了满足高性能航空发动机的设计需求,多年来,各国十分重视单晶高温合金的研制和开发。单晶高温合金按成分特点和承温能力通常划分为若干代,如图 8.2 所示。随着单晶合金承温能力的提高,以 Re 和 Ru 为代表的难熔元素含量持续增加,不同合金元素的含量发生明显变化。

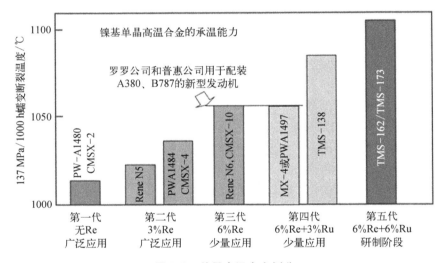

图 8.2 单晶高温合金划分

单晶高温合金自问世以来广泛在航空发动机上应用,典型单晶高温合金有 PWA1480、PWA1484、Rene N5、CMSX－4、CMSX－10K 等,已应用在 JT9D、PW2000、CFM56－7、F119 等发动机上,具体应用情况如表 8.2 所示。国内单晶高温合金主要有 DD2、DD5、DD6、DD9、DD91 等,具体应用情况如图 8.3 所示。

表 8.2 国外典型单晶高温合金应用

	牌 号	发动机型号	应 用 机 型
第一代	PWA1480	JT9D	B747、A300
	CMSX－3	GMA2100	—

续　表

牌　号	发动机型号	应　用　机　型
PWA1484	PW2000	B757
	PW4000	A300、A310、A320、A330、B757、B767、B777
	V2500	A319、A320、A321
Rene N5	GE90	B777、A330
	CFM56－7	B737
CMSX－4	Trent800	B777
	RB211	B757
	F119	F22
CMSX－4ULS	Trent900	A380
CMSX－10K CMSX－10N	Trent1000	B787
	Trent XWB	A350

第二代对应 PWA1484、Rene N5、CMSX－4、CMSX－4ULS；第三代对应 CMSX－10K、CMSX－10N。

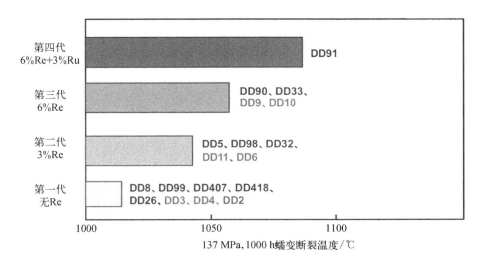

图 8.3　国内典型单晶高温合金应用

DD407 单晶高温合金作为第一代单晶高温合金，成分简单，密度小，具有高的蠕变持久性能。同时具有良好的铸造性能、良好的组织稳定性和环境抗力，一般适用于 1 050℃ 以下工作的涡轮叶片、1 100℃ 以下工作的导向叶片。图 8.4 为化学成分、力学性能、表面粗糙度、晶体取向、目视、荧光渗透、X 射线检验、内部质量和叶

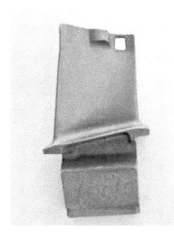

图 8.4　交付叶片毛坯的宏观形貌

片尺寸均符合技术条件要求的交付叶片。

　　DD98 单晶高温合金是低成本第二代单晶高温合金,具有良好的综合性能,组织稳定性好。该合金的设计理念是 Ta、W、Ti 元素强化 γ' 相,Cr、W、Mo 元素强化 γ 相,同时平衡 γ' 体积分数。在 950℃、$N_f = 10^7$ 时 DD98 合金光滑试样的疲劳极限为 315 MPa,在 900~1 150℃时均为完全抗氧化级。抗氧化能力低于 Rene N5 合金,持久性能在低温范围与 Rene N5 相当,在高温范围略低。DD98 和 DZ125 合金在 137 MPa 寿命为 300 h 时的承温能力分别为 1 044.2℃和 1 013.5℃,二者相差 30.7℃。大应力时,承温能力差别减小。

　　DD90 单晶高温合金是第三代高温单晶合金,抗氧化性能优异,高温性能优异,组织稳定性好。恒温(1 150℃)氧化动力学曲线如图 8.5 所示。DD90 长期时效后析出少量的 TCP 相,且数量不随时间延长而增加,高温长期时效后 TCP 相的析出行为如图 8.6 所示。该合金高温持久性能与国外典型第三代单晶高温合金相当,对比如图 8.7 所示。

　　DD91 单晶合金为第四代高温单晶合金,该合金的高温性能优异、组织稳定性好,其微观组织特征如图 8.8 所示。该合金在 1 100℃条件下的长期时效表现出良好的组织稳定性,无 TCP 相析出,如图 8.9 所示。再结晶抗力显著高于其他低代次合金。

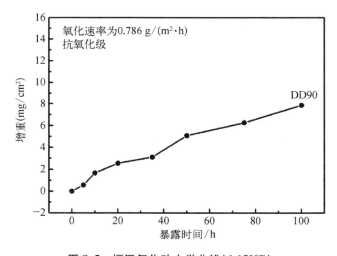

图 8.5　恒温氧化动力学曲线(1 150℃)

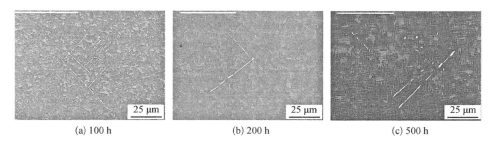

(a) 100 h　　　　　　(b) 200 h　　　　　　(c) 500 h

图 8.6　高温长期时效后 TCP 相析出

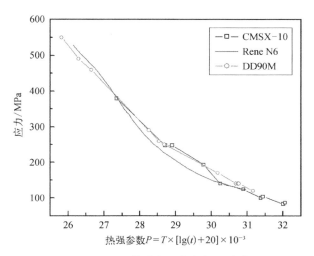

**图 8.7　DD90 单晶高温合金与国外典型
第三代单晶高温合金数据对比**

从用途和发展方面的角度分析,单晶高温合金的发展趋势如下。

(1)追求高强度。通过添加适量的 Al、Ti、Ta,保证 γ′强化相的数量;加入大量的 W、Mo、Re 等难熔金属元素,也是提高强度的有效途径。

(2)发展抗热腐蚀性能优越的单晶高温合金。通过添加适量的 W、Ta 等难熔金属元素,提高 Cr 的含量,保证合金的耐热腐蚀性能。

(3)发展密度小的单晶高温合金。从航空发动机设计的角度考虑,密度大的合金难有作为,特别是对动叶片,在非常大的离心力下是不合适的。为此,要发展密度小的单晶高温合金。

根据上述发展趋势,结合中国的国情,发展较理想的航空发动机叶片用的高性能单晶高温合金,应当符合以下 3 项要求。

(1)综合性能要好。既要有较高的持久强度和塑性,又要有足够的抗氧化性能。目前已知,为了改善单晶高温合金的组织稳定性,抑制 σ 等有害相析出,不得不降低 Cr 的含量,但抗氧化性能因此降低。

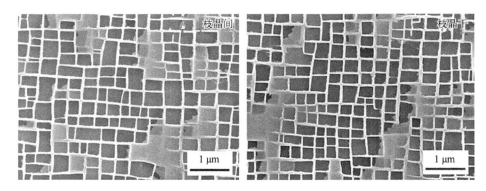

图 8.8 DD91 的微观组织特征

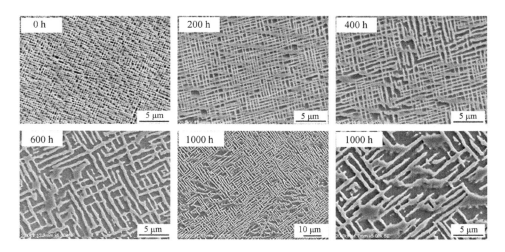

图 8.9 1 100℃长期时效后的组织稳定性

（2）密度尽量小。用于制造涡轮叶片的合金的密度大于 9.0 g/cm³ 时,离心力太大,单晶高温合金密度应控制在 8.5 g/cm³ 左右。

（3）出于防腐蚀方面的考虑,航空发动机单晶高温合金中 Cr 的含量不高,防腐蚀能力不足,因此,需采取相应的防护工艺,应采用 Pt - Al、Pd - Al、M - Cr - Al - Y 等高温涂层。

单晶高温合金的发展已有几十年的历史。近几年的发展相当迅速,相继开发了几代单晶高温合金,并广泛应用于先进的在役和在研的航空发动机,大幅度提高了航空发动机的性能。

2. 粉末高温合金

粉末高温合金是指用粉末冶金工艺制成的高温合金,按合金强化方式通常分为弥散强化型和沉淀强化型两类。粉末高温合金解决了传统变形高温合金的偏析、热加工性能差、成形困难等问题,具有组织均匀、无宏观偏析、屈服强度高、疲劳性能好等优点,是高推重比航空发动机涡轮盘的首选材料,此外,粉末高温合金在压气机整体叶盘、涡轮轴、封严环等热端部件上也有所应用。

粉末高温合金从 20 世纪 60 年代研制至今,按照使用温度划分为三代,其中使用温度为 650℃的为第一代粉末高温合金,使用温度 700~750℃的为第二代粉末高温合金,目前正在研制的第三代粉末高温合金使用温度可达 750~800℃。第一代粉末高温合金是在铸造高温合金或传统变形高温合金的基础上,通过化学成分微调,适当加入 MC 型强化碳化物形成元素强化固溶体和 γ′相,同时减少碳含量,降低原始颗粒边界(previous particle boundary, PPB)形成的可能性,而形成的高强合金,如 Rene95、IN100、MERL76 等。第二代粉末高温合金主要是在第一代粉末高温合金基础上发展的,其特点是控制 γ′相含量,获得粗晶组织,抗拉强度较第一代低,具有较高的蠕变强度、裂纹扩展抗力,因此称为损伤容限型合金,如 Rene88DT、DTP IN100、RR1000 等。第三代粉末高温合金是在第一代和第二代的基础上研制的,如 Alloy10、CH98、NR3 等,具有高的损伤容限性能和较高的拉伸强度,经过固溶处理后,拉伸强度高于第二代,仍低于第一代,裂纹扩展速率比第二代更慢。

粉末高温合金的制备方法通常包括制备合金粉末、粉末处理和粉末成形三部分,发展至今,制备工艺基本都逐渐成熟和稳定。粉末的制备方法一般有氩气雾化(argon gas atomization, AA)法、旋转电极法(rotating electrode-comminuting process, REP)和等离子旋转电极(plasma REP, PREP)法。粉末处理需要根据粒度进行筛分,去除夹杂物,再进行消除原始颗粒边界和热诱导孔洞(thermal induced pole, TIP)的表面净化处理、表面强韧化处理。粉末成形工艺主要有热等静压(hot isostatic pressing, HIP)工艺、热挤压(hot extrusion, HEX)+超塑性锻造工艺、热等静压+等温锻造(isothermal temper-ature forging, ITF)工艺、热等静压+包套锻造工艺。西方国家普遍采用氩气雾化制粉+热挤压+超塑性成形和氩气雾化制粉+热等静压+等温锻造两种工艺路线,俄罗斯采用等离子旋转制粉+热等静压工艺。

粉末高温合金制备的涡轮盘在高推重比发动机上广泛应用,应用合金及成形工艺如表 8.3 所示。

表 8.3 国外高性能发动机粉末涡轮盘应用情况

公　司	发动机型号	合　金	成形工艺
美国通用	F110	Rene95	HEX+ITF
	CFM56	Rene95 Rene88DT	HIP+ITF
	F110-129	Rene88DT	HEX+ITF

公　司	发动机型号	合　金	成形工艺
美国普惠	F119	DTP IN100	HIP+ITF+DTP（双重热处理）
英国罗罗	RB211	APK－1	HIP+ITF
法国 SNECMA	M88－3	N18	HEX+ITF

未来粉末高温合金的发展主要是基于现有粉末高温合金的研制基础,进一步提高材料的承温水平、抗蠕变能力和损伤容限能力,对于预期探索的第四代粉末高温合金,其使用温度可达 850℃;在工艺方面也将向超纯净化、近净成形、双性能粉末盘方向发展。同时,在未来粉末高温合金材料工艺设计方面,将更加体现"一体化制造与发展"的思路,基于发动机的使用要求实现发动机结构、材料和工艺的一体化设计。

3. 金属间化合物

随着科技的发展与时代的进步,对飞机发动机低油耗和高推重比的要求越来越高,迫切需要发展轻质高温材料来替代目前质量较重的镍基合金。金属间化合物是目前高温结构材料中研究较广泛、较活跃的领域之一。Ti－Al 系金属间化合物(Ti_3Al 、TiAl、 $TiAl_3$)具有较低的密度,较高的比强度和抗氧化性,成为目前提高飞机发动机推重比的理想材料。以 TiAl 合金为例,其是一种新型轻质的高温结构材料,其密度不到镍基合金的 50%,具有轻质、高比强度、高比刚度、耐腐蚀、耐磨、耐高温以及优异的抗氧化性等优点,并具有优异的常温和高温力学性能,使用温度可达到 700~1 000℃。金属间化合物在航空航天材料中展现出令人瞩目的发展前景,目前已成为新一代高温结构材料的代表之一,被当作先进军民用飞机发动机高压压气机及低压涡轮叶片的潜在首选材料,是各国竞相研究的热点。

目前,常用的金属间化合物的牌号共有 12 种,其牌号、性能及主要用途如表8.4 所示。

表8.4　金属间化合物牌号、性能及用途

合金牌号	主要性能用途
JG1101（TAC－2）	一种 TiAl 基铸造高温材料,具有较高的弹性模量、高温强度、抗蠕变性能、抗氧化能力。 可在750℃以下长期使用,可用于航空发动机用增压涡轮、涡轮盘、叶片和气门阀等

续　表

合金牌号	主要性能用途
JG1102(TAC-2M)	一种 TiAl 基变形高温材料,具有较高的弹性模量、高温强度、抗蠕变性能、抗氧化能力,主要有棒材、饼材等。 可在750℃以下长期使用,可用于航空发动机用压气机叶片等
JG1201(TAC-3A)	一种 Ti_2AlNb 基金属间化合物高温材料,具有优异的高温力学性能、抗氧化性能和焊接性能,以及良好的热加工塑性,能够冷成形,主要有棒材、板材、箔材、管材和环形件等。 可在750℃以下长期使用,短时使用时温度可达1000℃,可用于航空发动机用压气机机匣和燃烧室隔热套
JG1204(TAC-3D)	一种以钽元素固溶强化的 Ti_2AlNb 基金属间化合物高温材料,具有优异的高温力学性能、抗氧化性能以及良好的热加工塑性,主要有棒材、板材和环形件等。 可在750℃以下长期使用,短时使用时温度可达1000℃,可用于生产具有轻质、高强度、优异抗氧化性能的零部件
JG1301 (TAC-1)	一种添加铌、钒和钼元素以改善塑性和韧性的 Ti_3Al 基金属间化合物高温结构材料,具有优异的高温力学性能、抗氧化性能和焊接性能,以及良好的热加工塑性,能够冷成形,主要有棒材、板材、箔材、饼材和环形件等。 可在650℃以下长期使用,短时使用时温度可达950℃,可用于航天发动机涡轮泵壳体
JG1302 (TAC-1B)	一种添加铌元素以改善塑性和韧性的 Ti_3Al 基金属间化合物高温结构材料,具有优异的高温力学性能、抗氧化性能和焊接性能,以及良好的热加工塑性,能够冷成形,主要有棒材、板材、箔材、饼材和环形件等。 可在650℃以下长期使用,短时使用时温度可达950℃,可用于航空发动机低压涡轮导叶内环组件、喷管调节片拉杆等
JG4006 (IC6)	一种 Ni_3Al 基的定向凝固柱晶高温材料,具有成分简单、成本低、密度小、高温性能优越等特点,合金抗冷热疲劳性能好,高温下组织稳定,但抗高温氧化及耐热腐蚀性能较差。 可在1150℃以下长期使用,可用于先进航空发动机二级涡轮导向叶片等
JG4006A (IC6A)	一种 Ni_3Al 基的定向凝固柱晶高温材料,是在 JG4006 基础上发展起来的,成分中增加了稀土元素(Y),提高了高温抗氧化性能、高温持久性能和抗冷热疲劳性能。 可在1150℃以下长期使用,可用于先进航空发动机二级涡轮导向叶片等
JG4006E (IC6E)	一种 Ni_3Al 基的等轴晶铸造高温材料,具有成本低、密度小、高温性能优越、高温下组织稳定等特点。 可在1150℃以下长期使用,可用于先进航空发动机高压涡轮导向叶片的上、下缘板等
JG4010 (IC10)	一种 Ni_3Al 基的定向凝固柱晶高温材料,合金的高温性能高、抗冷热疲劳性能好,在高温下组织稳定,具有良好的抗氧化和耐腐蚀性能。 可在1100℃以下长期使用,可用于先进航空发动机燃气涡轮叶片等

合金牌号	主要性能用途
JG4246A （MX246A）	一种 Ni_3Al 基的等轴晶铸造高温材料,具有良好的高温力学性能和抗氧化性能,是我国自主研发的合金材料。 可在 1 100~1 200℃ 以下长期使用,可用于先进航空发动机矢量喷管调节片系列部件及高温抗烧蚀承力部件等
JG4246B （MX246B）	一种 Ni_3Al 基的等轴晶铸造高温材料,具有合金密度低、高温抗氧化性能优异、高温强度高等特点。 可在 1 100~1 200℃ 以下长期使用,可用于先进航空发动机喷管密封片系列部件及高温抗烧蚀承力部件等

目前,相对成熟的金属间化合物 TiAl 的制备与加工技术主要有以下 4 种。

（1）精密铸造技术。精密铸造技术的关键是掌控好浇铸时的温度;精密铸造的主要过程为模具设计—蜡模制作—型壳制备—脱蜡—型壳烧结—合金浇注。常使用的精密铸造技术为离心铸造、反重力铸造、倾斜铸造等。

（2）铸锭冶金技术。铸锭冶金技术存在铸锭成分偏析和组织不均匀等问题;铸锭冶金技术的加工流程为熔炼合金锭—热等静压和均匀化退火处理—1 次或多次锻造—热处理—锻造成形。铸锭采用常规熔炼工艺进行加工,如真空自耗电弧炉、非自耗钨电极氩弧熔炼、高频感应炉及真空凝壳炉熔炼等。

（3）粉末冶金技术。粉末冶金技术可实现制件的近净成形,有效解决了 TiAl 难加工成形的问题;粉末冶金技术主要可划分为 3 种：喷射成形技术、激光气体合金化技术和粉末注射成形烧结技术。

（4）快速冷凝技术。快速冷凝技术制备的 TiAl 粉末具备的优点为化学成分稳定、工艺性能良好。快速冷凝技术包括等离子旋转电极法、气体雾化法、电弧熔炼雾化法、高频振动电极法和离心雾化法等。固化成形方法有热等静压、轧制、注射成形、爆炸成形等。

4. 高温钛合金

航空发动机部件在高温、复杂应力、气流冲刷、高速振动、环境应力腐蚀的苛刻环境下服役时,对其材料的性能要求非常严格。为提高航空发动机的推重比,提高飞机的机动性能,需要采用比强度、比刚度高的材料。当使用温度不高于 650℃ 时,高温钛合金具有强度、塑性、韧性、蠕变和疲劳性能之间的良好匹配,在服役温度下具有高的抗氧化性和组织稳定性。中高温长时蠕变和持久性能是高温钛合金的特征指标。相比较铁基和镍基高温合金具有明显优势,是现代航空发动机的关键结构材料。

以固溶强化为主要强化方式的高温钛合金一般称为传统高温钛合金,以区别于以有序强化为主的 Ti－Al 系金属间化合物。传统高温钛合金可分为两类：α+β型和近 α 型。α+β 型高温钛合金的使用温度最高可达 500℃左右，是常用的一类高温钛合金。其特点是 β 稳定元素含量较高，室温下 β 相含量较多，绝大多数可采用热处理强化，代表合金有 Ti6Al4V、Ti17、Ti6246、BT8M－1、BT8、BT8－1、BT9 和BT25y。而近 α 型高温钛合金中仅含少量 β 相（体积分数为 3%～10%），β 稳定元素含量接近其在 α 相中的固溶度，是一类典型的高温钛合金，其兼顾了 α 型高温钛合金的高蠕变强度和 α+β 型高温钛合金的高静强度，当前使用温度最高可达到600℃，代表合金有 Ti811、Ti6242S、IMI829、BT18y、IMI834、BT36 和 Ti1100 等。

目前成熟高温钛合金的最高使用温度是 600℃，代表合金有英国的 IMI834、美国的 Ti－1100、俄罗斯的 BT18y 和 BT36，合金体系均为 TiAlSnZrMoSi 系。其中研制最早、技术最成熟的是 1984 年由 IMI 公司和罗罗公司联合研制的 IMI834 合金，已经在 Trent700、EJ200 和 PW350 等发动机上得到应用，国外涡桨发动机离心叶轮也选用了 IMI834 合金；Timet 公司研制的 Ti－1100 合金主要用于汽车和摩托车发动机阀门（在 760℃以下使用），在莱康明公司的 T55－712 改型发动机上也获得应用；俄罗斯的 BT18y 是一种比较成熟的高温钛合金，推荐使用温度为 550～600℃，已经在俄罗斯 AL－31 发动机上大量应用。

我国航空发动机用主要高温钛合金有 TA12、TA15、TA16、TA19、TC2、TC4、TC6、TC11、TC17 等多个牌号。随着年代的推进，高温钛合金的使用温度呈不断增高的发展趋势，现役发动机上使用的高温钛合金主要用于发动机风扇和压气机低温段工作的叶片、盘、机匣等零件。近年来，随着先进发动机对高温钛合金的迫切需求，600℃高温钛合金、阻燃钛合金、TiAl 合金和 SiC_f/Ti 复合材料成为新型高温钛合金的发展重点。

高温钛合金发展的大趋势是由固溶强化为主向有序强化为主发展（如由正交O 相、$α_2$ 相和 $β_0$ 相组成的 Ti_2AlNb 基合金可应用于 700℃；由 γ 相、$α_2$ 相和 $β_0$ 相组成的 TiAl 基合金可应用于 800℃），制造工艺由减量（如锻造）向增量（如 3D 打印）发展。这些新材料、新工艺也有其固有的局限性，无法在 550～650℃这个重要的工作温度区间完全替代固溶强化型高温钛合金+锻造/铸造这种久经考验的技术路线。在相当长的时间内，高温钛合金在航空航天领域仍将占据重要的地位。随着研究工作的深入和各类技术问题的解决以及应用面的拓展，高温钛合金的应用前景十分广阔。

5. 复合材料

未来，复合材料在航空发动机上的应用比例必将不断提高，将会有更多更先进的复合材料进入航空发动机领域，它们将是发动机减重、提高推重比、降低耗油率的关键。SiC 纤维增强金属基复合材料、超高温陶瓷基复合材料、耐高温树脂基复合材料将是航空发动机用复合材料的三大发展方向。

连续 SiC 纤维增强钛基复合材料(TMCs)在高温环境下具有相比于钛合金更高的比强度、比刚度以及更加优异的抗蠕变、抗疲劳性能,被公认为未来高性能航空发动机 600~800℃ 部件的理想轻质结构材料,可以满足设计对关键部件的选材需求。报道称,TMCs 整体叶环与钛合金整体叶盘相比,减重效果可达 30%~40%,与传统盘片分离结构相比,减重效果可达 70%。航空发动机压力管路/容器和压力控制系统中使用 TMCs 的减重效果可达 15%~25%,由于这些部件具有较大的尺寸,因此产生的净减重量是非常显著的。可以预期,SiC_f/TC17、SiC_f/TA19、SiC_f/TC25G、SiC_f/Ti60 复合材料整体叶环替代整体叶盘后将带来巨大的减重和增强效果,成为 TMCs 整体叶环结构核心机中的重要组成部分。Ti_2AlNb 具有优异的高温性能,SiC_f/Ti_2AlNb 复合材料将可能用于服役温度超过 800℃ 的部件。

目前,陶瓷基复合材料主要应用在发动机的中温中载部位上,未来的趋势将是向高温中载乃至高温高载部件上发展,这就要求陶瓷基复合材料具有更高的耐温性和更优异的力学性能。例如,基于耐 1 350℃ 第三代碳化硅纤维的复合材料可应用于未来发动机的高压涡轮外环、导向叶片、转动叶片、燃烧室火焰筒等部件。以新型纳米复相超高温陶瓷 SiBCN 作为基体制备的 SiC 纤维增韧复合材料具有优异的耐高温、抗氧化、抗蠕变等性能,其长时承温可达 1 400~1 700℃,可满足高马赫数/高推重比发动机关键热端部件对超高温环境服役材料的迫切需求。C/C - SiC 复合材料针对石墨密封环强度低且耐磨性较差的不足之处,采用引入 C 纤维增强、C - SiC 双组元基体提高密封环材料耐磨性的方式,较大程度上提高了密封环的使用寿命。对纳米 SiC 进行 N 掺杂,通过在 SiC 晶格中固溶 N 原子所制备出的 SiC_f/SiCN 复合材料,能实现轻质、薄层、宽频带和多频段吸收雷达波,能够解决目前大部分隐身材料在高温下失去磁性、丧失吸波能力,无法应用到尾喷管等高温部位的问题,同时还能减弱相应部位的红外信号。

随着发动机性能的不断提升,低温部件的工况温度也在不断提高,同时为了减重、拓展树脂基复合材料的应用范围,树脂基复合材料的应用温度越来越高,发展更耐高温的树脂基复合材料是迫切需求。双马树脂基复合材料和聚酰亚胺树脂基复合材料是目前使用温度较高的两类树脂基复合材料,也是未来的发展方向。3D 机织结构/耐高温双马复合材料具有纵横交错的空间网状纤维交织结构和定向排列的连续纤维,从结构上增强了复合材料的整体性和稳定性,并且显著提高了复合材料的抗冲击和抗分层能力,特别适用于有较高抗外物冲击需求的发动机结构,已经成为目前高性能复合材料叶片研制的主要增强结构形式和发展重点。高抗冲击梯度结构双马复合材料采用碳纤维作为结构承载层,采用聚酰亚胺纤维作为抗高速冲击功能层,使复合材料同时具有良好的抗高速冲击性能和力学性能,可以满足包容机匣承载和包容功能的需求。新一代 RTM 成形聚酰亚胺复合材料具备 350℃ 以上的耐温能力,面向外涵机匣及喷管调节片等冷端部件应用,实现了大推力、轻量化。通过耐 370℃以上聚酰亚胺复合材料热压成形工艺研究,突破热压成形聚酰亚胺树脂性能调控和制备、预浸料制备和热压成形工艺稳定化控制等关键技术,建立树脂、预浸料及复合材料标准和制备工艺规范,支撑耐 370℃热压成形聚酰亚胺复合材料在未来发动机喷管外调节片上应用。在不断改进现有复合材料体系的同时,开发新的制备工艺,发展新的耐温性更高的树脂基体也是未来提升树脂基复合材料性能的重要手段。

8.6.2　新工艺

1. 增材制造技术

增材制造(additive manufacturing, AM)技术即人们熟知的"3D 打印",是一种基于分层制造原理,采用材料逐层累加的方法,直接将数字化模型制造为实体零件的新型制造技术。美国材料与试验协会(American Society for Testing and Materials, ASTM)F42 国际委员会给出的增材制造定义为:增材制造是依据三维模型数据将材料连接制作成物体的过程,相对于减法制造,它通常是逐层累加的过程。增材制造技术集成了数字化技术、制造技术、激光技术以及新材料技术等多个学科技术,可以直接将 CAD 数字模型快速而精密地制造成三维实体零件,实现"自由制造"。

航空发动机设计技术向着一体化、轻量化、高可靠性、低成本等方向发展,零件结构越来越复杂的同时,对制造质量的要求也越来越高,这使得传统的热加工和机械加工难度大大增加。与传统制造技术相比,增材制造技术具有柔性高、无模具、周期短、不受零件结构和材料限制等优点,在航空发动机领域有着极大的应用潜力。

对于航空发动机而言,增材制造技术主要指金属增材制造技术,主要包含以激光直接制造技术为代表的同步送粉(送丝)高能束(激光、电子束、电弧等)熔覆技术和以激光选区熔化技术为代表的粉末床成形技术两个技术方向。

1) 激光直接制造技术

激光直接制造技术起源于美国 Sandai 国家实验室的激光近净成形(laser engineered net shaping, LENS),随后在多个国际研究机构技术快速发展起来,并且被赋予了很多不同的名称,如直接金属沉积(direct metal deposition, DMD)、激光金属成型(laser metal forming, LMF)、直接激光制造(direct laser fabrication, DLF)、激光快速成形(laser rapid forming, LRF)等,其技术原理几乎一致,国内工业领域常将其称为激光送粉技术。

激光直接制造技术是利用快速原型制造的基本原理,以金属粉末为原材料,采用高能量的激光作为能量源,按照预定的加工路径,将同步送给的金属粉末进行逐层熔化,使其快速凝固和逐层沉积,从而实现金属零件的直接制造,其原理如图 8.10 所示。

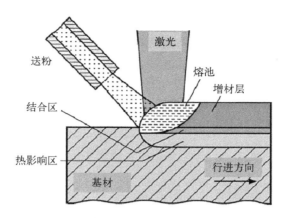

图 8.10　激光直接制造技术原理示意图

与传统铸锭锻造成形制造技术相比,激光直接制造技术具有无需毛坯制备(指铸锭)、无需模具加工制造、无需重型或超重型锻铸工业基础设施、制造周期短、材料利用率高、机加余量小、综合成本低等优点,且能够根据零件不同部位的工作条件和特殊性能要求实现梯度材料的成形,尤其适合钛合金等高性能大型复杂零件的成形制造。

2)激光选区熔化技术

激光选区熔化(selective laser melting, SLM)技术常称为激光铺粉技术,是利用高能量的激光束,按照预定的扫描路径,扫描预先铺覆好的金属粉末,将其完全熔化,再经冷却凝固后成形的一种技术。其技术原理如图 8.11 所示。

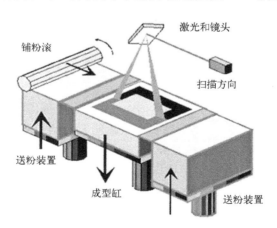

图 8.11　激光选区熔化技术原理示意图

SLM 技术最重要的优势在于能够与拓扑优化技术相结合,成形传统工艺难以实现的高度复杂零件,实现轻量化设计,较为典型的应用案例为通用公司 GEnx 发动机吊挂,零件重量从 2 033 g 减轻至 327 g,减重率达 84% 左右,如图 8.12 所示。SLM 技术还具有无需模具、制造周期短、成形精度高、力学性能好(拉伸、持久等性能优于铸件)等特点,有助于设计思想的快速验证,适合结构复杂、质量要求高、单件或小批量、进度急、迭代次数多的试验件的快速制造。但由于大型粉床难以获得均匀的温度场,且应力和变形控制难度大,SLM 技术成形的零件通常尺寸较小,且只能进行单种材料的直接成形,目前成熟的商用化装备的成形尺寸一般小于 400 mm×400 mm×400 mm。

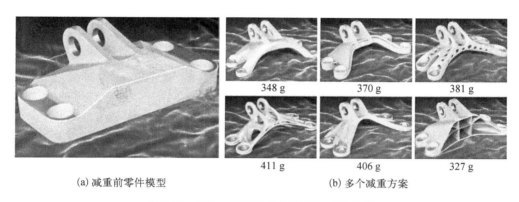

（a）减重前零件模型　　　　　（b）多个减重方案

图 8.12　GEnx 发动机吊挂零件的减重方案

348 g　370 g　381 g　411 g　406 g　327 g

国外航空发动机在 SLM 技术的应用方面较为成熟,多个增材制造零件已实现了装机应用。2013 年底,通用公司宣布将采用 SLM 技术为其下一代的 GE LEAP 发动机生产喷油嘴,每年的产量将达到 40 000 支,预计生产周期可缩短 2/3,生产成本降低 50%,同时使可靠性得到大大的提高。2015 年,美国联邦航空管理局(Federal Aviation Administration,FAA)正式批准将通用公司采用 SLM 技术制造的一个航空发动机传感器壳体应用于 GE-9X 系列商用发动机。普惠公司在 PW1000G 和 PW1500G 发动机的部件设计中,采用 SLM 技术极大地减少了部件的研制时间以及原材料和成本的浪费,发动机单个零件的制造速度提高了 4~8 倍,相比锻造,部分零部件减少了最多 90% 的浪费,研制的特定部件的成本降低了 30%。2010 年 6 月,霍尼韦尔首次采用 718 镍合金 3D 打印了一个切向注入喷嘴(TOBI),并将其安装在了霍尼韦尔飞行试验台上。2012 年 1 月,霍尼韦尔使用同种材料打印了旋流发生器,并在客户的飞行试验台上进行了测试。MTU 公司采用 SLM 技术生产了 PW1100G-JM 发动机的内窥镜轮毂,形成了涡轮机匣的一部分,允许叶片在磨损和损伤的指定间隙使用内窥镜进行检查。MTU 公司正在"洁净天空"计划下使用 SLM 技术制造密封托架。

由于采用 SLM 技术制造的产品力学性能数据不健全、疲劳性能有待提高,国内主要将 SLM 技术用于非承力功能结构件、静承力零件和涡轮叶片试验件中,典型的应用零件有燃油喷嘴、支架、管路、离心通风器、旋流器、分流环、转静子叶片试验件等。

3）电子束选区熔化技术

电子束选区熔化（selective electron beam melting，SEBM）技术常称为电子束铺粉技术，其原理与 SLM 技术基本相同，仅热源不同。由于输出功率高、扫描速度快、能量利用率高，EBM 技术能够对粉床进行快速预热，使其达到较高的初始温度，可以成形 TiAl 等低塑性材料，而且能够减小铺层之间的温度梯度，改善零件的应力和变形问题。同时预热后粉末处于"假烧结"状态，能够对零件起到支撑作用，所以极限成形角度大于 SLM 技术，而且零件不需要与基板连接，可以在 z 轴方向堆叠多个零件。但 EBM 设备的光斑直径大、能量高，导致熔池较大，零件的表面粗糙度比 SLM 技术低 1~2 个量级，所以对于表面质量要求较高的发动机零件来说，其应用不如 SLM 技术广泛。该技术目前主要用于低压涡轮 TiAl 叶片的生产，通用、罗罗公司已装机应用，国内也在此方面进行了大量的研究工作。

2. 线性摩擦焊技术

线性摩擦焊是利用被焊材料接触面相对往复运动摩擦产生的热效应来实现焊接的。焊接中工件往复运动，对接界面摩擦产热，大量摩擦热使焊接面软化形成黏塑性金属层，金属层不断被挤出形成飞边，当接头达到一定缩短量时两焊件迅速对中，并施加顶锻压力完成焊接，形成致密的固相焊接头。

线性摩擦焊主要用于发动机转子的叶片和轮盘焊接成一体，无需加工榫头、榫槽，盘的轮缘径向高度、厚度及叶片原榫头部位尺寸均可大大减少，使发动机转子部件的结构大为简化，减重效果明显；消除了榫齿根部缝隙中气体的逸流损失；避免了叶片和轮盘装配不当造成的微动磨损、裂纹以及锁片损坏带来的故障。与整体机械加工制造整体叶盘相比，线性摩擦焊可节省大量贵重金属材料，并大量减少加工工时。

线性摩擦焊技术作为航空发动机研制中的先进连接技术，在航空发动机上的逐步应用不仅会提高发动机的性能，且会加快发动机的研制进度。随着航空发动机高推重比、长寿命、低成本要求的不断提高，线性摩擦焊技术在发动机研制和生产中将会起到越来越重要的作用。

整体叶盘是现代高推重比发动机的核心结构，采用线性摩擦焊加工整体叶盘与用其他加工方法相比具有突出的优势，在新一代发动机中已得到广泛应用。罗罗公司和 MTU 公司合作，应用线性摩擦焊技术成功地制造了钛合金宽弦风扇整体叶盘，并为欧洲"台风"战斗机（Eurofighter Typhoon）计划提供线性摩擦焊接的整体叶盘。在 2000 年，罗罗公司和 MTU 公司成功将线性摩擦焊应用于 EJ200 的 1~3 级风扇叶盘的加工。2003 年，罗罗公司为 F135 发动机生产并交付了第一个线性摩擦焊接风扇整体叶盘。F119 发动机中风扇和压气机 1~2 级均采用线性摩擦焊整体叶盘结构。F136 发动机的 3 级叶盘全部采用线性摩擦焊接的整体叶盘结构。通用公司航空发动机部门也在探索将线性摩擦焊技术应用于航空发动机的维修中。

第9章
技术发展与展望

9.1 航空燃气轮机发展

从世界第一架完全可操控的动力飞机——莱特兄弟的"飞行者一号"首飞到第二次世界大战,绝大部分飞机所使用的动力装置均为活塞式发动机。这种发动机工作时只能输出轴功率,不能直接产生使飞机前进的推力或拉力,需采用空气螺旋桨(简称螺旋桨)作为推进器。活塞式发动机在第二次世界大战中得到了极大的发展,发动机最大的功率达到 3 500 kW 左右,发动机的耗油率大约为 0.28 kg/(kW·h),发动机的功率质量比(功率/质量)达到 1.49 kW/kg,成为战斗机、轰炸机、运输机等机种的动力,在战争中发挥了重大作用。随着飞机起飞质量和飞行速度的提高,活塞式发动机的输出功率和需要螺旋桨来产生推力的方式不能满足飞行器对动力装置的要求。一是飞行速度增大后,桨叶叶尖的相对速度逐渐趋近或超过声速,激波产生的气动损失以及结构的影响使得螺旋桨无法高效、可靠地工作;二是高速飞行所需推进动力的功率大幅提高,由于活塞式发动机的功率密度基本不变,其结构质量无法满足飞机要求。因此,活塞式发动机不能作为高速飞机,尤其是超声速飞机的动力装置,装配活塞式发动机的飞机的飞行速度一般只有 600~700 km/h。

航空燃气涡轮发动机的首次使用是在第二次世界大战的后期,最先研制并投入使用的是涡喷发动机。早在 1936~1938 年德国和英国的航空发动机研究机构就开始了航空燃气涡轮发动机的研制,但一直到第二次世界大战的后期才开始装配于战斗机上。涡喷发动机一经问世,便迅速改变了航空界的面貌,使飞机性能发生了质的飞跃。

与活塞式发动机相比,涡喷发动机具有明显的优势。首先,发动机本身既是热机又是推进器,直接产生使飞机前进的推力;其次,作为发动机工质的空气,涡喷发动机的流量是活塞式发动机的 40 倍以上;最后,由于涡喷发动机的能量转换和推力产生是同时进行的,发动机可以连续做功并产生推力。涡喷发动机产生的巨大推力能使战斗机的飞行速度超过声速,甚至达到声速的两倍以上。

20 世纪 40 年代后期,英国、德国、苏联和美国研制成功了第一代实用型涡喷发动机,并发展了多型以涡喷发动机为动力的战斗机。在 20 世纪 50 年代初期的抗美援朝战争中,中国人民志愿军空军驾驶的米格-15 喷气式战斗机与美国空军的 F-86 喷气式战斗机进行了激烈的空中搏斗,这也是世界上首次出现大规模喷气式战斗机的空战。

随着涡喷发动机的不断发展,逐步采用了各种先进技术,使发动机性能不断提高,并使其应用于旅客机上。1952 年世界上第一款喷气式旅客机英国"彗星"旅客机投入使用,与以活塞式发动机为动力的旅客机相比,新一代旅客机具有载客量大、速度快、航程远和具有增压客舱等特点。1958 年前后,美国的波音 707、苏联的图-104 大型喷气式旅客机相继投入使用。1969 年英法合作研制的飞行速度达 2 倍声速的超声速旅客机"协和"试飞并投入使用,表明世界航空业进入了喷气时代。

涡喷发动机在航空发展史上具有重要地位,这是因为涡喷发动机的推力是由高速喷出的燃气得到的,喷气速度越高,推力也就越大。高速、高温的燃气由尾喷管排出发动机,使大量的能量排入大气,因此,涡喷发动机的耗油率较高,一般为 $0.80 \sim 0.95 \, \mathrm{kg/(kgf \cdot h)}$,其经济性较差,因此限制了其航程和推力的进一步加大。为适应飞机提高起飞推力和加大航程的需要,必须研制具有更大推力和更低耗油率的动力装置,涡扇发动机正是一种能产生较大推力且耗油率较低的发动机。根据涡扇发动机的热力循环特点,涡扇发动机分为两种类型:一是适合军用战斗机高速机动飞行、具有较小迎风面积的小涵道比、高推重比涡扇发动机;二是适合运输机和客机使用的低速飞行的大推力、低油耗的高涵道比涡扇发动机。

20 世纪 70~80 年代是航空燃气轮机高速发展的时代。随着新一代战斗机发展规划的提出,各航空发动机设计集团通过大幅度提高增压比、涡轮前温度等热力循环参数,并采用多种先进技术和优良结构设计,制造出带加力燃烧室的高推重比 (7~8) 涡扇发动机,使得以 F-15 为代表的第三代高性能战斗机投入服役。同时涌现出多种高性能航空发动机型号,如美国普惠公司的 F100、美国通用公司的 F110 和 F404、英国罗罗公司的 RB199、俄罗斯的 RD-33 和 AL-31F、法国 SNECMA 公司的 M53 等,均已成为当时主力战斗机的动力装置,使得军用战斗机的性能有了突飞猛进的提升,在一定程度上改变了战争形态,这一点在 1991 年的海湾战争中表现得尤为突出。

20 世纪末至 21 世纪初,各国要求新一代先进战术战斗机具有不开加力超声速巡航、短距起落和非常规机动能力,且具有可靠性高、维修性好等特点,与之配套的新一代高推重比 (≈10) 涡扇发动机进入全面工程研制阶段,并陆续投入使用。美国普惠公司的 F119、英国等西欧国家联合研制的 EJ200、法国的 M88-2 和俄罗斯的 AL-41F 为其中的典型型号。

在 20 世纪 70 年代末,随着美国大型远程战略运输机计划的提出,以及世界航空运输业对宽体远程客机的需求,高循环参数、低油耗的高涵道比涡扇发动机得以诞生并迅速发展,代表型号有美国普惠公司的 JT9D 和 PW4000、美国通用公司的 CF6、通用公司与法国 SNECMA 公司合作研制的 CFM56、英国罗罗公司的 RB211等。超大推力高涵道比涡扇发动机的诞生极大地提高了运输机和客机的航程和运载能力,有效地促进了各国之间的贸易往来和全球化趋势的发展。

随着人类环境保护意识的增强,对以航空煤油为燃料的航空燃气涡轮发动机的发展提出了新的要求。要求发动机的推力更大、油耗更低、可靠性更高、污染更少、噪声更小,这推进了航空发动机设计技术的提高,将高涵道比涡扇发动机的综合性能提高到了一个新的水平。美国通用公司的 GE90 和 GEnx、美国普惠公司的 PW1000G、英国罗罗公司的 Trent 系列、通用公司与法国 SNECMA 公司合作研制的 LEAP 是主要代表系列型号。

未来,随着社会生活的不断发展,航空器将对航空发动机提出更高的性能、寿命和可靠性要求,将会有越来越多的新型发动机投入使用,航空发动机的应用领域也将更加宽广,将会在社会生产生活中发挥更大的作用。

9.2　未来变循环发动机

在涡轮风扇发动机的发展过程中,目前应用最广泛的是高涵道比涡轮风扇发动机和小涵道比涡轮风扇发动机。其中高涵道比涡扇发动机由于耗油率低、工作噪声小而适用于运输机和商用客机。小涵道比涡扇发动机由于迎风面积小、推重比相对较高而适用于军用战斗机。两类航空发动机由于使用目的和场景的不同,其技术向两个不同的方向进行发展。

商用客户追求更低的采购、运行、保障价格,可预测的维修性,友好的使用环境,以及高度的安全性,所以其技术向低噪声、低污染、低燃油消耗率、长寿命、低成本、高可靠性与安全性、良好的维修性方向发展。

目前高涵道比涡扇发动机存在两种发展趋势:一是 LEAP(高效低污染)系列发动机为代表的具有高部件效率的高涵道比涡扇发动机;二是以 PW1000G 系列发动机为代表的采用齿轮传动风扇的高涵道比涡扇发动机。

在军用涡扇发动机的发展中,主要追求经济可承受、全球到达能力,以及高可靠性、适用性、生存性,所以其主要技术方向是高推重比、生存性/隐身、低燃油消耗率、长寿命、低成本、高可靠性与安全性。因此,下一代战斗机要具备跨代优势,其航程更远、续航时间更长、生存能力更强、隐身性更好、耗油率更低、经济可承受性更好,在亚声速到高超声速范围内都能有效飞行。这些要求对于常规循环发动机而言是相互矛盾的,例如,在超声速飞行条件下,发动机要具有涡喷发动机的高单位推力特征,以满足下一代战斗机在超声速巡航、格斗机动、跨声速加速等飞行条件下的推力要求;在亚声速飞行条件下,要求下一代战斗机的发动机具有涡扇发动机低耗油率的特征,以满足亚声速巡航、待机、空中巡逻等要求。

变循环发动机的性能特点决定了其满足下一代战斗机的性能要求。变循环发动机的技术优势包括,在高速飞行时,能够将更多的流量分配到内涵上,发动机的内涵流量和排气速度增加,发动机可以获取高速飞行条件下足够的发动机推力;在低速飞行时,能够将工作循环中更多的流量分配到外涵上,发动机的涵道比相对较大,外涵流量增加,排气速度降低,以获取最佳的低速条件下的推进效率。

对于采用变循环发动机方案的下一代战斗机,其亚声速巡航航程将显著提升,其耗油率将比目前的航空发动机低 25%,作战半径突破 2 000 km,在超声巡航能力方面,由于变循环发动机在超声速飞行时可通过调整涵道比和工作模式来实现更好的高速推力特性,满足飞机在更大马赫数下的超声巡航推力需求,所以配装变循环发动机的飞机具备在高度 20 km、马赫数 2.0 条件下的超声巡航能力,以取得对上一代战机的速度和高度优势,从而进一步提升了战斗机的快速截击能力和武器打击范围。

随着时代发展,未来战斗机应具备快速作战响应、远程纵深打击及激光/电磁等高能武器投放能力,这就要求发动机在具备高单位推力、大功率提取能力的同时,具备低耗油率、长航程,能够根据飞行及作战任务需求实现自身性能的自适应匹配。因此,若要实现下一代飞机亚声巡航航程延长和超声巡航马赫数提高两个互相对立的目标,变循环发动机无疑是重要的发展方向。

变循环发动机(variable cycle engine,VCE)的基本工作原理是,在同一台发动机上实现不同热力循环,以解决亚声速飞行低耗油率要求和超声速飞行高单位推力要求的固有矛盾,克服飞行包线狭窄的固有缺陷,并减小安装损失、提高推进系统的性能。在持续高马赫数飞行任务中,需要高单位推力的涡喷循环;而在低马赫数和长航程巡航中,就需要低耗油率的涡扇循环。变循环发动机可通过改变部件的几何形状、尺寸或位置,来调整涵道比、增压比、涡轮前温度以及空气流量等循环参数,以在不同飞行工作状态下都获得良好的性能。

变循环发动机热力循环模式可调节、切换的特征,决定了其无法直接沿用传统发动机的总体结构布局,而有赖于结构形式与布局方案的创新发展。其几何构型可调的结构特征及多循环模式的工作特点,将带来更为复杂的整机结构动力学设计与控制难题,这必将成为限制变循环发动机实际工程研制的瓶颈,需在结构布局阶段就加以考虑。

变循环发动机具有多外涵、大量调节机构和宽转速变化范围,需在结构布局阶段控制发动机的外廓尺寸和质量,并在多工作模式下避开共振和转子系统耦合振动。当前国内外变循环发动机总体结构布局设计方案主要分为三转子和双转子两类。

图 9.1 为三转子变循环涡扇发动机总体结构布局设计方案。该方案通过调制涵道(modulating bypass,MOBY)的方式实现变循环,通过第一与第二外涵的打开与关闭调节涵道比,使发动机在超声速与亚声速工作模式间转换。在超声速模式下:第一外涵关闭,调节第二外涵,以小涵道比涡扇模式工作,同时打开涵道加力燃烧室,实现高单位推力。在亚声速模式下,第一外涵和第二外涵同时开启,调节涡轮,降低中压和高压转子转速,同时调节喷管面积,实现较高涵道比涡扇模式,增大空气流量,提高总推力并降低耗油率。

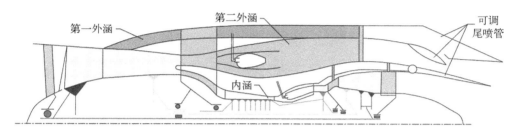

图 9.1　三转子变循环涡扇发动机总体结构布局设计方案

三转子变循环发动机结构复杂,其基本结构特征主要体现为:转子数目多、转子构型与支承方案多变、调节与附加机构复杂。对于结构布局设计而言,三转子变循环发动机需重点考虑转子支承方案及传力路径优化。支承方案的选取影响着支点对转子的约束特性,对转子的动力学特性及转子间振动耦合具有重要影响;止推支点的选取影响着推力传递路径,对转静子变形协调存在重要影响。同时,工作模式转换与热力循环调节都需要简捷轻质、高可靠性的调节机构,这必然导致整机长度、质量和结构复杂性增加。

在整机结构布局设计中,为减轻三转子变循环发动机的承力结构质量,减少承力框架数量是技术途径之一,因此大多采用中介支点与级间共用承力框架,甚至中介支点与级间共用承力框架组合设计,但这会带来潜在的转子间振动耦合结构动力学问题。

三转子变循环发动机在总体结构布局设计中涉及的核心问题是,复杂转子结构共振转速分布及支点动载荷控制问题,以及整机变形协调性问题,具体地可概括为三个层面:① 转子结构在多载荷环境下的变形控制问题;② 转子间振动耦合及隔振优化问题;③ 多工作模式下的整机变形协调性问题。

图 9.2(a)为双转子双外涵级间引气方案。该方案是三转子调制涵道变循环方案的后续发展,主要通过外涵流量的改变和风扇负荷的调节来实现变循环。其总体设计思路是采用小尺寸、小流量的核心机;将风扇分为前后两段,两者均有单独的涵道,两段风扇均由低压涡轮驱动,故低压涡轮的负荷相对较大。

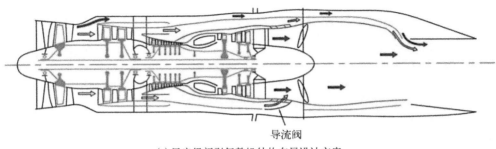

导流阀

(a) 风扇级间引气整机结构布局设计方案

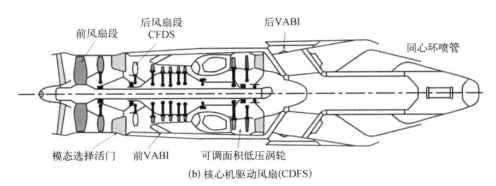

前风扇段　后风扇段 CFDS　后VABI　同心环喷管

模态选择活门　前VABI　可调面积低压涡轮

(b) 核心机驱动风扇(CDFS)

图 9.2　双转子变循环涡扇发动机总体结构布局设计方案

图 9.2(b)为双转子双外涵核心机驱动风扇结构布局设计方案。该方案的总体设计思路是采用高压转子驱动后段风扇,即核心机驱动风扇(CDFS),高压涡轮的负荷相对较大。核心机驱动风扇能增加风扇压比,降低高压压气机压比,进一步提高亚声速模式下的涵道比。下面以核心机驱动风扇方案介绍变循环涡扇发动机的工作模式与调节机构。

在起飞和亚声飞行时,采用较高涵道比涡扇发动机工作模式。通过提高低压转子转速,打开前、后可变面积涵道引射器(VABI),使前风扇段通过最大流量并增加涵道比,以改善推进效率,进而改进循环性能和降低耗油率。当核心机不能吞入全部气流时,多余的气流将通过前 VABI 进入外涵道,使发动机在亚声速巡航节流过程中可以维持最大空气流量至巡航功率状态,大大减小了溢流阻力和后体阻力,使安装耗油率大幅降低。

在爬升/加速和超声飞行时,采用较小涵道比涡扇模式。通过关闭模式选择活门,使 CDFS 和高压压气机尽量通过全部前风扇段的流量,产生高单位推力以满足飞行需要,这时可适当打开前 VABI,以保证压缩部件的稳定工作。

核心机驱动风扇方案新增加的主要调节机构包括:① 工作模式选择活门,用于变循环涡扇发动机在涡喷与涡扇模式间切换;② 前 VABI,用于控制核心涵道流量与放气量,并起到调节低压风扇和 CDFS 喘振裕度的作用;③ 后 VABI,调节外涵气流马赫数,实现外涵与核心机气流掺混的静压平衡;④ 可变面积低压涡轮导向器,能够独立控制高压转速,增加调节灵活性,提高发动机在宽工作范围内的循环匹配能力。

双转子变循环涡扇发动机的结构布局相对简单,其基本结构特征主要体现为转子数目少、转子构型与支承方案接近传统高推重比发动机、调节与附加机构少。对于结构布局设计而言,双转子变循环涡扇发动机的传力路径相对固定,多通过中介机匣承力框架将推力外传。为降低发动机质量,多延续传统双转子高推重比发动机的布局,支承方案的可设计性有限,高压转子多采用 1-0-1 支承方案,风扇转子局部多采用前后两支点支承,而低压涡轮支承方案的选取对双转子间振动耦合具有重要影响。

采用中介支点时,双转子间存在显著的振动耦合,且低压后支点同时承受双转子载荷,需增大低压后支点轴承的承载能力,并使其尽量靠近高压转子后支点。采用涡轮级间共用承力框架时,双转子可能通过承力框架产生转子-支承系统耦合振动,需对承力框架的隔振特性进行优化设计。

总之,未来航空燃气涡轮发动机将在一个相当长的时期为各种飞行器提供高效的动力,随着飞行器对动力系统需求不断多样化和精细化的牵引,以及各个专业新技术的创新推动,航空发动机在总体结构布局设计方面将会迎来巨大的挑战和跨越式的进步。

参考文献

陈光,1995. 现代航空发动机发展与结构设计特点分析[M]. 北京：北京航空航天大学出版社.

陈光,洪杰,马艳红,2010. 航空燃气涡轮发动机结构[M]. 北京：北京航空航天大学出版社.

丁水汀,李果,邱天,等,2019. 航空发动机安全性设计导论[M]. 北京：科学出版社.

《航空发动机设计手册》总编委会,2001. 航空发动机设计手册[M]. 北京：航空工业出版社.

《航空发动机设计用材料数据手册》编委会,2010. 航空发动机设计用材料数据手册[M]. 北京：航空工业出版社.

《航空制造工程手册》总编委会,1998. 航空制造工程手册[M]. 北京：航空工业出版社.

洪杰,马艳红,2021. 航空燃气涡轮发动机结构与设计[M]. 北京：科学出版社.

《空军装备系列丛书》编审委员会,2008. 航空发动机[M]. 北京：航空工业出版社.

林左鸣,2012. 世界航空发动机手册[M]. 北京：航空工业出版社.

刘松龄,陶智,2018. 燃气涡轮发动机的传热和空气系统[M]. 上海：上海交通大学出版社.

刘永泉,2016. 国外战斗机发动机的发展与研究[M]. 北京：航空工业出版社.

刘永泉,洪杰,马艳红,2010. 航空燃气涡轮发动机振动抑制容差设计[M]. 北京：北京航空航天大学出版社.

刘永泉,梁彩云,施磊,2021. 航空燃气轮机总体设计[M]. 北京：科学出版社.

刘长福,邓明,2006. 航空发动机结构分析[M]. 西安：西北工业大学出版社.

罗忠,刘永泉,王德友,等,2021. 旋转机械典型结构动力学相似设计理论与方法[M]. 北京：科学出版社.

申秀丽,张辉,宋满祥,等,2016. 航空燃气涡轮发动机典型制造工艺[M]. 北京：北京航空航天大学出版社.

索苏诺夫 Ｂ Ａ,切普金 Ｂ Ｍ,2003. 航空发动机和动力装置的原理、计算及设计[M].

莫斯科：莫斯科国立航空学院.

Oates G C，1992. 飞机推进系统技术与设计［M］. 陈大光, 张津, 等, 译. 北京：航空
  工业出版社.

Rolls-Royce，2015. The Jet Engine［M］. Derby：Technical Publications Department.